普通高等教育先进设计技术应用教材

计算机绘图 AutoCAD 2018

主　编　王亮申　戚　宁
副主编　齐慧博　李　刚　刘建霞
　　　　毕俊颖
参　编　夏利江　谭鲁志　王卫东
　　　　马勇骉　杨意品　王　梅

U0240487

机械工业出版社

本书是依据高等学校工程图学教学指导委员会制定的《普通高等院校工程图学课程教学基本要求》编写的。作为计算机绘图基础性教材，本书首先对计算机绘图技术进行了简介，再以 AutoCAD 2018 为基础，以文字和图形、实例相结合的形式详细介绍了 AutoCAD 2018 操作的基本方法和各种功能。全书共 13 章，内容包括：计算机绘图技术概述，AutoCAD 2018 的绘图环境，简单图形的绘制，提高绘图效率，复杂图形绘制，图案填充与创建面域，图形编辑，视图操作，文本、尺寸标注与表格，块设定，齿轮泵装配绘制实例，三维图形绘制，编辑三维图形。全书以液压齿轮泵为实例，在绘制零件及装配图时，将现行工程制图标准融入其中。

本书附有教学课件和所有图形的源文件，每章都附有习题供教学时参考。

本书知识结构编排合理，概念简洁、清楚，操作方便，易学易用，适合作为机械类、土建类等专业大学本科生的教材，也适合作为工程技术人员的参考书。本书也可作为培训用教材或自学参考书。

本书是知名的在线教育、学分课程服务平台——智慧树的上线课程"计算机绘图"的配套教材。

图书在版编目（CIP）数据

计算机绘图 AutoCAD2018/王亮申，戚宁主编. —北京：机械工业出版社，2018.2（2025.1重印）

普通高等教育先进设计技术应用教材

ISBN 978-7-111-58683-8

Ⅰ. ①计⋯　Ⅱ. ①王⋯ ②戚⋯　Ⅲ. ①计算机制图-AutoCAD 软件-高等学校-教材　Ⅳ. ①TP391.72

中国版本图书馆 CIP 数据核字（2018）第 028005 号

机械工业出版社（北京市百万庄大街 22 号　邮政编码 100037）
策划编辑：舒　恬　责任编辑：舒　恬　任正一
责任校对：刘志文　张晓蓉　封面设计：张　静
责任印制：张　博
北京建宏印刷有限公司印刷
2025 年 1 月第 1 版第 10 次印刷
184mm×260mm·22.75 印张·581 千字
标准书号：ISBN 978-7-111-58683-8
定价：59.80 元

电话服务　　　　　　　　　　　网络服务
客服电话：010-88361066　　机　工　官　网：www.cmpbook.com
　　　　　010-88379833　　机　工　官　博：weibo.com/cmp1952
　　　　　010-68326294　　金　书　网：www.golden-book.com
封底无防伪标均为盗版　　机工教育服务网：www.cmpedu.com

前　言

《中国制造 2025》明确提出了"数字化研发设计工具普及率"的发展目标为从 2013 年的 52%、2015 年的 58%，至 2020 年达到 72%，2025 年达到 84%。"在传统制造业、战略性新兴产业、现代服务业等重点领域开展创新设计示范，全面推广应用以绿色、智能、协同为特征的先进设计技术"。"发展各类创新设计教育，设立国家工业设计奖，激发全社会创新设计的积极性和主动性"。高等学校工程图学教学指导委员会在《普通高等院校工程图学课程教学基本要求》中特别说明："计算机二维绘图和三维造型是适应现代化建设的新技术，对学生以后掌握计算机辅助设计技术有着重要的影响"。

因此，大力普及使用数字化研发设计工具（包括计算机绘图技术）是大势所趋，是着力提升制造业水准的基本要素。由此可见，计算机绘图是工程图学课程的重要组成部分。

随着 CAD/CAE /CAM 技术的发展和人们对设计软件要求的提高，软件运营公司不断提升自己的软件技术水平，以应对可能面临的各种挑战。AutoCAD 因其价格低、易学易用等特点，被广泛地应用于机械、建筑、电子、航天、造船、石油化工、土木工程、冶金等行业领域。AutoCAD 是由美国 Autodesk 公司研制开发的，以二维图形绘制功能见长，逐渐融入三维功能，并不断加强。Autodesk 公司每年都会推出 AutoCAD 的新版本，对软件功能进行改进。AutoCAD 2018 增加了很多新功能，将菜单栏、工具栏、命令行、功能区面板等操作方式有机地结合在系统中，大大提升了系统的可操作性。AutoCAD 具有完善的图形绘制功能和编辑功能，可以进行多种图形格式的转换，如导入 PDF 文件中的文字和几何图形。利用 Autodesk 的云服务，可以上传、同步或共享文档，以便于在多种设备和平台上查看，随时随地通过智能手机、平板计算机等进行绘制、编辑和审阅。此外，AutoCAD 2018 操作界面也与早期版本有很大不同，因此，有必要介绍 AutoCAD 2018 的使用方法和功能。

本书以中文版 AutoCAD 2018 为基础，结合计算机绘图的基本原理，讲解了利用 AutoCAD 进行图形设计的基本方法和设计技巧。全书共分 13 章，其中第 1 章主要介绍计算机绘图技术发展及现有 CAD/CAM 软件；第 2 章介绍 AutoCAD 2018 绘图环境；第 3 章介绍简单图形如点、线、圆等的绘制方法；第 4 章介绍提高绘图效率所采用的辅助工具及其操作方法；第 5~7 章介绍二维图形的绘制与编辑；第 8 章介绍视图概念及操作方法；第 9 章介绍文本操作、尺寸标注及表格编制方法；第 10 章介绍块定义、块属性等内容；第 11 章以齿轮泵为实例，综合应用前面所学知识，完成齿轮泵装配图的绘制；第 12~13 章介绍三维图形的绘制与编辑操作。

本书由王亮申、戚宁担任主编，齐慧博、李刚、刘建霞、毕俊颖担任副主编。参编人员有夏利江、谭鲁志、王卫东、马勇骉、杨意品、王梅。其中王亮申、齐慧博、王卫东、谭鲁志编写了第 1 章、第 2 章；戚宁、王梅、杨意品编写了第 3 章、第 4 章、第 5 章；刘建霞、马勇骉编写了第 6 章、第 7 章、第 8 章；毕俊颖、夏利江编写了第 9 章、第 10 章、第 11

章；齐慧博编写了第 12 章；李刚编写了第 13 章、附录 A、附录 B。王亮申对全书进行了统稿。

书后所列参考文献对本书的编写借鉴意义颇大，在此对这些参考文献的编著者及出版社表示感谢。

为了方便读者学习计算机绘图技术，借助于智慧树平台，编者为本书量身定制了在线课程"计算机绘图"，前言后的二维码是本课程的入口，扫描二维码进入课程后，可以免费试看本课程第一章的教学视频。读者可以在智慧树网上学习本课程，在学习计算机绘图技术的同时，还可以得到修课学分。

由于编者水平有限，书中难免出现疏漏和不足之处，恳请读者批评指正。

编　者

"计算机绘图"在线课程入口

目　录

第1章

计算机绘图技术概述

图形是表达和交流技术思想的工具，工程图是工程师的语言。在信息交流中，图形表达方式有更多的优点。常见的绘图方式有手工绘图和计算机绘图两种方式。手工绘图是一项细致、复杂和冗长的劳动，不但效率低、质量差，而且周期长，不易于修改，因此，计算机绘图技术已几乎完全取代了手工绘图方法。

1.1 计算机绘图技术简介

计算机绘图是一种与手工绘图不同的高效率、高质量的绘图技术。把数字化了的图形信息通过计算机存储、处理，并通过输出设备将图形显示或打印出来，这个过程称为计算机绘图，而研究计算机绘图领域中各种理论与实际问题的学科称为计算机图形学。计算机绘图是计算机图形学的一个分支，它的主要特点是给计算机输入非图形信息，经过计算机的处理，生成图形信息输出。

1.1.1 计算机绘图技术的发展过程

计算机绘图技术是 CAD/CAM 的重要组成部分。它的发展有力地推动了 CAD/CAM 的研究和应用，为 CAD/CAM 提供了高效的工具和手段。而 CAD/CAM 的发展又不断提出新的要求和设想，其中包括对计算机绘图技术的要求。因此，CAD/CAM 的发展与计算机绘图技术的发展有着密不可分的关系。

计算机绘图技术产生于 20 世纪 50 年代，在 60 多年的发展和应用历程中，对促进科学技术的进步产生了深远的影响，做出了重要的贡献。随着计算机技术和网络技术的发展，CAD 技术也在不断地发展和完善。1950 年，世界上第一台图形显示器"旋风一号"在美国问世，解决了图形处理的问题。1958 年美国 CALCOMP 公司制成滚筒式绘图仪，GERBER 公司制成平板式绘图仪，解决了图形输出问题。同期研制成功的光笔，为计算机绘图提供了输入设备。1963 年 MIT（美国麻省理工学院）的 I. E. Sutherland 提出并实现了一个人机交互图形系统（SKETCHPAD 系统），首次使用了 Computer Graphics（计算机图形学）这个专用名词，全面揭开了计算机绘图研究的序幕。1966 年美国 Lockheed 公司与 IBM 公司联合开发并推出了著名的 CAD/CAM 系统"计算机图形增强设计与制造软件包"。20 世纪 70 年代之后，大规模集成电路技术的应用使计算机的性能得到飞跃提高，为计算机绘图过程中大量数据的检索、存储、处理提供了保证。图形处理技术的进一步发展和完善，使人机交互图形的生成趋于完善。操作杆、鼠标器、图形输入板、数字化仪等图形输入设备取代了使用不便、易于损坏的光笔，光栅扫描图形显示器使图形显示更加形象、逼真。此时计算机绘图进入实用阶段。20 世纪 80 年代是计算机绘图技术、CAD/CAM 技术进一步发展与推广使用的阶段，其硬件、软件都由最初的研制、开发转向成熟和使用。以超级微型计算机工作站为基础的计算机绘图系统得到迅速发展。进入 20 世纪 90 年代，计算机绘图技术进入开放式、标准化、集成化和智能化的发展时期。随着计算机软硬件技术不断完善，计算机绘图也在不断进步和发展。时至今日，计算机绘图技术不仅在工程设计领域得到广泛应用，而且已延伸到艺术、电影、动画、广告和娱乐等领域，产生了巨大的经济效益和社会效益，在国民经济和科技进步中起到了不可替代的作用。

1.1.2　计算机绘图技术在《中国制造 2025》中的作用

制造业是国民经济的主体，是立国之本、兴国之器、强国之基。18 世纪中叶开启工业文明以来，世界强国的兴衰史和中华民族的奋斗史一再证明，没有强大的制造业，就没有国家和民族的强盛。打造具有国际竞争力的制造业，是我国提升综合国力、保障国家安全、建设世界强国的必由之路。

《中国制造 2025》提出，坚持"创新驱动、质量为先、绿色发展、结构优化、人才为本"的基本方针，坚持"市场主导、政府引导，立足当前、着眼长远，整体推进、重点突破，自主发展、开放合作"的基本原则，通过"三步走"实现制造强国的战略目标：第一步，到 2025 年迈入制造强国行列；第二步，到 2035 年我国制造业整体达到世界制造强国阵营中等水平；第三步，到新中国成立一百年时，我国制造业大国地位更加巩固，综合实力进入世界制造强国前列。

围绕实现制造强国的战略目标，《中国制造 2025》明确了 9 项战略任务和重点：一是提高国家制造业创新能力；二是推进信息化与工业化深度融合；三是强化工业基础能力；四是加强质量品牌建设；五是全面推行绿色制造；六是大力推动重点领域突破发展，聚焦新一代信息技术产业、高档数控机床和机器人、航空航天装备、海洋工程装备及高技术船舶、先进轨道交通装备、节能与新能源汽车、电力装备、农机装备、新材料、生物医药及高性能医疗器械等十大重点领域；七是深入推进制造业结构调整；八是积极发展服务型制造和生产性服务业；九是提高制造业国际化发展水平。

《中国制造 2025》中明确，通过政府引导、整合资源，实施国家制造业创新中心建设、智能制造、工业强基、绿色制造、高端装备创新等五项重大工程，实现长期制约制造业发展的关键共性技术突破，提升我国制造业的整体竞争力。

为此，在《中国制造 2025》中明确提出"数字化研发设计工具普及率（%）[⊖]"的发展目标为从 2013 年的 52%、2015 年的 58%，至 2020 年达到 72%，2025 年达到 84%。"在传统制造业、战略性新兴产业、现代服务业等重点领域开展创新设计示范，全面推广应用以绿色、智能、协同为特征的先进设计技术。""发展各类创新设计教育，设立国家工业设计奖，激发全社会创新设计的积极性和主动性。"

因此，大力普及使用数字化研发设计工具（包括计算机绘图技术）是大势所趋，是着力提升制造业水准的基本要素。

1.1.3　计算机绘图系统的组成

计算机绘图系统由硬件、软件和设计人员组成。其中硬件是基础，决定着计算机计算处

　　⊖　数字化研发设计工具普及率＝应用数字化研发设计工具的规模以上企业数量/规模以上企业总数量。

理速度快慢，包括主机、计算机外部设备以及网络通信设备等；软件是核心，决定系统性能的优劣，包括操作系统、支撑软件、应用软件等；人是关键，有着不可替代主导作用，决定着图形设计的成败。将硬件、软件及人这三者有机地融合在一起，是发挥计算机绘图系统强大功能的前提。计算机绘图系统的组成如图 1-1 所示。

1. 计算机绘图系统的硬件组成

一般来说，将可进行计算机绘图作业的独立硬件环境称作计算机绘图的硬件系统。计算机绘图系统的硬件主要由主机、输入设备（键盘、鼠标、数据手套等）、输出设备（显示器、绘图仪、打印机等）、信息存储设备（主要指外存，如硬盘、固态硬盘、光盘等），以及网络设备、多媒体设备等组成。计算机绘图系统的基本硬件构成如图 1-2 所示。

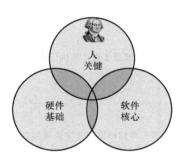

图 1-1　计算机绘图系统的组成

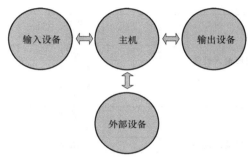

图 1-2　计算机绘图系统的基本硬件构成

2. 计算机绘图系统的软件组成

计算机软件是指控制计算机运行，并使计算机发挥最大功效的各种程序、数据及文档的集合。在计算机绘图系统中，软件配置水平决定着整个计算机绘图系统的性能优劣。因此可以说硬件是计算机绘图系统的物质基础，而软件则是计算机绘图系统的核心。

可以将计算机绘图系统的软件分为三个层次，即系统软件、支撑软件和应用软件。系统软件是与计算机硬件直接关联的软件，一般由专业的软件开发人员研制，它起着扩充计算机的功能，以及合理调度与使用计算机的作用。支撑软件是在系统软件的基础上研制的，它包括进行计算机绘图作业时所需的各种通用软件。应用软件则是在系统软件及支撑软件支持下，为实现某个应用领域内的特定任务而开发的软件，如机床设计、夹具设计、汽车车身设计等 CAD 软件系统。计算机绘图系统的基本软件构成如图 1-3 所示。

计算机绘图系统组成及功能见表 1-1。从表中可以看出，计算机绘图系统组成十分复杂，每个环节都可能决定绘图质量、效率，复杂图形能否表达，信息输入是否快捷、准确，信息输出是否清晰，协同工作是否便捷、安全、可靠。

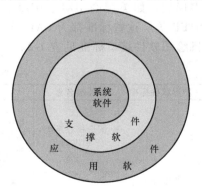

图 1-3　计算机绘图系统的基本软件构成

1.1.4　图形软件标准

图形是 CAD/CAM 的重要基础。随着 CAD/CAM 技术的迅猛发展和推广应用，CAD/CAM 技术得到了越来越广泛的应用，越来越多的用户需要将产品数据在不同的应用系统间进行交换，但各 CAD/CAM 软件的内部数据记录方式和处理方式不尽相同，开发软件的语言

表 1-1　计算机绘图系统组成及功能

主　体	组　件	功　能
主机	中央处理器（CPU） 内存储器 主板	数据运算与处理
外部设备	硬盘 固态硬盘 光盘 移动存储设备 网络设备 ⋮	存储必要的文字和图形信息，保证协同设计、云计算过程顺利进行
图形输入设备	键盘 鼠标 扫描仪 触摸屏 数据手套 ⋮	输入待处理信息，辅助实现计算机计算和绘图操作
图形输出设备	图形显示器 打印机 绘图仪 数据头盔 ⋮	将计算机计算处理的结果用文字或图形信息显示出来，供设计人员及用户观察、浏览、交流、使用
支撑软件	AutoCAD UG CATIA ⋮	提供绘图工具，辅助设计人员绘图

也不完全一致，因此，CAD/CAM 系统的数据交换与共享是目前面临的重要问题。

20 世纪 80 年代初以来，国外对数据交换标准做了大量的研制、制订工作，也产生了许多标准。如美国的 DXF、IGES、ESP、PDES，法国的 SET，德国的 GKS、VDAFS，ISO 的 STEP 等。这些标准都为 CAD 及 CAM 技术在各国的推广应用起到了极大的促进作用。计算机绘图软件接口标准见表 1-2。

表 1-2　计算机绘图软件接口标准

图形软件标准	标准名称	特　点
图形标准	图形核心系统（GKS）	图形核心系统（Graphic Kernel System，GKS）是由德国标准化组织（DIN）于 1979 年提出的，国际标准化组织（ISO）于 1985 年采用其作为国际标准。它是一个为应用程序服务的基本图形系统。它提供了应用程序和一组图形输入、输出设备之间的功能性接口。为了满足三维图形的需要，DIN 与 ISO 合作制定了三维图形核心系统 GKS-3D，作为 GKS 的扩充
	程序员层次交互图形系统（PHIGS）	程序员层次交互图形系统（Programmer's Hierarchical Interactive Graphics System，PHIGS）是美国计算机图形技术委员会于 1986 年推出的，后被接受为国际标准。它是为应用程序员提供的控制图形设备的图形软件系统接口，以及动态修改、绘制和显示图形数据的手段。PHIGS 的图形数据按照层次结构组织，使多层次的应用模型能方便地利用它进行描述。它是 GKS 的扩展，是为具有高度动态性、交互性的三维图形的应用而设计的图形软件工具包
图形和图像编码	计算机图形元文件（CGM）	计算机图形元文件（Computer Graphics Metafile，CGM）是 ISO 正式发布的国际标准。它采用了高效率的图形编码方法，规定了存储图形数据的格式，由一套与设备无关的用于定义图形的语法和词法元素组成，作为图形数据的中性格式，能适用于不同的图形系统和图形设备

（续）

图形软件标准	标准名称	特　　点
图形和图像编码	计算机图形接口编码（CGI）	计算机图形接口（Computer Graphics Interface，CGI）是美国标准化协会（ANSI）于1984年起草的，后被 ISO 接受为国际标准。它描述了通用的抽象图形设备的软件接口，定义了一个虚拟的设备坐标空间、一组图形命令及其参数格式
数据交换标准	初始图形交换规范（IGES）	初始图形交换规范（Initial Graphics Exchange Specification，IGES）是美国国家标准和技术研究所（NIST）主持，波音公司和通用电气公司参加编制的，后经 ANSI 批准于1980年发布的美国国家标准。它建立了用于产品定义的数据表示方法与通信信息结构，作用是在不同的 CAD/CAM 系统间交换产品定义数据。其原理是：通过前处理器把发送系统的内部产品定义文件翻译成符合 IGES 规范的中性格式文件，再通过后处理器将中性格式文件翻译成接受系统的内部文件
	产品模型数据交换标准（STEP）	产品模型数据交换标准 STEP（Standard for the Exchange of Product model data）是由 ISO 制订并于1992年公布的国际标准。它是一套系列标准，其目标是在产品生存周期内为产品数据的表示与通信提供一种中性数字形式，这种数字形式完整地表达产品信息并独立于应用软件，也就是建立统一的产品模型数据描述

1.1.5　造型技术

造型技术是绘图软件的基础。三维模型有三种，即线框、曲面和实体。早期的 CAD 系统往往分别对待以上三种造型，而当前的高级三维软件，例如，CATIA、UG、Creo 等则是将三者有机结合起来，形成一个整体，在建立产品几何模型时兼用线、面、体三种设计手段。其所有的几何造型享有公共的数据库，造型方法间可互相替换。

1. 线框造型

线框造型可以生成、修改、处理二维和三维线框几何体。可以生成点、直线、圆、二次曲线、样条曲线等，还可以对这些基本线框元素进行修剪、延伸、分段、连接等处理，生成更复杂的曲线。线框造型是通过三维曲面的处理来进行，即利用曲面与曲面的求交、曲面的等参数线、曲面边界线、曲线在曲面上的投影、曲面在某一方向的分模线等方法来生成复杂曲线。实际上，线框造型是进一步构造曲面和实体模型的基础工具。在复杂的产品设计中，往往是先用线条勾画出基本轮廓，即所谓"控制线"，然后逐步细化，在此基础上构造出曲面和实体模型。

线框造型的缺点是明显的，它用顶点和棱边来表示物体，由于没有面的信息，不能表示表面含有曲面的物体；另外，它不能明确地定义给定点与物体之间的关系（点在物体内部、外部或表面上），所以线框造型不能处理许多重要问题，如不能生成剖切图、消隐图、明暗色彩图，不能用于数控加工等，应用范围受到了很大的限制。

2. 曲面造型

曲面模型是在线框造型的基础上，增加了物体中面的信息，用面的集合来表示物体，用环来定义面的边界。曲面模型扩大了线框造型的应用范围，能够满足面面求交、线面消隐、明暗色彩图、数控加工等需要。但在这种模型中，只有一张张面的信息，对物体究竟存在于表面的哪一侧，并没有给出明确的定义，无法计算和分析物体的整体性质，如物体的体积、重心等，也不能将这个物体作为一个整体去考察它与其他物体相互关联的性质，如是否相交等。

曲面造型分两种方法，一是由曲线构造曲面；二是由曲面派生曲面。

（1）由曲线构造曲面

1）旋转曲面：轮廓曲线绕某一轴线旋转某一角度而生成的曲面。

2）线性拉伸面：曲线沿某一矢量方向拉伸一段距离而得到的曲面。

3）直纹面：在两曲线间，把其参数值相同的点用直线段连接而成的曲面。

4）扫描面：截面发生曲线沿一条、两条或三条方向控制曲线运动、变化而生成的曲面。可根据各发生曲线与脊骨曲线的运动关系，把扫描面分为平行扫描曲面、法向扫描曲面和放射状扫描曲面。

5）网格曲面：由一系列曲线构成的曲面。根据构造曲面的曲线的分布规律，网格曲面可分为单方向网格曲面和双方向网格曲面。单方向网格曲面由一组平行或近似平行的曲线构成；而双方向网格曲面由一组横向曲线和另一组与之相交的纵向曲线构成。

6）拟合曲面：由一系列有序点拟合而成的曲面。

7）平面轮廓面：由一条封闭的平面曲线所构成的曲面。

8）二次曲面：椭圆面、抛物面、双曲面等。

（2）由曲面派生曲面

1）等半径倒圆曲面：一定半径的圆弧段与两原始曲面相切，并沿着它们的交线方向运动而生成的圆弧形过渡面。

2）变半径倒圆曲面：半径值按一定的规律变化的圆弧段与两原始曲面相切，并沿它们的交线方向运动而生成的圆弧形过渡面。

3）等厚度偏移曲面：与原始曲面偏移一均匀厚度值的曲面。

4）变厚度偏移曲面：在原始曲面的角点处，沿该点曲面法矢量方向偏移给定值而得到的曲面。

5）混合曲面（桥接曲面）：在两个（或多个）分离曲面的指定边界线处生成的，一个以指定边界为生成曲面的边界线，与所选周围原始曲面圆滑连接的中间曲面。

6）延伸曲面：在曲面的指定边界线处，按曲面的原有趋势（或某一给定的矢量方向）进行给定条件的曲面扩展而生成的曲面。

7）修剪曲面：把原始曲面的某一部分去掉而生成的曲面。

8）拓扑连接曲面：把具有公共边界线的两个曲面进行拓扑相加后的曲面。

3. 实体造型

实体造型是最高级的三维物体模型，它能完整地表示物体的所有形状信息。可以无歧义地确定一个点是在物体外部、内部或表面上，这种模型能够进一步满足物性计算、有限元分析等应用的要求。

（1）基本体素

1）拉伸体：一条封闭的曲线沿某一矢量方向拉伸一段距离而得到的实体，包括长方体等。

2）旋转体：一条封闭曲线绕某一轴线旋转某一角度而生成的实体。包括圆柱体、圆锥体、球体等。

3）扫描体：一条或多条封闭的截面曲线沿一条轨道按一定的规律运动而生成的实体。

4）等厚体：从原始曲面偏移给定厚度值而形成的实体。

5）缝合体：由一组封闭曲面缝合而成的实体。

6）倒圆体：在实体的棱线处，生成一个与该棱线处的两相邻表面相切的圆弧形过渡体。

7）倒角体：在实体的棱线处，生成一个给定角度和长度的倒角体。

（2）工艺特征形体　工艺特征形体包括凸台、凹腔、孔、键槽、螺纹和筋等。

（3）拓扑操作　对体素进行"并""交""差"布尔运算及用曲面片体修剪体素而生成

的新的实体。

1.2　常用的计算机绘图软件简介

常用的计算机绘图软件有 AutoCAD、CATIA、UG、Creo、SolidWorks 和 CAXA 等，各有不同的用户群。

1.2.1　AutoCAD

美国 Autodesk 公司出品。AutoCAD 已由原先的侧重于二维绘图技术为主，发展到二维、三维绘图技术兼备，并且具有网上设计的多功能 CAD 软件系统，广泛应用在机械工程、建筑工程、装饰设计、环境艺术设计、水电工程、土木施工等诸多领域内。AutoCAD 将菜单栏、工具栏、命令行、功能区面板等操作方式有机地结合在系统中，大大提升了系统的可操作性。AutoCAD 具有完善的图形绘制功能和编辑功能，可以进行多种图形格式的转换，如导入 PDF 文件中的文字和几何图形。利用 Autodesk 的云服务，可以上传、同步或共享文档，以便于在多种设备和平台上查看，随时随地通过智能手机、平板计算机等进行绘制、编辑和审阅。

1.2.2　CATIA

法国 Dassault System 公司出品。CATIA 是从 20 世纪 70 年代发展形成的，最先采用了三维线框、曲面和实体特征等多项技术。产品整个开发过程包括概念设计、详细设计、工程分析、成品定义和制造乃至成品在整个生命周期中的使用和维护，支持从项目准备阶段、具体的设计、分析、模拟、组装到维护在内的全部工业设计流程。

1.2.3　UG

德国 Siemens PLM Software 公司出品。利用 UG 可以准确地描述几乎任何几何形状。通过将这些几何形状组合起来，可以设计、分析零件，并自动生成工程图。完成设计后，便可以进行 NC 编程。

1.2.4　Creo

美国 PTC 公司出品。Creo 是整合了 PTC 公司的三个软件 Pro/Engineer 的参数化技术、CoCreate 的直接建模技术和 ProductView 的三维可视化技术的新型 CAD 设计软件包。Creo 的产品设计应用程序使企业中的每个人都能使用最适合自己的工具，为多个独立的应用程序在 2D 和 3D CAD 建模、分析及可视化方面提供了新的功能。Creo 还提供了良好的相互操作性，可确保在内部和外部团队之间轻松共享数据。

1.2.5　SolidWorks

法国 Dassault System 公司出品。SolidWorks 软件是第一个基于 Windows 开发的三维 CAD 系统，功能强大、易学易用。SolidWorks 资源管理器同 Windows 资源管理器一样，用它可以方便地管理 CAD 文件，零件设计、装配设计和工程图之间完全相互关联。

1.2.6　Cimatron

以色列 Cimatron 公司出品。Cimatron 是专门针对模具行业设计开发的，包括易于使用的

3D 设计工具，融合了线框造型、曲面造型和实体造型，允许用户方便地处理获得的数据模型或进行产品的概念设计。

1.2.7　CAXA

北京数码大方科技有限公司出品。CAXA 包括数字化设计（CAD）、数字化制造（MES）以及产品全生命周期管理（PLM）解决方案和工业云服务等功能。数字化设计解决方案包括二维、三维 CAD，工艺 CAPP 和产品数据管理 PDM 等模块/软件；数字化制造解决方案包括 CAM、网络 DNC、MES 和 MPM 等软件；支持企业贯通并优化营销、设计、制造和服务的业务流程，实现产品全生命周期的协同管理，提供云设计、云制造、云协同、云资源、云社区五大服务，涵盖了企业设计、制造、营销等产品创新流程所需要的各种工具和服务。

1.3　本 章 小 结

计算机绘图技术是现代工程技术的重要基础。通过对计算机绘图技术的产生及发展过程、计算机绘图系统的组成、现代造型技术、图形交换标准，以及常用的计算机绘图软件类型的简单介绍，让读者对计算机绘图技术有一个粗略了解，有助于读者学习和掌握 AutoCAD 2018 操作方法。

习　　题

1. 结合《中国制造 2025》，简述学习计算机绘图技术的意义。
2. 简述计算机绘图系统的组成。
3. 常见的计算机绘图软件有哪些类型？

第2章

AutoCAD 2018 的绘图环境

利用 AutoCAD 绘制工程图形前，首先应了解 AutoCAD 软件界面的构成，以及基本设置和基本功能，了解软件系统常用的坐标系。

2.1 界面介绍

启动 AutoCAD 2018 应用程序后，弹出启动界面，默认为【开始】选项卡，包括【创建】和【了解】两个页面，分别如图 2-1a、b 所示。

【创建】页面由【快速入门】、【最近使用的文档】、【连接】三个区域组成。①通过【快速入门】区域可以完成新建图形文件、打开已存盘文件等操作。②通过【最近使用的文档】区域，可以浏览或打开最近使用的文档。③通过【连接】区域可以登录到"A360"访

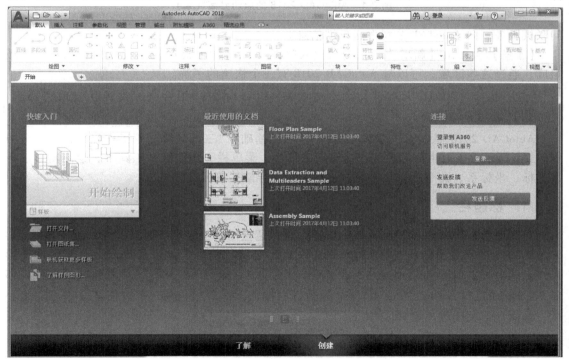

a)【创建】页面

图 2-1 AutoCAD 2018 的启动界面

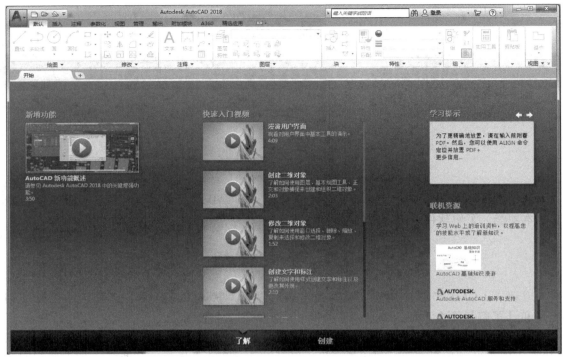

b)【了解】页面

图 2-1　AutoCAD 2018 的启动界面（续）

问联机服务，向 Autodesk 公司发送反馈信息。

　　【了解】页面由【新增功能】、【快速入门视频】、【学习提示】和【联机资源】等区域组成。通过这些区域，可以对 AutoCAD 2018 有一个快速的了解。

　　注：执行【GOTOSTART】命令或者按<Ctrl+Home>组合键，实现从当前图形到【开始】选项卡的切换。

　　AutoCAD 2018 提供了"草图与注释""三维基础""三维建模"等工作界面，窗口分布如图 2-2 所示，主要由标题栏、快速访问工具栏、菜单栏、功能区、工具栏、绘图窗口、十字光标、坐标系、命令行与文本窗口、状态栏、导航栏等几部分组成。

2.1.1　标题栏

　　与其他 Windows 应用程序类似，AutoCAD 标题栏位于程序窗口的最上方，用于显示 AutoCAD 2018 的程序图标及当前所操作图形文件的名称等信息。如果是 AutoCAD 默认的图形文件，其名称为 DrawingN. dwg（N 是数字，$N=1$，2，3…）表示第 N 个默认图形文件，如图 2-2 所示的 "Drawing1. dwg"。单击标题栏右端的 三个按钮，分别可以最小化、最大化或关闭程序窗口。

2.1.2　菜单栏

　　AutoCAD 2018 中文版的菜单栏由【文件】、【编辑】、【视图】、【插入】、【格式】、【工具】、【绘图】、【标注】、【修改】、【参数】、【窗口】和【帮助】菜单组成，几乎包括了

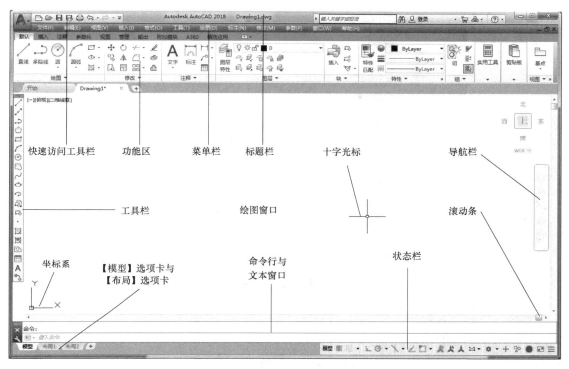

图 2-2　AutoCAD 2018 的工作界面

AutoCAD中全部的功能和命令。单击菜单栏中的某一项，会弹出相应的下拉菜单，图 2-3a 所示为 AutoCAD 2018 的【插入】下拉菜单。

从图 2-3a 中可以看到，某些菜单命令后面带有▶、…、Ctrl+K、（R）之类的符号或组合键，用户在使用它们时应遵循以下约定。

① 命令后跟有▶符号，表示该命令还有子菜单，如图中所示【布局】菜单命令。

② 命令后跟有命令字母，如【块（B）】菜单命令，表示打开【插入】菜单后，按下字母 B 即可执行【块】命令。

③ 命令后跟有组合键（快捷键），如 Ctrl+K，表示直接按组合键即可执行【超链接】命令。

④ 命令后跟有…符号，表示执行该命令可打开一个对话框，如单击【块】菜单命令后会弹出如图 2-3b 所示的【插入】对话框。

⑤ 命令呈现灰色，表示该命令在当前状态下不可使用。

> 注：单击快速访问工具栏右侧的下拉按钮 ▼，在弹出的快捷菜单中单击选择【显示菜单栏】即可在界面显示出菜单栏，如图 2-4 所示。

2.1.3　快捷菜单

快捷菜单又称为上下文关联菜单、弹出菜单、右键菜单。在功能区、绘图区域、工具栏、状态栏、【模型】与【布局】选项卡及一些对话框上单击鼠标右键时将弹出一个快捷菜单，该菜单中的命令与 AutoCAD 当前状态相关联。使用它们可以在不必启用菜单栏的情况下，快速、高效地完成某些操作，图 2-5a、b 所示分别为绘图区空白区域的快捷菜单和选择

a)【插入】下拉菜单

b)【插入】对话框

图 2-3　AutoCAD 2018 菜单及其操作

直线对象后的快捷菜单。

2.1.4　功能区

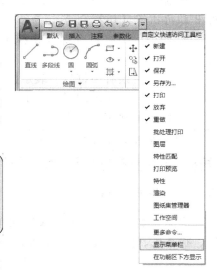

功能区由一系列选项卡组成，包括【默认】、【插入】、【注释】、【参数化】、【三维工具】、【可视化】、【视图】、【管理】、【输出】、【附加模块】、【A360】和【精选应用】等，每个选项卡又有若干个按照一定次序排列的命令按钮，如图 2-6 所示。

> 注：选项卡的选定，以及各选项卡上的显示面板是否显示，可以通过在功能区面板上右击鼠标，在弹出的快捷菜单上选择所需命令即可完成，如图 2-7a、b 所示。

显示面板上有一些工具按钮在默认状态下并不显示，可以通过单击显示面板标题右侧的下拉箭头 ▼，来显示不同的按钮；单击【图钉】 ⫟ 可以固定隐藏的按钮。图

图 2-4　定制菜单栏的下拉菜单

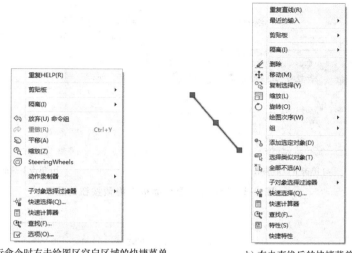

a) 未执行命令时右击绘图区空白区域的快捷菜单　　　b) 右击直线后的快捷菜单

图 2-5　快捷菜单

图 2-6　功能区

a) "显示选项卡"的选定　　　　　　　　b) "显示面板"的选定

图 2-7　功能区设置

2-8b 所示为单击【绘图】显示面板右侧的下拉箭头 ▼ 前后的显示效果。

　　显示面板上的某类工具按钮在默认状态下只能显示其中一个按钮，可以通过单击该按钮下的下拉箭头 ▼，显示出其他按钮。图 2-9 所示为单击【圆】工具按钮的下拉箭头 ▼ 后的显示结果。

　　某些功能区的显示面板提供了与该面板相关的对话框，单击该显示面板右下角处箭头 ↘，启动相应的对话框。图 2-10 所示为单击【几何】显示面板右下角处箭头 ↘ 后弹出的对话框。

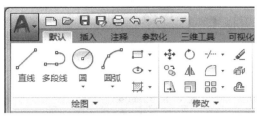

a) 单击下拉箭头前   b) 单击下拉箭头后

图 2-8 【绘图】显示面板上隐藏按钮的显示

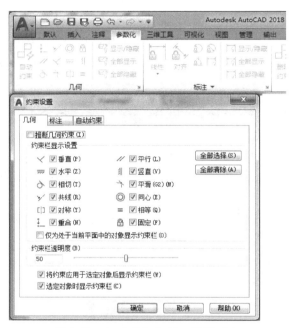

图 2-9 单击【圆】工具按钮   图 2-10 与【几何】显示面板对应
下拉箭头 ▾ 后的显示   的【约束设置】对话框

2.1.5 工具栏

　　尽管功能区提供了绘图用的按钮工具，但是一些用户可能习惯于使用工具栏来完成绘图操作。工具栏可以根据需要定制，可以被设定为固定或浮动状态，图 2-11a 所示为处于浮动状态下的【标准】工具栏，图 2-11b 所示为处于固定状态下的【绘图】工具栏。此外，Au-toCAD 2018 还提供可快速访问的工具栏，如图 2-12 所示。

　　可以根据需要打开或关闭任意一个工具栏。可在任意工具栏上单击鼠标右键（右击），此时将弹出一个快捷菜单，如图 2-13 所示。可通过选择所需命令显示相应的工具栏。此外，通过执行【工具】|【工具栏】|【AutoCAD】菜单命令下对应的子菜单命令，也可以打开 AutoCAD 的各种工具栏。

a)【标准】工具栏(浮动)

b)【绘图】工具栏(固定)

图 2-11   工具栏

图 2-12   快速访问工具栏

图 2-13   工具栏快捷菜单

2.1.6   绘图窗口

绘图窗口又称绘图区域，是用户绘图的工作区域，类似于手工绘图时的图纸，所有的绘图结果都反映在这个窗口中。用户可以根据需要关闭、固定、锚定或浮动用户界面元素。如果图样比较大，需要查看未显示部分时，可以单击窗口右边与下边滚动条上的箭头，或拖动滚动条上的滑块来移动图纸。

在绘图窗口中除了显示当前的绘图结果外，还显示了当前使用的坐标系类型及坐标原点，X、Y、Z 轴的方向等。默认情况下，坐标系为世界坐标系（WCS）。

绘图窗口的下方有【模型】和【布局】选项卡，单击它们可以在模型空间或图纸空间之间来回切换。

> 注：使用 AutoCAD 时，通常是在【模型】下绘图，在【布局】下出图。

2.1.7   命令行与文本窗口

命令行是从键盘键入命令和显示提示信息的区域，通常位于绘图窗口的底部，如图 2-2 所示。在 AutoCAD 2018 中，可以将命令行拖放为浮动窗口，如图 2-14 所示。

```
命令: _line
指定第一个点:
指定下一点或 [放弃(U)]:
指定下一点或 [放弃(U)]:
指定下一点或 [闭合(C)/放弃(U)]: *取消*
命令: 指定对角点或 [栏选(F)/圈围(WP)/圈交(CP)]: _u
窗口说明无效。
指定对角点或 [栏选(F)/圈围(WP)/圈交(CP)]: 指定对角点或 [栏选(F)/圈围(WP)/圈交(CP)]:
_u
窗口说明无效。
指定对角点或 [栏选(F)/圈围(WP)/圈交(CP)]: 指定对角点或 [栏选(F)/圈围(WP)/圈交(CP)]:
_u
窗口说明无效。
指定对角点或 [栏选(F)/圈围(WP)/圈交(CP)]: 指定对角点或 [栏选(F)/圈围(WP)/圈交(CP)]:
_u
窗口说明无效。
指定对角点或 [栏选(F)/圈围(WP)/圈交(CP)]: 指定对角点或 [栏选(F)/圈围(WP)/圈交(CP)]:
命令: _u 直线 GROUP
命令: _u 圆 GROUP
```

图 2-14　浮动命令行

注：命令行若被关闭后，可以执行【工具】|【命令行】菜单命令，或按组合键<Ctrl+9>，重新打开命令行。

AutoCAD 文本窗口是放大的命令行窗口，它记录了用户已执行的命令，也可以用来输入新命令。在 AutoCAD 2018 中，用户可以选择【视图】|【显示】|【文本窗口】命令、执行【TEXTSCR】命令或按<F2>键来打开它，如图 2-15 所示。

注：①在命令行中输入命令或数值后，可以按<Enter>键、<Space>键确认；②若想结束命令可以按<Enter>键、<Space>键、<Esc>键；③若想重复执行上一次命令，可以通过按<Enter>键、<Space>键，重复上一次操作；④在命令行中输入命令时，大小写字母不影响执行命令结果；⑤执行命令过程中，还可以通过单击鼠标右键，在弹出菜单上选择【确定】或【取消】命令确定或取消当前操作。

图 2-15　AutoCAD 文本窗口

2.1.8　状态栏

状态栏用来显示或设置当前的绘图状态，如显示当前光标的坐标、设置可能会影响绘图环境的功能按钮等，如图 2-16 所示。

图 2-16　状态栏

1. 坐标

光标用于绘图或选择对象等操作。用户在绘图窗口中移动光标时，在状态栏的坐标区将动态地显示当前坐标值。在 AutoCAD 中，坐标显示取决于所选择的模式和程序中运行的命令，共有相对、绝对、地理和特定四种模式。

2. 功能按钮

状态栏中包括【栅格】、【捕捉模式】、【推断约束】、【动态输入】、【正交模式】、【极轴追踪】、【等轴测草图】、【对象捕捉追踪】、【二维对象捕捉】、【线宽】、【透明度】、【选择循环】、【三维对象捕捉】和【动态 UCS】等共计 29 个功能按钮。功能按钮的具体设置及操作方法将在第 4 章中介绍。

2.1.9　工具选项板

工具选项板提供了【注释】、【建筑】和【机械】等共 21 个选项板，如图 2-17 所示，不同选项板可以完成不同的功能。如在【机械】选项板上拖动"滚珠轴承"到绘图窗口内，就可以完成滚动轴承的绘制。单击工具选项板上的【特性】按钮 ⚙，可以实现对工具选项板的功能设置，如移动、大小和关闭等。

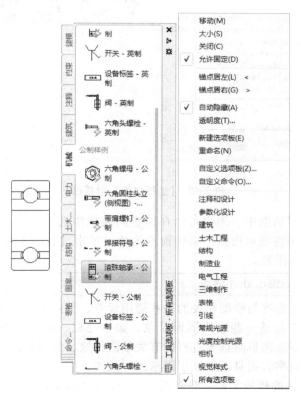

图 2-17　工具选项板

2.2　文件操作

在 AutoCAD 2018 中，图形文件管理包括创建新的图形文件、打开已有的图形文件、关闭图形文件，以及保存图形文件等操作。

2.2.1　创建新图形文件

执行【新建】命令可以创建新图形文件。

执行方式

- 下拉菜单：【文件】|【新建】
- 命令行：QNEW/NEW
- 工具栏/快速访问工具栏：

执行上述操作后将打开【选择样板】对话框，如图 2-18 所示。

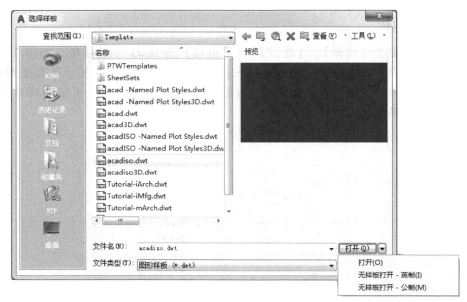

图 2-18　【选择样板】对话框

在【选择样板】对话框中，用户可以在样板列表框中选中某一样板文件，这时在对话框右侧的【预览】区中将显示出该样板的预览图像。单击【打开】按钮，可以以选中的样板文件为样板，创建新图形。

> 注：一般选用 acadiso.dwt 样板。

样板文件中通常包含有与绘图相关的一些通用设置，如图层、线型、文字样式、尺寸标注样式等。此外还可以包括一些通用图形对象，如标题栏、图幅框等。利用样板创建新图形，可以避免每次绘制新图形时都要进行的有关绘图设置、绘制相同图形对象这样的重复操作，不仅提高了绘图效率，而且还保证了图形的一致性。

根据 AutoCAD 提供的样板文件创建新图形文件后，AutoCAD 一般情况下要显示出布局。AutoCAD 的布局主要用于打印图形时确定图形相对于图纸的位置，在绘图过程中还需要切换到模型空间，这时只需要单击【模型】选项卡。

在【选择样板】对话框中，用户若选择"acadiso3D.dwt"，可以在三维空间内创建新的三维图形，如图 2-19 所示。

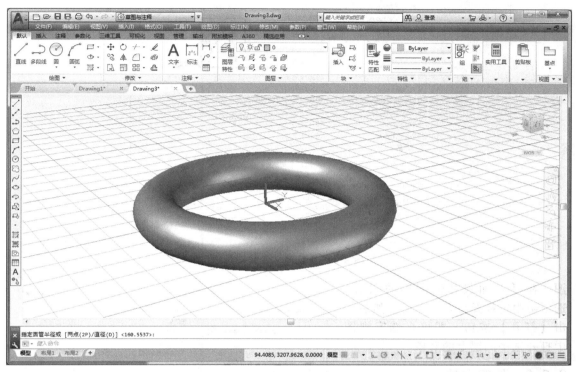

图 2-19　创建三维图形

2.2.2　打开文件

对于已经存在的图形文件，可以通过执行【打开】命令打开该图形文件。

执行方式

- 下拉菜单：【文件】│【打开】
- 命令行：OPEN
- 工具栏/快速访问工具栏：📂

执行上述操作后将打开【选择文件】对话框，可以从中打开已有的图形文件，如图2-20所示。

在【选择文件】对话框的文件列表框中，选择需要打开的图形文件，在右侧的【预览】区中将显示出该图形的预览图像。默认情况下，打开的图形文件的格式为.dwg。

在 AutoCAD 中，可以以【打开】、【以只读方式打开】、【局部打开】和【以只读方式局部打开】四种方式打开图形文件。当以【打开】、【局部打开】方式打开图形时，可以对打开的图形进行编辑，如果以【以只读方式打开】、【以只读方式局部打开】方式打开图形时，则无法对打开的图形进行编辑。

如果选择以【局部打开】、【以只读方式局部打开】方式打开图形，将打开【局部打开】对话框，如图 2-21 所示。可以在【要加载几何图形的视图】选项组中选择要打开的视

图 2-20　【选择文件】对话框

图，在【要加载几何图形的图层】选项组中选择要打开的图层，然后单击【打开】按钮，即可在选定视图中打开选中图层上的对象。

2.2.3　保存文件

在 AutoCAD 中，可以使用多种方式将所绘图形以文件形式存入磁盘。执行【保存】命令可以保存图形文件。

图 2-21　【局部打开】对话框

执行方式

- 下拉菜单：【文件】|【保存】
- 命令行：QSAVE
- 工具栏/快速访问工具栏：💾

或

- 下拉菜单：【文件】|【另存为】
- 命令行：SAVEAS

选择【保存】命令，以当前使用的文件名保存图形；选择【另存为】命令，将当前图形以新的名字保存。

在第一次保存创建的图形时，系统将打开【图形另存为】对话框，如图 2-22 所示。默认情况下，文件以 AutoCAD 2018 图形（*.dwg）格式保存，也可以在【文件类型】下拉列表框中选择其他格式，如 AutoCAD 2013/LT 2013 图形（*.dwg）、AutoCAD 2018 DXF（*.dxf）等格式。

图 2-22　【图形另存为】对话框

　　执行【工具】|【选项】菜单命令，打开【选项】对话框，选择【打开和保存】选项卡，如图 2-23 所示。在该选项卡中的【另存为】下拉列表框中设置默认的文件类型。此外在【文件安全措施】选项组内，选中【自动保存】复选框，并在【保存间隔分钟数】文本框中输入间隔保存时间，则会每隔设定的时间，系统自动完成一次文件保存操作。

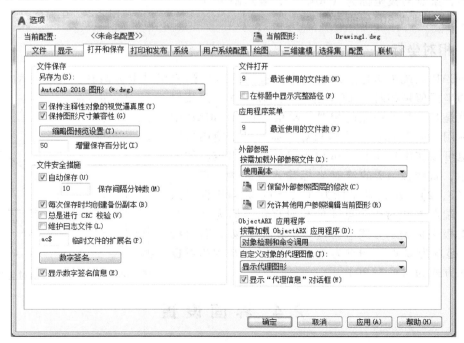

图 2-23　【选项】对话框【打开和保存】选项卡

2.3 坐 标 系

AutoCAD 图形中各点的位置都是由坐标系来确定的。AutoCAD 系统中有世界坐标系（World Coordinate System，WCS）和用户坐标系（User Coordinate System，UCS），其中 WCS 是固定坐标系，UCS 是可移动坐标系。在 WCS 中，X 轴是水平的，Y 轴是垂直的，Z 轴垂直于 XY 平面，符合右手法则，该坐标系存在于任何一个图形中且不可更改。坐标系图标通常位于绘图窗口的左下角，用户在进行实际操作时的坐标值都是在当前 UCS 中确定的。

2.3.1 直角坐标系

直角坐标系由一个原点［坐标为（0，0）］和两条通过原点的、相互垂直的坐标轴构成（图 2-24）。其中，水平方向的坐标轴为 X 轴，以向右为其正方向；垂直方向的坐标轴为 Y 轴，以向上为其正方向。平面上任何一点 p 都可以由 X 轴和 Y 轴的坐标所定义，即用一对坐标值（x，y）来定义一个点。

2.3.2 极坐标系

极坐标系由一个极点和一个极轴构成（图 2-24），极轴的方向为水平向右。平面上任何一点 p 都可以由该点到极点的连线长度 L（$L>0$）和连线与极轴的夹角 α（极角，逆时针方向为正）所定义，即用一对坐标值（$L<\alpha$）来定义一个点，其中 "$<$" 表示角度。

例如，某点的极坐标为（50<30），表示距极点距离 50，与极轴成 30°角的点。

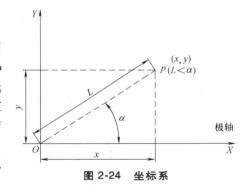

图 2-24 坐标系

2.3.3 相对坐标

AutoCAD 系统中坐标点的输入方式包括绝对坐标和相对坐标两种。所谓绝对坐标是指输入点的坐标值是相对于 UCS 坐标原点确定的。而相对坐标，就是某点与前一点的相对位移值，在 AutoCAD 中相对坐标用 "@" 标识。使用相对坐标时可以使用直角坐标，也可以使用极坐标，可根据具体情况而定。如图 2-25 所示，直线段 AB 的绝对坐标输入方式为：起点 A 坐标为（3，2）、端点 B 坐标为（7，5）；相对坐标输入方式为：端点 B 相对于起点 A 的相对直角坐标为（@4，3）。相对极坐标表示方式应为（@$L<\alpha$），例如，若直线段 CB 的起点为 C 点，端点为 B 点，则端点 B 的相对极坐标输入方式为（@3<90）。

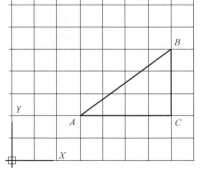

图 2-25 绝对坐标和相对坐标示例

2.4 界 面 设 置

第一次启动 AutoCAD 2018 进入的绘图窗口是系统默认的，可根据自己的使用习惯和个人喜好来设置界面。

2.4.1　调整视窗

系统默认的绘图窗口颜色为深灰色，命令行的字体为 Consolas，用户可以根据自己的喜好对窗口颜色和命令行的字体进行重新设置，调整窗口颜色的操作步骤如下。

① 执行【工具】|【选项】菜单命令，打开【选项】对话框，如图 2-26 所示。

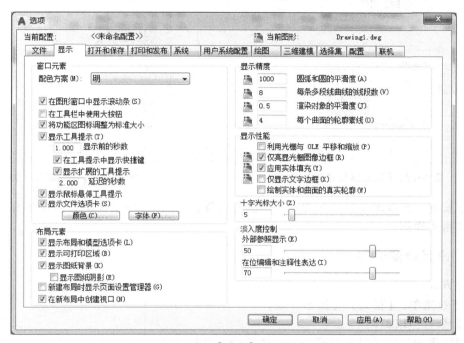

图 2-26　【选项】对话框

② 在【显示】选项卡中，单击【颜色】按钮，打开【图形窗口颜色】对话框，如图 2-27所示。

③ 在【上下文】列表框内选择要改变颜色的背景选项，如"二维模型空间"。

④ 在【界面元素】列表框内选择要改变颜色的元素，如"统一背景"。

⑤ 在【颜色】下拉列表框内选择需要的颜色，如白色，则模型窗口的背景颜色为白色，具体效果在【预览】区内显示。

⑥ 单击【应用并关闭】按钮返回【选项】对话框。

⑦ 单击【确定】按钮确认所设置的背景颜色。

2.4.2　设置绘图单位

【UNITS】命令用于设置绘图单位。默认情况下 AutoCAD 使用十进制单位进行数据显示或数据输入，可以根据具体情况设置绘图的单位类型和数据精度。

执行方式

- 下拉菜单：【格式】|【单位】
- 命令行：UNITS

执行上述操作后，可打开如图 2-28 所示的【图形单位】对话框。在该对话框中，可以

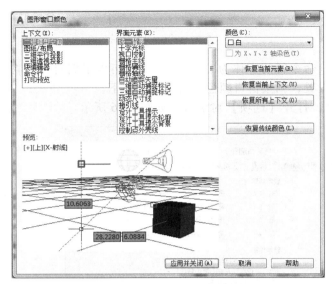

图 2-27 【图形窗口颜色】对话框　　　　　　　图 2-28 【图形单位】对话框

设置图形长度、角度单位及控制方向。当改变单位设置后，【输出样例】区中将显示当前设置的单位格式样例。

2.4.3　设置绘图边界

执行方式

- 下拉菜单：【格式】|【图形界限】
- 命令行：LIMITS

设置绘图边界即是设置图形绘制完成后输出的图纸大小。常用图纸规格有 A0～A4，一般称为 0～4 号图纸。绘图界限的设置应与选定图纸的大小相对应。在模型空间中，绘图界限用来规定一个范围，使所建立的模型始终处于这一范围内，避免在绘图时出错。利用【LIMITS】命令可以定义绘图边界，相当于手工绘图时确定图纸的大小。绘图界限是代表绘图极限范围的两个二维点的 WCS 坐标，这两个二维点分别是绘图范围的左下角和右上角，它们确定的矩形就是当前定义的绘图范围，在 Z 方向上没有绘图界限限制。

> 注：在设定图形界限时，在执行【LIMITS】命令后必须选择【ON】命令，取消设定图形界限时必须选择【OFF】命令。

2.5　帮　　助

AutoCAD 功能很强大。用户在使用该软件时可能对一些操作方法不甚了解，或者对某些命令或变量记忆不准，此时就会用到系统提供的帮助功能。

执行方式

- 下拉菜单：【帮助】|【帮助】
- 命令行：HELP
- 工具栏：

- 功能键：<F1>

AutoCAD 提供的帮助功能，便于用户在使用 AutoCAD 时获得技术上的支持。用户在绘图过程中不可避免地会遇到一些问题，这些问题的解决也很难全部在书本中找到。同时，利用【帮助】窗口（图 2-29），用户还可以了解 AutoCAD 2018 新增功能，浏览系统变量和全部操作命令。

图 2-29　【帮助】窗口

2.6　本章小结

本章主要介绍了 AutoCAD 2018 操作，包括界面构成、新建图形文件、打开图形文件、保存图形文件、坐标系、界面设置等内容，是后续章节学习的基础。

习　题

1. 如何打开和利用 AutoCAD 2018 帮助文档？

2. AutoCAD 中坐标系的类型有哪些？

3. 绘制如图 2-30 所示等边三角形并保存该图形文件，其中 A 点坐标为（100，100）；关闭该图形文件后再打开已保存的图形文件。

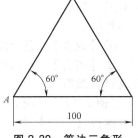

图 2-30　等边三角形

第3章

简单图形的绘制

工程图形大部分是由直线、圆弧等简单元素组成的。点、直线、圆弧、多边形等绘制方式是 AutoCAD 中的重要基础。

3.1 直线的绘制

直线是构成图形的基本元素之一，因此，【直线】命令也是图形绘制过程中使用率较高的命令。AutoCAD 中的直线分为有限长（直线段）和无限长（射线和构造线）两种类型。可以指定或编辑直线的颜色、线型和线宽等属性。

3.1.1 绘制直线段

【直线】命令是通过指定两个点来绘制直线段。对于首尾连接的折线，上一条直线段的末端点就是下一段直线的起点。

1. 绘制直线段

执行方式

* 下拉菜单：【绘图】|【直线】
* 命令行：LINE（L）
* 功能区/工具栏：╱

执行【LINE】命令后，命令行中显示：

LINE 指定第一点：‖可在命令行中输入起点坐标值，或者利用状态栏对象捕捉、对象捕捉追踪功能捕捉设定或追踪的点

指定下一点或［放弃（U）］：‖指定直线段的端点；或键入 U 后，确认

指定下一点或［闭合（C）/放弃（U）］：‖指定下一直线段的端点；或键入 U 后，确认；或键入 C 后，确认

其中：

① 【放弃】：表示撤销上一步的操作。

② 【闭合】：表示用直线段将第一条直线段的起点和最后一条直线段的末端点连接起来形成封闭图形。

【例 3-1】 绘制如图 3-1 所示图形。

执行【直线】命令

命令：_line

指定第一个点：‖输入 A 点坐标 100,100,确认

指定下一点或 [放弃 (U)]：‖输入 @ -16,0,确认

指定下一点或 [放弃 (U)]：‖输入 @ 20<-120,确认

指定下一点或 [闭合 (C)/放弃 (U)]：‖输入 @ 10<120,确认

指定下一点或 [闭合 (C)/放弃 (U)]：‖输入 @ 10<0,确认并结束命令

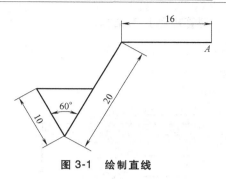

图 3-1　绘制直线

2. 设置线型样式

执行方式

- 下拉菜单：【格式】｜【颜色】/【线型】/【线宽】
- 命令行：COLOR/LINETYPE/LWEIGHT
- 功能区：【特性】

【特性】面板如图 3-2 所示。

1）设置线颜色。设置线颜色是指为直线、圆弧等图形元素指定颜色，有如下两种设置颜色的方法。

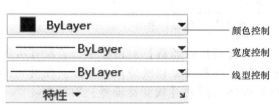

图 3-2　【特性】面板

① 单击【特性】面板中的【颜色控制】下拉按钮，弹出如图 3-3 所示的【颜色】列表，在列表中选择需要的颜色。

② 单击【格式】｜【颜色】菜单命令或单击【颜色控制】列表中的【更多颜色】选项，或者在命令行中输入【COLOR】命令并确认，打开如图 3-4 所示的【选择颜色】对话框。对话框中含有 3 个选项卡：【索引颜色】、【真彩色】和【配色系统】，根据需要在不同的选项卡中配置颜色。

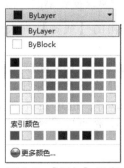

图 3-3　【颜色】列表

图 3-4　【选择颜色】对话框

2）设置线型。设置线型是指为直线、圆弧等图形元素指定线型，包括实线、虚线、中心线等多种。线型设置有如下两种方法。

① 单击【特性】面板中的【线型控制】下拉按钮，弹出如图 3-5 所示的【线型】列表，在列表中选择需要的线型即可。

② 单击【格式】｜【线型】菜单命令，或单击【特性】面板中【线型控制】列表中的【其他】选项，或者在命令行中输入【LINETYPE】命令并确认，打开如图 3-6 所示的【线

型管理器】对话框。

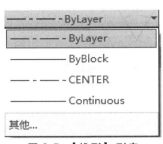

图 3-5　【线型】列表

图 3-6　【线型管理器】对话框

　　在【线型管理器】对话框中，若没有所需的线型，可单击【加载】按钮，打开如图 3-7 所示的【加载或重载线型】对话框。在【可用线型】列表中选择所需要的线型，单击【确定】按钮返回到【线型管理器】对话框。

　　此时，在【当前线型】列表中将显示目前已加载的所有线型。选择所需要的线型，单击【当前】按钮，即可将其设置为当前线型；若单击【删除】按钮则删除所选的线型。当前线型和已在绘制图形对象时使用了的线型不能被删除。所有设置完成后单击【确定】按钮，关闭该对话框。

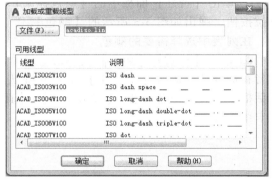

图 3-7　【加载或重载线型】对话框

　　3）设置线宽。设置线宽是指为直线、圆弧等图形元素指定线的宽度。介绍如下两种设置线宽的方法。

　　① 单击【特性】面板中的【线宽控制】下拉按钮，在弹出的【线宽】列表中选择需要的线宽即可，如图 3-8 所示。

　　② 执行【格式】|【线宽】菜单命令，或单击【特性】面板中【线宽控制】列表中的【线宽设置】选项，或者在命令行中输入【LWEIGHT】命令并确认，打开如图 3-9 所示的【线宽设置】对话框。在【线宽】列表框中选择需要的线宽即可，也可在【列出单位】选项组中选择线宽的单位，在【调整显示比例】选项组中设置线宽的显示效果。设置完成后单击【确定】按钮关闭对话框。

3.1.2　绘制射线

　　【RAY】命令是通过指定两个点来绘制单向无限长直线。指定的第一点为射线的起点，指定的第二点为射线上的点。

　　执行方式

- 下拉菜单：【绘图】|【射线】
- 命令行：RAY
- 功能区/工具栏：

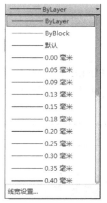

图 3-8　【线宽】列表

图 3-9　【线宽设置】对话框

执行【RAY】命令后，命令行中显示：

指定起点：‖指定起点

指定通过点：‖指定射线上的一点

确认

3.1.3　绘制构造线

【XLINE】命令是通过指定构造线上的一个点或两个点来绘制双向无限长直线。

执行方式

- 下拉菜单：【绘图】|【构造线】
- 命令行：XLINE（XL）
- 功能区/工具栏：

执行命令后，命令行中显示：

指定点或［水平(H)/垂直(V)/角度(A)/二等分(B)/偏移(O)］：

①【指定点】：指定构造线上的点。

②【水平】：绘制一条通过指定点的水平线。

③【垂直】：绘制一条通过指定点的垂直线。

④【角度】：绘制一条通过指定点且与水平成指定角度的线。

⑤【二等分】：绘制已存在两条线的角平分线。

⑥【偏移】：绘制平行于另一个对象的构造线。

3.2　点　的　绘　制

在图形的绘制过程中，点一般作为辅助元素出现。AutoCAD 中的点具有不同的样式，用户可以根据需要进行设置。

3.2.1　绘制点

执行方式

- 下拉菜单：【绘图】|【点】|【单点】/【多点】/【定数等分】/【定距等分】

- 命令行：POINT（PO）/DIVIDE/MEASURE
- 功能区/工具栏：

1. 绘制单点/多点

【POINT】命令是在绘图区内一次仅绘制 1 个点，而执行【MULTIPLE POINT】命令后，则可以连续绘制多个点。可以在绘图区中单击鼠标左键指定点的位置或直接在命令行、动态输入区域内输入点坐标。

> 注：按<Esc>键退出【多点】命令。

2. 绘制定数等分点

【DIVIDE】命令是在所选对象上以等分长度设置点或块。被等分的对象可以是直线、圆、圆弧、多段线等，等分数目由用户指定。

3. 绘制定距等分点

【MEASURE】命令是以指定的间距在所选对象上插入点或块，直到余下部分不足一个间距为止。

3.2.2　设置点样式

绘制点前，用户应根据需要先设置好点的样式。

执行方式

- 下拉菜单：【格式】|【点样式】
- 命令行：DDPTYPE

【点样式】对话框如图 3-10 所示，在对话框中可单击选择所需的点样式。

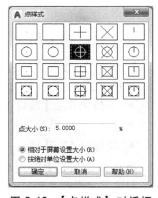

图 3-10　【点样式】对话框

> 注：通过【相对于屏幕设置大小】或【按绝对单位设置大小】单选按钮设置点的显示大小。其中前一个单选按钮用于按屏幕尺寸的百分比设置点的显示大小，后一个单选按钮用于按【点大小】下拉列表框中指定的实际单位设置点显示的大小。

【例 3-2】　绘制如图 3-11 所示图形。图中 A 点坐标（100，100），$AB=BC=CD=DE=EF$。

① 设置线宽为 0.5。

② 执行【直线】命令；

指定第一个点：‖ 输入 100,100,确认

指定下一点或［放弃（U）］：‖ 输入 @0,−50,确认

指定下一点或［放弃（U）］：‖ 输入 @50,0,确认

指定下一点或［闭合（C）/放弃（U）］：‖ 输入 C,确认并结束命令

③ 参照图 3-11 所示设置点样式。

④ 执行【绘图】|【点】|【定数等分】命令；

选择要定数等分的对象：‖ 点选直角三角形斜边

输入线段数目或［块（B）］：‖ 输入 5,确认并结束命令

⑤ 单击选择【二维对象捕捉】下拉列表中的"节点"，打开二维对象捕捉模式（具体操作参看第 4 章）。

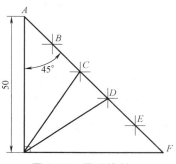

图 3-11　图形绘制

⑥ 执行【直线】命令；

指定第一个点：‖ 输入 100,50,确认

指定下一点或[放弃(U)]：‖ 单击如图 3-11 中所示 C 点,确认并结束命令

⑦ 执行【直线】命令；

指定第一个点：‖ 输入 100,50,确认

指定下一点或[放弃(U)]：‖ 单击选择如图 3-11 中所示 D 点,确认并结束命令

3.3　多边形的绘制

绘制多边形除了用【LINE】、【PLINE】命令定点绘制外,还可以用【RECTANG】、【POLYGON】命令很方便地绘制矩形和正多边形。

3.3.1　绘制矩形

执行方式

- 下拉菜单：【绘图】|【矩形】
- 命令行：RECTANG（REC）
- 功能区/工具栏：

执行【RECTANG】命令后,命令行中显示：

指定第一个角点或[倒角(C)/标高(E)/圆角(F)/厚度(T)/宽度(W)]：

其中：

① 【倒角】：设定矩形的倒角距离。

② 【标高】：设定矩形在三维空间中的基面高度。

③ 【圆角】：设定矩形的圆角半径。

④ 【厚度】：设定矩形的厚度,即三维空间 Z 轴方向的高度。

⑤ 【宽度】：设置矩形的线条粗细。

图 3-12 所示为用【RECTANG】命令绘制的无倒角、倒直角、倒圆角、无标高和厚度、设置标高和设置厚度的矩形。

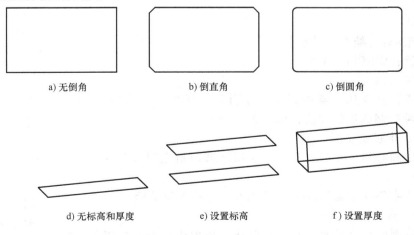

a) 无倒角　　　　　b) 倒直角　　　　　c) 倒圆角

d) 无标高和厚度　　　e) 设置标高　　　　f) 设置厚度

图 3-12　绘制矩形

注：①【RECTANG】命令是通过指定两个对角点的方式绘制矩形，当两角点形成的边相同时则绘制正方形。②在命令行中设置某项参数（如设置标高为 100）并绘制图形后，下次再执行该绘图命令时，应将先前设置的参数恢复到原始状态（如将标高置为 0）。

3.3.2 绘制正多边形

执行方式

• 下拉菜单：【绘图】|【正多边形】

• 命令行：POLYGON（POL）

• 功能区/工具栏：

执行【POLYGON】命令后命令行中显示：

输入边的数目 <4>：

指定正多边形的中心点或［边(E)］：

输入选项［内接于圆(I)/外切于圆(C)］<I>：

指定圆的半径：

其中：

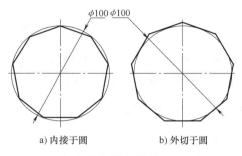

a) 内接于圆　　　b) 外切于圆

图 3-13　绘制正多边形

① 边的数目可以在 3~1024 间任选。

② 【指定正多边形中心点】：指定多边形的中心。

③ 【边】：表示按照边数和边长来绘制正多边形。

④ 【内接于圆】：用内接于圆方式定义多边形，如图 3-13a 所示。

⑤ 【外切于圆】：用外切于圆方式定义多边形，如图 3-13b 所示。

⑥ 【指定圆的半径】：输入内接圆或外切圆的半径。

3.4　圆及圆弧的绘制

圆及圆弧是构成图形常用的基本元素，AutoCAD 提供了多种绘制圆和圆弧的方法。

3.4.1　绘制圆

执行方式

• 下拉菜单：【绘图】|【圆】

• 命令行：CIRCLE（C）

• 功能区/工具栏：

【CIRCLE】命令用于绘制圆形，分别有"圆心、半径""圆心、直径"等 6 种绘制圆形的方法，如图 3-14 所示。

1. 圆心、半径绘制圆

通过指定圆心和半径绘制圆。在绘图区域内指定圆心位置后，命令行中显示：

指定圆的半径或［直径(D)］<当前值> ‖ 输入圆半径

2. 圆心、直径绘制圆

通过指定圆心和直径绘制圆。在绘图区域内指定圆心位置后，命令行中显示：

图 3-14　6 种绘制圆形的方法

指定圆的半径或［直径（D）］<当前值>：_d 指定圆的直径 <当前值>：‖输入圆直径

3. 两点方式绘制圆

通过指定直径的两个端点绘制圆。执行命令后命令行显示：

指定圆的圆心或［三点（3P）/两点（2P）/切点、切点、半径（T）］：_2p 指定圆直径的第一个端点‖指定点后确认

指定圆直径的第二个端点：‖指定点后确认，并结束命令

4. 三点方式绘制圆

通过指定圆周上的 3 个点来绘制圆。执行命令后命令行显示：

指定圆上的第一个点：‖指定点后确认

指定圆上的第二个点：‖指定点后确认

指定圆上的第三个点：‖指定点后确认并结束命令

5. 切点、切点、半径方式绘制圆

通过两个切点和指定圆半径绘制圆。执行命令后命令行显示：

指定对象与圆的第一个切点：‖指定点后确认

指定对象与圆的第二个切点：‖指定点后确认

指定圆的半径：‖输入圆半径

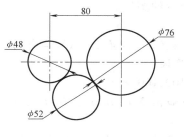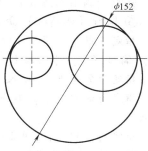

a) 绘制与已知两圆相外切的 φ52 圆　　b) 绘制与已知两圆相内切的 φ152 圆

图 3-15　注意切点位置的选择

注：选择切点位置不同，绘制出的圆就不同。如图 3-15a 所示，绘制下方与已知两圆相外切 φ52 圆时，与左侧圆的切点应选择在其右下四分之一圆弧上，与右侧圆的切点应选择在其左下四分之一圆弧上。如图 3-15b 所示，绘制与已知两圆相内切 φ152 圆时，与左侧圆的切点应选择在其左上四分之一圆弧上，与右侧圆的切点应选择在其右上四分之一圆弧上。

6. 相切、相切、相切方式绘制圆

通过 3 个切点绘制圆，实际上也是三点方式绘制圆。执行命令后命令行显示：

指定对象与圆的第一个切点：‖指定点后确认

指定对象与圆的第二个切点：‖指定点后确认

指定对象与圆的第三个切点：‖指定点后确认

【例 3-3】　绘制如图 3-16 所示粗实线构成的图形。

图中最上点坐标（100，100），∠A = ∠B = ∠C = ∠D，圆Ⅰ、圆Ⅱ、圆Ⅲ、圆Ⅳ与图中细实线相切，相互之间也相切；圆Ⅰ与圆Ⅱ的圆心在图中所示对角线上。

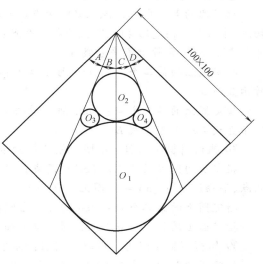

图 3-16　绘制圆

① 设置线宽为 0.5。

② 执行【多边形】命令；

_polygon 输入侧面数 <4>：‖直接确认

指定正多边形的中心点或［边（E）］：‖输入 e，确认

指定边的第一个端点：‖输入 100,100，确认

指定边的第二个端点：‖输入 @ 100<-135，确认

③ 设置线宽为 0.25。

④ 执行【射线】命令；

ray 指定起点：‖输入 100,100，确认

指定通过点：‖单击四边形对角线最下角点，结束命令

此时绘制出如图 3-17 所示的图形。

⑤ 执行【构造线】命令；

指定点或［水平（H）/垂直（V）/角度（A）/二等分（B）/偏移（O）］：‖输入 B，确认

指定角的顶点：‖输入 100,100，确认

指定角的起点：‖单击如图 3-17 所示直线 1 的下端点

指定角的端点：‖单击如图 3-17 所示对角线的下角点，结束命令

⑥ 执行【构造线】命令；

指定点或［水平（H）/垂直（V）/角度（A）/二等分（B）/偏移（O）］：‖输入 B，确认

指定角的顶点：‖输入 100,100，确认

指定角的起点：‖单击如图 3-17 所示对角线的下角点

指定角的端点：‖单击如图 3-17 所示直线 2 的下端点，结束命令

此时绘制出如图 3-18 所示的图形。

⑦ 设置线宽为 0.5。

⑧ 执行【圆｜相切、相切、相切】命令；

指定圆的圆心或［三点（3P）/两点（2P）/切点、切点、半径（T）］：_3p 指定圆上的第一个点：_tan 到‖单击如图 3-18 所示角平分线 A

指定圆上的第二个点：_tan 到‖单击如图 3-18 所示直线 3

指定圆上的第三个点：_tan 到‖单击如图 3-18 所示直线 4 或角平分线 B

⑨ 执行【圆｜相切、相切、相切】命令

指定圆的圆心或［三点（3P）/两点（2P）/切点、切点、半径（T）］：_3p 指定圆上的第一个点：_tan 到‖单击如图 3-18 所示角平分线 A

指定圆上的第二个点：_tan 到‖单击刚绘制的圆 I 上部

指定圆上的第三个点：_tan 到‖单击如图 3-18 所示角平分线 B

⑩ 执行【圆｜相切、相切、相切】命令；

指定圆的圆心或［三点（3P）/两点（2P）/切点、切点、半径（T）］：_3p 指定圆上的第一个

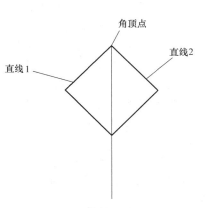

图 3-17　绘制图形（一）

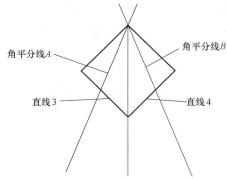

图 3-18　绘制图形（二）

点：_tan 到 ‖ 单击圆Ⅰ的左上部

指定圆上的第二个点：_tan 到 ‖ 单击刚绘制的圆Ⅱ左下部

指定圆上的第三个点：_tan 到 ‖ 单击如图 3-18 所示角平分线 A

⑪ 执行【圆│相切、相切、相切】命令；

指定圆的圆心或［三点(3P)/两点(2P)/切点、切点、半径(T)］：_3p 指定圆上的第一个

点：_tan 到 ‖ 单击圆Ⅰ的右上部；

指定圆上的第二个点：_tan 到 ‖ 单击刚绘制的圆Ⅱ右下部

指定圆上的第三个点：_tan 到 ‖ 单击如图 3-18 所示角平分线 B

最终结果如图 3-16 所示。

3.4.2　绘制圆弧

执行方式

- 下拉菜单：【绘图】│【圆弧】
- 命令行：ARC（A）
- 功能区/工具栏：

【ARC】命令用于绘制圆弧，分别有"三点""起点、圆心、端点""起点、圆心、角度""起点、圆心、长度"等 11 种绘制圆弧方法，如图 3-19 所示。

1. 三点方式绘制圆弧

通过指定圆弧上的三个点来绘制圆弧。执行【绘图】│【圆弧】│【三点】命令后，命令行中显示：

指定圆弧的起点或［圆心(C)］：‖ 单击如图 3-20 中所示的点 1 或点 3，结束命令

指定圆弧的第二个点或［圆心(C)/端点(E)］：‖ 单击如图 3-20 中所示的点 2

指定圆弧的端点：‖ 单击如图 3-20 中所示的点 3 或点 1，结束命令

2. 起点、圆心、端点方式绘制圆弧

通过指定圆弧的起点、圆心和端点来绘制圆弧。执行【绘图】│【圆弧】│【起点、圆心、端点】命令后，命令行中显示：

图 3-19　绘制圆弧的 11 种方法

指定圆弧的起点或［圆心(C)］：‖ 单击如图 3-21a 中所示的起点

指定圆弧的第二个点或［圆心(C)/端点(E)］：_c

指定圆弧的圆心：‖ 单击如图 3-21a 中所示的圆心

指定圆弧的端点(按住<Ctrl>键以切换方向)或［角度(A)/弦长(L)］：‖ 单击如图 3-21a 中所示的端点

> 　注：系统默认从起点到端点逆时针绘制圆弧，绘制时注意方向。

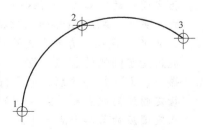

图 3-20　三点方式绘制圆弧

3. 起点、圆心、角度方式绘制圆弧

通过指定圆弧的起点、圆心和圆心角来绘制圆弧。执行【绘图】│【圆弧】│【起点、圆心、角度】命令后，命令行中显示：

指定圆弧的起点或［圆心(C)］：‖ 单击如图 3-21b 中所示的起点

指定圆弧的第二个点或［圆心（C）/端点（E）］：_c

指定圆弧的圆心：‖单击如图 3-21b 中所示的圆心

指定圆弧的端点（按住<Ctrl>键以切换方向）或［角度（A）/弦长（L）］：_a

指定夹角（按住<Ctrl>键以切换方向）：‖指定圆弧对应的圆心角

4. 起点、圆心、长度方式绘制圆弧

通过指定圆弧的起点、圆心和弦长来绘制圆弧。执行【绘图】|【圆弧】|【起点、圆心、长度】命令后，命令行中显示：

指定圆弧的起点或［圆心（C）］：‖单击如图 3-21c 中所示的起点

指定圆弧的第二个点或［圆心（C）/端点（E）］：_c

指定圆弧的圆心：‖单击如图 3-21c 中所示的圆心

指定圆弧的端点（按住<Ctrl>键以切换方向）或［角度（A）/弦长（L）］：_l

指定弦长（按住<Ctrl>键以切换方向）：‖指定圆弧的弦长

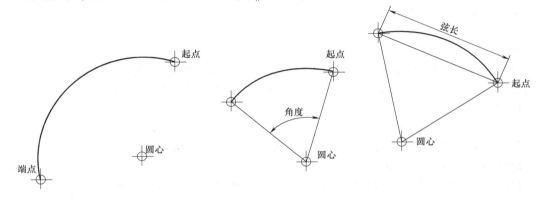

a）起点、圆心、端点方式　　　　b）起点、圆心、角度方式　　　　c）起点、圆心、长度方式

图 3-21　不同方式绘制圆弧（一）

5. 起点、端点、角度方式绘制圆弧

通过指定圆弧的起点、端点、角度来绘制圆弧，执行【绘图】|【圆弧】|【起点、端点、角度】命令后，命令行中显示：

指定圆弧的起点或［圆心（C）］：‖单击如图 3-22a 中所示的起点

指定圆弧的第二个点或［圆心（C）/端点（E）］：_e

指定圆弧的端点：‖单击如图 3-22a 中所示的端点

指定圆弧的中心点（按住<Ctrl>键以切换方向）或［角度（A）/方向（D）/半径（R）］：_a

指定夹角（按住<Ctrl>键以切换方向）：‖指定圆弧对应的圆心角

6. 起点、端点、方向方式绘制圆弧

通过指定圆弧的起点、端点和圆弧起点方向来绘制圆弧。执行【绘图】|【圆弧】|【起点、端点、方向】命令后，命令行中显示：

指定圆弧的起点或［圆心（C）］：‖单击如图 3-22b 中所示的起点

指定圆弧的第二个点或［圆心（C）/端点（E）］：_e

指定圆弧的端点：‖单击如图 3-22b 中所示的端点

指定圆弧的中心点（按住<Ctrl>键以切换方向）或［角度（A）/方向（D）/半径（R）］：_d

指定圆弧起点的相切方向（按住<Ctrl>键以切换方向）：‖指定如图 3-22b 所示圆弧起点的切线方向

注：起点切线方向不同，绘制出的圆弧也不同。

7. 起点、端点、半径方式绘制圆弧

通过指定圆弧的起点、端点、半径来绘制圆弧。执行【绘图】|【圆弧】|【起点、端点、半径】命令后，命令行中显示：

指定圆弧的起点或［圆心（C）］:‖单击如图 3-22c 中所示的起点

指定圆弧的第二个点或［圆心（C）/端点（E）］: _e

指定圆弧的端点:‖单击如图 3-22c 中所示的端点

指定圆弧的中心点（按住<Ctrl>键以切换方向）或［角度（A）/方向（D）/半径（R）］: _r

指定圆弧的半径（按住<Ctrl>键以切换方向）:‖指定圆弧对应的半径

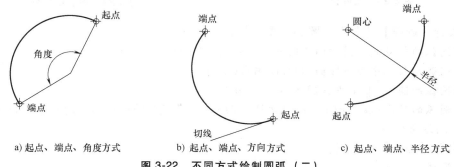

a) 起点、端点、角度方式　　b) 起点、端点、方向方式　　c) 起点、端点、半径方式

图 3-22　不同方式绘制圆弧（二）

8. 圆心、起点、端点方式绘制圆弧

通过指定圆弧的圆心、起点、端点来绘制圆弧。

9. 圆心、起点、角度方式绘制圆弧

通过指定圆弧的圆心、起点、角度来绘制圆弧。

10. 圆心、起点、长度方式绘制圆弧

通过指定圆弧的圆心、起点、弦长来绘制圆弧。

11. 继续方式绘制圆弧

从一段刚绘制的直线或圆弧开始绘制圆弧。用此选项绘制的圆弧与刚绘制的直线或圆弧沿切线方向相切。

【例 3-4】　绘制如图 3-23 所示的四叶草图形。图中八边形中心坐标为（100，100）。

1）绘制八边形。

① 设置线型为 CENTER，线宽为 0.25。

② 执行［多边形］命令；

_polygon 输入侧面数 <4>:‖输入 8，确认

指定正多边形的中心点或［边（E）］:‖输入 100,100，确认

输入选项［内接于圆（I）/外切于圆（C）］<I>:‖输入 c，确认

指定圆的半径:‖输入 50，确认并结束命令

此时绘制出如图 3-24 所示的图形。

2）绘制四叶草。

① 设置线型为 CONTINOURS，线宽为 0.5。

② 单击【二维对象捕捉】下拉列表中的"端点"与"中点"，打开二维对象捕捉模式（具体操作参看第 4 章）。

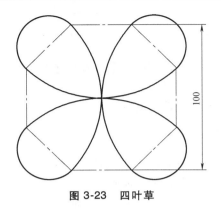

图 3-23 四叶草

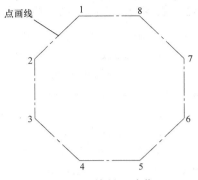

图 3-24 绘制四叶草

③ 执行【圆弧】|【起点、圆心、端点】命令；

指定圆弧的起点或［圆心（C）］：‖单击如图 3-24 所示端点 1

指定圆弧的第二个点或［圆心（C）/端点（E）］：_c

指定圆弧的圆心：‖单击如图 3-24 所示直线中点

指定圆弧的端点（按住<Ctrl>键以切换方向）或［角度（A）/弦长（L）］：‖单击如图 3-24 所示端点 2,结束命令

④ 执行【圆弧】|【继续】命令；

指定圆弧的起点或［圆心（C）］：

指定圆弧的端点（按住<Ctrl>键以切换方向）：‖输入 100,100,确认并结束命令

⑤ 执行【圆弧】|【继续】命令；

指定圆弧的起点或［圆心（C）］：

指定圆弧的端点（按住<Ctrl>键以切换方向）：‖单击如图 3-24 所示端点 7,结束命令

⑥ 执行【圆弧】|【继续】命令；

指定圆弧的起点或［圆心（C）］：

指定圆弧的端点（按住<Ctrl>键以切换方向）：‖单击如图 3-24 所示端点 8,结束命令

⑦ 执行【圆弧】|【继续】命令；

指定圆弧的起点或［圆心（C）］：

指定圆弧的端点（按住<Ctrl>键以切换方向）：‖输入 100,100,确认并结束命令

⑧ 执行【圆弧】|【继续】命令；

指定圆弧的起点或［圆心（C）］：

指定圆弧的端点（按住<Ctrl>键以切换方向）：‖单击如图 3-24 所示端点 5,结束命令

⑨ 执行【圆弧】|【继续】命令；

指定圆弧的起点或［圆心（C）］：

指定圆弧的端点（按住<Ctrl>键以切换方向）：‖单击如图 3-24 所示端点 6,结束命令

⑩ 执行【圆弧】|【继续】命令；

指定圆弧的起点或［圆心（C）］：

指定圆弧的端点（按住<Ctrl>键以切换方向）：‖输入 100,100,确认并结束命令

⑪ 执行【圆弧】|【继续】命令；

指定圆弧的起点或［圆心（C）］：

指定圆弧的端点（按住<Ctrl>键以切换方向）：‖单击如图 3-24 所示端点 3,结束命令

⑫ 执行【圆弧】|【继续】命令;

指定圆弧的起点或［圆心(C)］:

指定圆弧的端点(按住<Ctrl>键以切换方向):‖单击如图 3-24 所示端点 4,结束命令

⑬ 执行【圆弧】|【继续】命令;

指定圆弧的起点或［圆心(C)］:

指定圆弧的端点(按住<Ctrl>键以切换方向):‖输入 100,100,确认并结束命令

⑭ 执行【圆弧】|【继续】命令;

指定圆弧的起点或［圆心(C)］:

指定圆弧的端点(按住<Ctrl>键以切换方向):‖单击如图 3-24 所示端点 1,结束命令

结果如图 3-24 所示。

3.5　椭圆及椭圆弧的绘制

3.5.1　绘制椭圆

执行方式

- 下拉菜单:【绘图】|【椭圆】|【圆心】/【轴,端点】
- 命令行:ELLIPSE (EL)
- 功能区/工具栏 (图 3-25):

执行【绘图】|【椭圆】|【圆心】命令后,命令行中显示:

指定椭圆的轴端点或［圆弧(A)/中心点(C)］:_c

指定椭圆的中心点:‖在任意地方单击,作为如图 3-26 中所示的中心点,或输入中心点坐标

指定轴的端点:‖在中心点左右或上下任意地方单击,作为如图 3-26 中所示长轴或短轴的任意一轴端点,或输入该轴端点坐标

指定另一条半轴长度或［旋转(R)］:‖在中心点左右或上下任意地方单击,作为如图 3-26 中所示另一半轴长度或输入另一半轴长度的数值,确认并结束命令

执行【绘图】|【椭圆】|【轴,端点】命令后,命令行中显示:

指定椭圆的轴端点或［圆弧(A)/中心点(C)］:‖单击如图 3-26 中所示长轴或短轴的任意一轴端点,或输入该轴端点坐标

指定轴的另一个端点:‖单击如图 3-26 中所示长轴或短轴的另一轴端点,或输入该轴端点坐标

指定另一条半轴长度或［旋转(R)］:‖输入另一半轴长度,确认并结束命令

> 注:［旋转］选项是通过指定绕长轴旋转一定的角度来创建椭圆,可指定点或输入一个有效范围为 0 ~89.4 的角度值。输入值越大,椭圆的离心率就越大,输入 0 将定义为圆。

3.5.2　绘制椭圆弧

执行方式

- 下拉菜单:【绘图】|【椭圆】|【椭圆弧】
- 命令行:ELLIPSE (EL)
- 功能区/工具栏 (图 3-25):

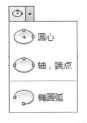

图 3-25　绘制椭
圆的三种方式

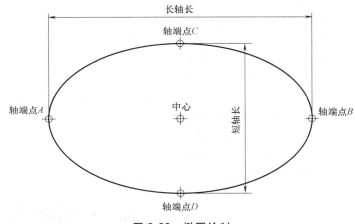

图 3-26　椭圆绘制

执行【绘图】|【椭圆】|【椭圆弧】命令后，命令行中显示：

指定椭圆的轴端点或［圆弧（A）/中心点（C）］：_a

指定椭圆弧的轴端点或［中心点（C）］：‖单击如图 3-27 中所示的轴端点 B 或轴端点 D，也可以输入轴端点 B 或轴端点 D 坐标

指定轴的另一个端点：‖单击如图 3-27 中所示的轴端点 A 或轴端点 C，也可输入轴端点 A 或轴端点 C 坐标

指定另一条半轴长度或［旋转（R）］：‖输入短轴长度或长轴长度，按<Enter>键

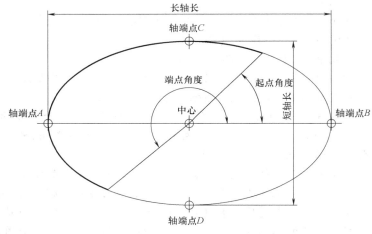

图 3-27　椭圆弧绘制

指定起点角度或［参数（P）］：‖输入起点角度，按<Enter>键
指定端点角度或［参数（P）/夹角（I）］：‖输入端点角度，按<Enter>键并结束命令

注：椭圆弧的起点角度和端点角度是以确定的第一个长轴轴端点为度量基准的，默认逆时针为角度正方向。如若先绘制的是短轴，则以确定的第一个短轴轴端点逆时针旋转到长轴轴端点，以此轴端点为度量基准。

3.6　实　　例

绘制如图 3-28 所示齿轮泵套筒。图中中心线左端点坐标为（100，100）。
1）绘制中心线。

① 设置线型为 CENTER，线宽为 0.25，颜色为红色。

② 执行［直线］命令；

指定第一个点：‖输入 100,100,确认

指定下一点或［放弃(U)］：‖输入@30,0,确认并结束命令

2）绘制可见轮廓线。

① 设置线型为 CONTINOURS，线宽为 0.5，颜色为白色。

② 执行［矩形］命令；

指定第一个角点或［倒角(C)/标高(E)/圆角(F)/厚度(T)/宽度(W)］：‖输入 102.5,87,确认

指定另一个角点或［面积(A)/尺寸(D)/旋转(R)］：‖输入@25,26,确认并结束命令

③ 执行［直线］命令；

指定第一个点：‖输入 102.5,111,确认

指定下一点或［放弃(U)］：‖输入@25,0,确认并结束命令

④ 执行［直线］命令；

指定第一个点：‖输入 102.5,89,确认

指定下一点或［放弃(U)］：‖输入@25,0,确认并结束命令

3）绘制剖面线。

① 设置线型为 CONTINOURS，线宽为 0.25，颜色为绿色。

② 执行［图案填充］命令；具体操作参见第 6 章相关内容。

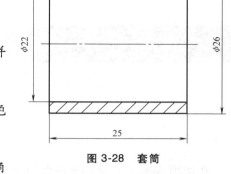

图 3-28　套筒

3.7　本章小结

本章主要介绍了简单图形的绘制，包括点的绘制、直线的绘制、圆及圆弧的绘制、椭圆及椭圆弧的绘制、多边形的绘制，并用实例对直线、圆、圆弧的绘制方法和过程进行了讲解。

习　　题

1. 绘制如图 3-29 所示的刮板。

2. 绘制如图 3-30 所示的椭圆弧。

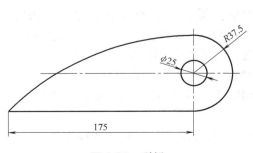

图 3-29　刮板

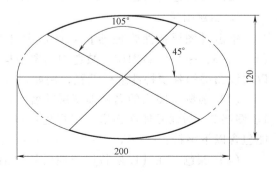

图 3-30　椭圆弧

第 4 章

提高绘图效率

在使用 AutoCAD 软件绘制图形时，如果能够熟练地使用辅助工具，将会极大地提高绘图效率。

4.1　图层管理

图层就像一层一层的透明薄片，各层之间完全对齐，一层上的某一基准点准确地对准其他层上的同一基准点。一个完整的图形就是它所包含的所有图层上的对象叠加在一起。图层是图形中使用的主要组织工具，用于将信息按功能编组，指定颜色、线型、线宽及其他特性。通过创建图层，可以将类型相似的对象指定给同一图层以使其相关联。例如，可以将图线、文字、尺寸标注和标题栏等置于不同的图层上。通过控制对象的显示、打印方式、图层的状态等都可以降低图形的视觉复杂程度，并提高显示性能。

4.1.1　设置图层特性

执行方式

● 下拉菜单：【格式】|【图层】

● 命 令 行：LAYER

● 功能区/工具栏：

每一新图形文件均默认包含一个名为 0 的图层，图层 0 不能被删除或重命名，以便确保每个图形至少包括一个图层。【图层特性管理器】对话框如图 4-1 所示。

用户可以通过创建图层，将类型相似的对象指定给同一图层以使其相关联。

1. 创建图层

单击【图层特性管理器】对话框中【新建图层】按钮 ，会生成名称为 "图层 N"（1，2，3，…）的新图层；被选中的图层是亮显的，如图 4-2 所示。用户根据自己的需求可以对该图层的各项特性进行设置，例如，命名图层、设置图层的颜色和线型等。

（1）名称　图层的名称即图层的名字，默认情况下，【名称】列图层的名称按 0、图层 1、图层 2…的编号依次递增，用户也可以自行命名。图层数量可以是任意的，图层名中不能包含以下字符：< >/ \ " ：；？ * ｜ =、。

（2）颜色　在【图层特性管理器】对话框中，单击【颜色】列对应图标将弹出【选择颜色】对话框，用来设定图层颜色，如图 3-4 所示。

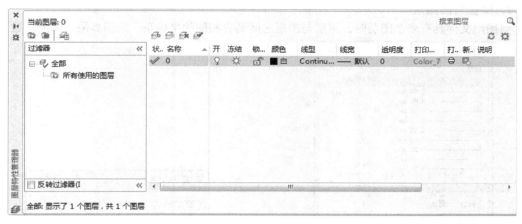

图 4-1　【图层特性管理器】对话框

新建图层　　　名称列　　　颜色列　　　线型列　　线宽列　　透明度列

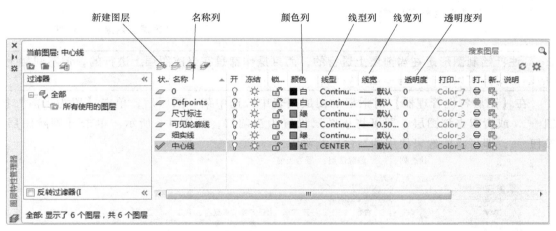

图 4-2　创建新图层

（3）线型　在【图层特性管理器】对话框中，单击【线型】列显示的线型名称将打开【选择线型】对话框，用来设置所需的线型，如图 4-3 所示。如果已加载的线型太少，可单击【加载（L）…】按钮，系统将提供更多可选择的线型。

（4）线宽　在【图层特性管理器】对话框中，单击【线宽】列显示的线宽值，将打开【线宽】对话框，可以设定所需的线宽，如图 4-4 所示。

图 4-3　【选择线型】对话框

注：图层设置中设置线宽后，还需通过开启状态栏上的【线宽】按钮 ═ 来控制显示器显示线宽；如若状态栏上的【线宽】按钮关闭，显示器将不显示线宽。

（5）透明度　在【图层特性管理器】对话框中，单击【透明度】列显示的透明度值，将打开【图层透明度】对话框，可以设定选定图层的透明度级别，如图 4-5 所示。

2. 设置当前图层

当图形文件具有多个图层时，图层与图层之间具有相同的坐标系、绘图界限、缩放倍数。

图 4-4　【线宽】对话框

图 4-5　【图层透明度】对话框

> **注：绘制图形是在当前层上进行的，而且操作都是在当前图层上进行的，但不同层上的图形对象可以同时在当前层进行编辑。**

在【图层特性管理器】对话框的图层列表中，选中某一图层后，单击【置为当前】按钮 ，或者双击该图层，即可将该图层设置为当前层，如图 4-6 所示。单击【删除图层】按钮 ，即可将所选未使用的空白层删除。

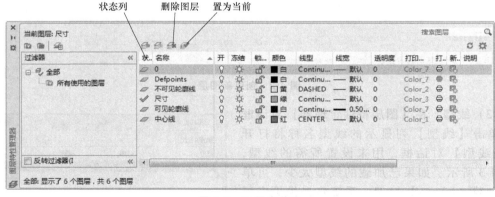

图 4-6　设置当前层

> **注：在【图层特性管理器】对话框的图层列表【状态】列中将当前图层标识为√。**

3. 图层简单特性管理

在【图层特性管理器】对话框中不仅可以建立和命名图层、设置当前图层、设置图层的颜色和线型，还可以对图层进行打开与关闭、冻结与解冻、锁定与解锁、打印样式等简单特性管理，从而提高绘图效率，如图 4-7 所示。

（1）打开/关闭状态　在【图层特性管理器】对话框中单击【打开/关闭】列的灯泡图标 ，可以打开或关闭该图层。图层处于打开状态时灯泡的颜色为黄色 ，该图层上的图形对象可以显示，也可以在输出设备上打印。当图层处于关闭状态时灯泡的颜色为灰色 ，

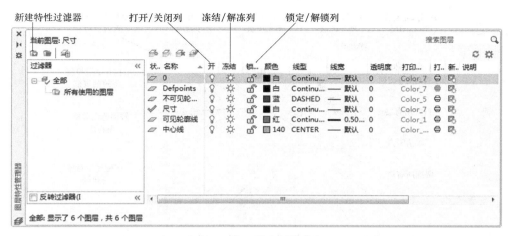

图 4-7 图层简单特性管理

此时该图层上的图形对象不能显示，也不能打印输出。

（2）冻结/解冻状态 在【图层特性管理器】对话框中通过单击【冻结/解冻】列的雪花图标 ❅ 或太阳图标 ☀，可以冻结或解冻图层。图层被冻结时显示雪花图标 ❅，该图层上的图形对象不能被显示出来，也不能打印输出，而且也不能编辑或修改该图层上的图形对象。被解冻的图层将显示太阳图标 ☀，该图层不仅能够显示，也能够打印输出，并且可以在该图层上编辑图形对象。

> 注：关闭的图层与冻结的图层，其上的对象都是不可见的，也不能打印输出。但关闭的图层仍参加消隐和渲染，打开图层时不重生成图形；而冻结的对象在解冻图层时会重生成图形。因此在复杂的图形中，冻结不需要的图层，可以在系统重新生成图形时加快速度。

（3）锁定/解锁状态 在【图层特性管理器】对话框中通过单击【锁定/解锁】列对应的小锁图标，可以锁定 🔒 或解锁图层 🔓。锁定状态图层上的图形对象仍然能够显示，还可以对锁定图层上的对象应用对象捕捉功能，并可以执行不会修改对象的其他操作。

（4）打印样式和打印 在【图层特性管理器】对话框中单击【打印样式】列设置各图层的打印样式，单击【打印】列对应的打印机图标可以设置各图层是否能够被打印，这样可以在保持图形显示可见性不变的前提下控制图形的打印特性。

4.1.2 切换与使用图层

在绘制图形的过程中，只需在功能区【默认】选项卡|【图层】面板【图层】控制下拉列表框中单击某图层名称即可将其设置为当前层，实现图层间的灵活快速切换，【图层】面板如图 4-8 所示。

4.1.3 过滤图层

同一图形中可能会含有大量的图层，用户可以根据图层的特征或特性对图层进行分组，将具有某种共同特点的图层过滤出来。显示图层的特性时，可以使用一个或多个特性来定义过滤器。例如，通过状态过滤、图层名称过滤、颜色和线型过滤等。

1. 使用【图层过滤器特性】对话框过滤图层

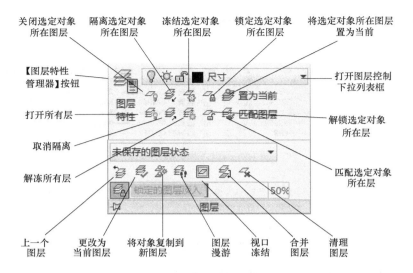

图 4-8 【图层】面板

在如图 4-7 所示，【图层特性管理器】对话框中单击【新建特性过滤器】按钮 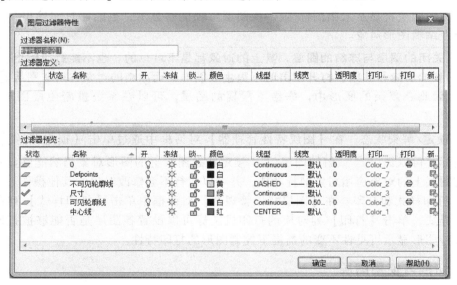，使用打开的【图层过滤器特性】对话框来命名图层过滤器，如图 4-9 所示。

图 4-9 【图层过滤器特性】对话框

在【图层过滤器特性】对话框的【过滤器名称】文本框中可以输入过滤器名称，名称中不允许使用<>∧【】：；？＊∣，＝等字符。在【过滤器定义】列表中，可以设置过滤条件，包括图层名称、状态、颜色等过滤条件。当指定过滤器的图层名称时，可使用标准的"？"和"＊"等多种通配符，其中，"＊"用来代替任意多个字符，"？"用来代替任意一个字符。

2. 使用新建组过滤器过滤图层

在【图层特性管理器】对话框中单击【新建组过滤器】按钮 ，在【图层特性管理器】对话框左侧【过滤器】树列表中即添加一个"组过滤器 1"（用户可以根据需要命名组过滤器）。在【过滤器】树列表中单击【所有使用的图层】或其他已创建的过滤器，显示对应的图层信息，然后将需要分组过滤的图层拖动到创建的"组过滤器 1"下方即可。

> 注：使用新建组过滤器创建的过滤器其所包含的图层取决于用户的需要；使用【图层过滤器特性】对话框创建的过滤器其所包含的图层是特定的，该过滤器中的图层只有符合过滤条件才可以存放。

4.1.4 保存与恢复图层状态

图层的状态包括图层是否打开、冻结、锁定、打印等，使用【图层状态管理器】对话框可对所有图层的状态进行管理。

在功能区【默认】选项卡|【图层】面板【图层状态管理】下拉列表框中单击【新建图层状态】（图 4-10），或者在【图层状态管理器】对话框中单击【新建】按钮，都可打开【要保存的新图层状态】对话框，如图 4-11 所示。

图 4-10 【图层】面板【图层状态】下拉列表

图 4-11 【要保存的新图层状态】对话框

在功能区【默认】选项卡|【图层】面板【图层状态管理】下拉列表框中单击【管理图层状态】（图 4-10），或者在【图层特性管理器】对话框中单击【新建】按钮 ，都可打开【图层状态管理器】对话框，如图 4-12 所示。

①【图层状态】列表框：显示当前已保存下来的图层状态名称，以及从外部输入的图层状态名称。

②【新建】按钮：用以打开【要保存的新图层状态】对话框，如图 4-11 所示，创建新的图层状态。

③【删除】按钮：用以删除选中的图层状态。

④【输入】按钮：用以打开【输入图层状

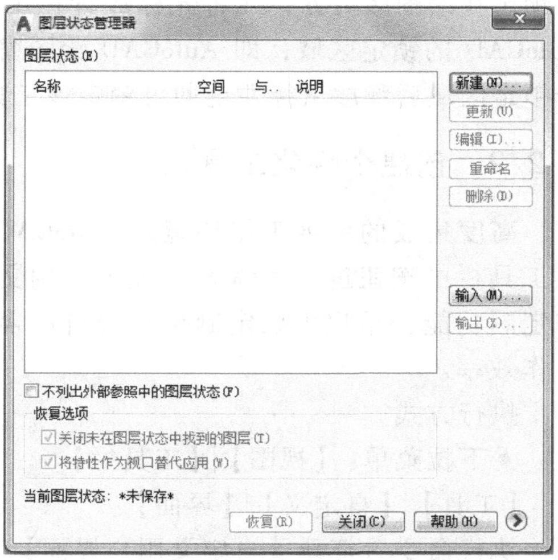

图 4-12 【图层状态管理器】对话框

态】对话框，可以将外部图层状态输入到当前图层中。

⑤【输出】按钮：用以打开【输出图层状态】对话框，可以将当前图形已保存下来的图层状态输出到一个 LAS 文件中。

⑥【恢复】按钮：用以将选中的图层状态恢复到当前图形中，并且只有那些保存的特性和状态才能够恢复到图层中。

4.2 工 具 栏

选用适当的工具栏既能够方便用户使用又可以提高绘图效率。AutoCAD 软件提供的工具栏内容很多，通常每个工具栏都由若干个图标按钮组成，每个图标按钮分别对应相应的命令。用户可以根据自己的需求选用相应的工具栏，例如，常用的【绘图】、【修改】工具栏等，但复杂的工具栏会给用户的工作效率带来一定的影响。为了最大限度地提高绘图效率，AutoCAD 还提供了自定义工具栏命令，用户可以根据自己的需求对工具栏中的按钮进行选用和调整，创建符合自己需求的工具栏。

4.2.1 控制工具栏显示

1. 工具栏的显示

使用下拉菜单【工具】|【工具栏】|【AutoCAD】命令，或在已添加的工具栏空白处右击，然后在弹出的快捷菜单上单击某个工具栏选项，即可显示该工具栏，如图 4-13 所示。

2. 控制工具栏浮动或锁定

工具栏可以是浮动的，也就是可以将它放置在屏幕上的任何位置，并且其大小和形状也可以改变。将光标放置在工具栏中的空白处或其他非图标按钮的位置，按住鼠标左键，即可以将工具栏拖动到用户需要的位置。若要改变工具栏的大小和形状，将光标放置在工具栏的边界位置，当光标成为双向箭头时，按住鼠标左键拖动即可以使工具栏的大小和形状随之改变，如图 4-14 所示。

工具栏也可以被锁定，也就是将工具栏在特定位置上固定。双击工具栏空白处，系统将其锁定在绘图区上方，或将光标放置在工具栏空白处按住鼠标左键，同时将工具栏拖动至 AutoCAD 的锁定区域，即 AutoCAD 绘图窗口的上下或左右两侧，待到工具栏的外轮廓线处于锁定区域后释放鼠标左键即可锁定该工具栏。

4.2.2 创建个性化工具栏

高度集成的单屏工作环境是 AutoCAD 系列软件的优点，新版本在原有版本的基础上对工具栏中按钮进行了调整，整体结构更加趋于合理化，进一步增强了界面元素的编制和定制功能，用户可以定制出符合自己需求的个性化工具栏，方便操作的同时也提高了工作效率。

执行方式

• 下拉菜单：【视图】|【工具栏】

【工具】|【自定义】|【界面】

执行命令后打开【自定义用户界面】对话框，如图 4-15 所示。用户可以根据自己的需求利用该对话框进行自定义、新建、删除工具栏等操作。

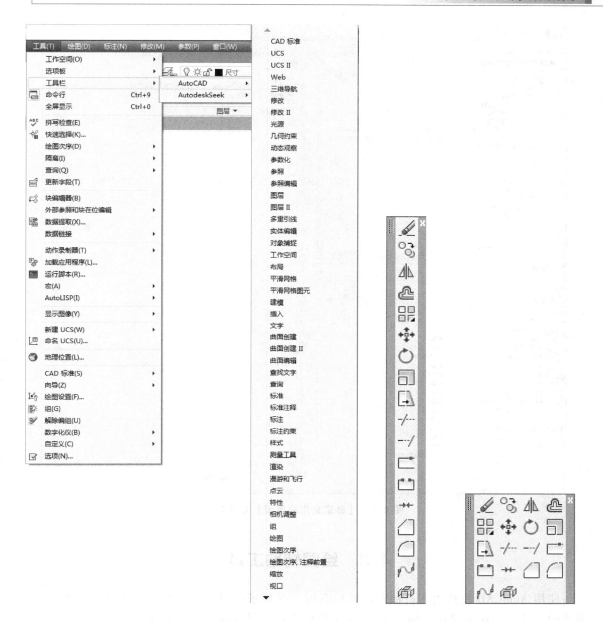

图 4-13　显示工具栏菜单　　　　　图 4-14　改变工具栏形状

用户可以根据自己的需求将常用的一些工具按钮放置到自己自创的工具栏上，创建自己的工具栏。创建自己的工具栏时，打开【自定义用户界面】对话框中的【自定义】选项卡，在【所有文件中的自定义设置】中的【工具栏】上单击鼠标右键，在弹出的快捷菜单中选择【新建工具栏】，在【工具栏】树列表的底部将会出现一个新工具栏，用户将新工具栏重命名；在对话框左下的【命令列表】中选中常用命令，按住鼠标左键将其拖拽至已重命名的自创工具栏下方，完成创建工具栏任务。

图 4-15　【自定义用户界面】对话框

4.3　绘图辅助工具

使用 AutoCAD 软件绘制机械图样时对图形尺寸要求一般都比较严格，不适宜大致输入图形的尺寸或使用鼠标在绘图区域直接拾取和输入。因此在绘制满足给定尺寸要求的图形时，用户不仅可以使用常用的指定点的坐标法，而且还可以使用系统提供的【捕捉】、【对象捕捉】、【对象追踪】等功能，在不输入坐标的情况下快速、精确地绘制图形。这些能极大地提高绘图效率的绘图辅助工具主要集中在状态栏上。

状态栏如图 4-16 及图 4-17 所示。

4.3.1　栅格

手工绘制某种图形时会使用坐标纸，栅格工具是一个形象的画图工具，作用就像传统的坐标纸一样，为用户在绘图区域中显现可见的网格，以方便绘图。

1. 启闭栅格

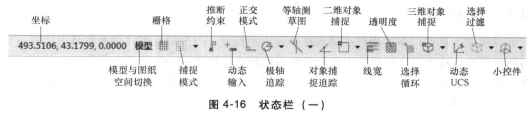

图 4-16　状态栏（一）

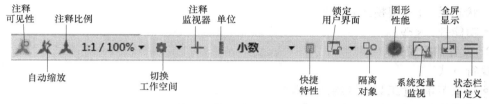

图 4-17　状态栏（二）

执行方式

- 状态栏：【栅格】按钮
- 功能键：<F7>

2. 设置栅格

执行方式

- 下拉菜单：【工具】|【绘图设置】
- 快捷菜单：将光标置于【栅格】

按钮 ⊞ 上，右击，在快捷菜单上选择
【网格设置】

执行命令后打开【草图设置】对话
框，并选择【捕捉和栅格】选项卡，如
图 4-18 所示。

①【启用栅格】复选框：用于控制
栅格显示的启闭。

图 4-18　【捕捉和栅格】选项卡

②【栅格样式】选项组：用于选择显示点栅格的位置。

③【栅格间距】选项组：【栅格 X 轴间距】和【栅格 Y 轴间距】两个文本框分别用来
设置栅格在水平与垂直方向的间距，如果【栅格 X 轴间距】和【栅格 Y 轴间距】设置为 0，
则 AutoCAD 会自动将捕捉栅格间距应用于栅格。【每条主线之间的栅格数】用于指定主栅格
线相对于次栅格线的频率。

④【栅格行为】选项组：用于控制栅格线的外观。在系统变量 GRIDSTYLE 设置为 0
（零）和 SHADEMODE 设置为"隐藏"的情况下，显示栅格线而不显示栅格点。

选中【自适应栅格】复选框后，在缩小图形时，限制栅格密度，允许以小于栅格间距
的间距再拆分；在放大图形时，生成更多间距更小的栅格线。主栅格线的频率确定这些栅格
线的频率。【显示超出界限的栅格】复选框用于控制是否显示超出【LIMITS】命令指定区域
的栅格。【遵循动态 UCS】复选框用于更改栅格平面以跟随动态 UCS 的 XY 平面。

4.3.2　捕捉模式

捕捉模式工具可以帮助用户准确地在屏幕上捕捉点。打开捕捉模式将在屏幕上生成一个隐含的捕捉栅格，这个栅格起到约束捕捉光标只能落在栅格的某一个节点上的作用，使用户能够精确地捕捉和选择这个栅格上的节点，但不适宜在绘制满足给定尺寸要求的图形时使用。

1. 启闭捕捉模式

执行方式

- 状态栏：【捕捉模式】按钮
- 功能键：<F9>

2. 设置捕捉模式

执行方式

- 下拉菜单：【工具】|【绘图设置】
- 快捷菜单：打开【捕捉模式】下拉列表，选择【捕捉模式设置】

执行命令后打开【草图设置】对话框，并选择【捕捉和栅格】选项卡，如图 4-18 所示。

①【启用捕捉】复选框：用于控制【捕捉模式】的启闭。

②【捕捉间距】选项组：用户可以分别设置捕捉栅格点在水平【捕捉 X 轴间距】与垂直【捕捉 Y 轴间距】两个方向上的间距，间距值必须为正实数。也可以选中【X 轴间距和 Y 轴间距相等】复选框使捕捉栅格在水平与垂直两个方向上的间距相同。

③【捕捉类型】选项组：AutoCAD 提供有【栅格捕捉】和【PolarSnap（极轴捕捉）】两种方式，使用时两者取其一。【捕捉栅格】方式在拖动鼠标指定点时光标将沿垂直或水平栅格点进行捕捉；【PolarSnap】方式在极轴追踪功能打开的情况下，拖动鼠标指定点时光标将沿在【极轴追踪】选项卡上相对于极轴追踪起点设置的极轴对齐角度进行捕捉。

【栅格捕捉】方式又分为【矩形捕捉】和【等轴测捕捉】两类。在标准方式下捕捉栅格是标准的矩形；在等轴测方式下捕捉栅格和光标十字线成绘制等轴测图时的特定角度，不再互相垂直，在绘制等轴测图时十分方便，用户可根据绘图需要选择其中之一。

④【极轴间距】选项组：只有在用户启用【PolarSnap】方式时该选项组才可用。在【极轴距离】文本框亮显后输入设定的距离值，如果该值为 0，则【PolarSnap】距离采用【捕捉 X 轴间距】的值。【极轴距离】设置要与【极轴追踪】或【对象捕捉追踪】功能结合使用，如果两个追踪功能都未启用，则【极轴距离】设置无效。

4.3.3　推断约束

创建和编辑几何对象时启用推断约束模式，便会在正在创建或编辑的对象与该对象捕捉的关联对象或点之间自动应用几何约束。约束只在对象符合约束条件时才有效，推断约束后不会重新定位对象。

> 注：打开推断约束功能后，用户在创建几何图形时指定的对象捕捉将用于推断几何约束，但是不支持下列对象捕捉：交点、外观交点、延长线和象限点；也无法推断下列约束：固定、平滑、对称、同心、等于和共线。

1. 启闭推断约束

执行方式

- 状态栏：【推断约束】按钮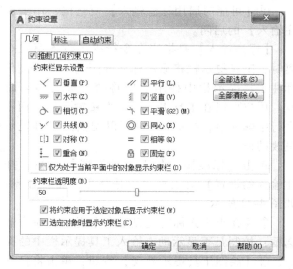
- 功能键：<Ctrl+Shift+I>

2. 设置推断约束

执行方式

- 快捷菜单：将光标置于【推断约
束】按钮 上，右击，在快捷菜中选择
【推断约束设置】

执行命令后打开【约束设置】对话
框，如图 4-19 所示。用户根据需求在该对
话框中选择或清除相应选项。

4.3.4　动态输入

动态输入功能可在光标附近为用户提供
了一个命令界面，信息会随着光标移动而动
态更新，有利于帮助用户专注于绘图区域。

图 4-19　【约束设置】对话框

> **注：透视图不支持动态输入模式。**

1. 启闭动态输入

执行方式

- 状态栏：【动态输入】按钮
- 功能键：<F12>

2. 设置动态输入

执行方式

- 下拉菜单：【工具】|【绘图设
置】
- 快捷菜单：将光标置于【动
态输入】按钮 上，右击，在快捷
菜单上选择【动态输入设置】

执行命令后打开【草图设置】
对话框，选择【动态输入】选项卡，
如图 4-20 所示。

①【启用指针输入】复选框：用
于控制【指针输入】的启闭。

【指针输入】是指当启用指针输

图 4-20　【动态输入】选项卡

入并且有命令执行时，将在光标附近的工具提示栏中显示坐标，用户可以在工具提示栏
中输入坐标值，而不用在命令行中输入。

> **注：第二点和后续点的默认设置为相对极坐标（对于【RECTANG】命令，为相对直角
> 坐标），输入坐标时不需要输入"@"符号，但如果需要使用绝对坐标，需要输入"#"前缀。**

单击【指针输入】下的【设置】按钮，打开【指针输入设置】对话框，可以控制指针
输入工具提示栏何时显示，并能修改坐标的默认格式，如图 4-21 所示。

②【可能时启用标注输入】复选框：用于控制【标注输入】的启闭。

【标注输入】是指当命令行提示输入第二个点或距离时，工具提示栏将显示标注的距离值和角度值，并且标注工具提示栏中提示的值将随光标的移动而自动更改。用户可以在工具提示栏中直接输入值，而不用在命令行中输入值，按<Tab>键可以切换到工具提示栏中要更改的值处。

单击【标准输入】下的【设置】按钮，打开【标注输入的设置】对话框可以选择用户希望显示的信息，如图 4-22 所示。

③【在十字光标附近显示命令提示和命令输入】复选框：控制是否显示动态输入工具提示栏中的提示。

④【绘图工具提示外观】按钮：单击将打开【工具提示栏外观】对话框，如图 4-23 所示，对工具提示栏的外观进行设计。

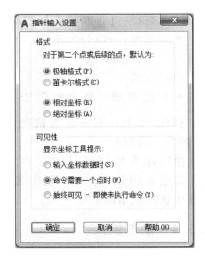

图 4-21 【指针输入设置】对话框

图 4-22 【标注输入的设置】对话框

图 4-23 【工具提示外观】对话框

4.3.5 正交模式

用户在绘图过程中经常需要绘制大量的水平直线和垂直直线，用鼠标单击线段的端点时很难保证两个点严格沿水平或垂直方向，正交功能能够很好地解决这一问题。启用正交模式后，画线或移动对象时光标只能够沿水平方向或垂直方向移动，也因此只能绘制出与坐标轴平行的正交线段。

执行方式

- 状态栏：【正交模式】按钮
- 功能键：<F8>

4.3.6　极轴追踪

用户在绘制水平直线和垂直直线过程中使用正交模式，当绘制与水平呈一定角度的直线时使用极轴追踪功能将极大提高绘图效率。极轴追踪功能是在系统要求指定一个点时，按预先设置的角度增量显示一条无限延伸的辅助线（一条虚线），这时就可以沿辅助线追踪得到光标点。

1. 启闭极轴追踪

执行方式

- 状态栏：【极轴追踪】按钮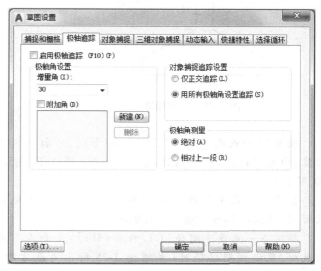
- 功能键：<F10>

2. 设置极轴追踪

执行方式

- 下拉菜单：【工具】|【绘图设置】
- 快捷菜单：打开【极轴追踪】下拉列表，单击【正在追踪设置】

执行命令后打开【草图设置】对话框，并选择【极轴追踪】选项卡，如图 4-24 所示。

①【启用极轴追踪】复选框：用于极轴追踪的启闭。

图 4-24　【极轴追踪】选项卡

②【极轴角设置】选项组：用于设置【增量角】和【附加角】。在【增量角】下拉列表框中可以选择系统预设的角度或直接输入预想的角度；选中【附加角】复选框，将列出可用的附加角度。要添加新的附加角角度，单击【新建】按钮，可添加附加极轴追踪对齐角度；要删除现有的角度，单击【删除】按钮。

> 注：启用极轴追踪模式后，系统将在 360°范围内显示预先指定的增量角 N（0，1，2，…）倍，但附加角仅显示一次。

③【极轴角测量】选项组：用于设置极轴追踪对齐角度的测量基准。选中【绝对】单选按钮，可以基于当前用户坐标系（UCS）确定极轴追踪角度；选中【相对上一段】单选按钮，可以基于最后绘制的线段确定极轴追踪角度。

> 注：正交模式和极轴追踪模式不能同时启用，若一个打开，另一个则将自动关闭。

【例 4-1】　绘制如图 4-25 所示图形，图中 A 点坐标（100，100）。

① 极轴追踪设置。如图 4-26 所示，打开状态栏【极轴追踪】下拉列表，选择"30，60，90，120…"。

② 打开正交模式。

③ 绘制图形。执行【直线】命令；

指定第一个点：‖输入起点坐标(100,100),确认

指定下一点或［放弃(U)］：‖向右拖动鼠标,显示水平向右的预期路径时输入 80,确认

指定下一点或［放弃(U)］：‖向下拖动鼠标,显示垂直向下的预期路径时输入 10,确认

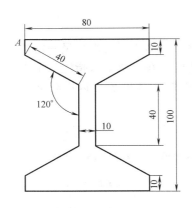

图 4-25　绘制图形

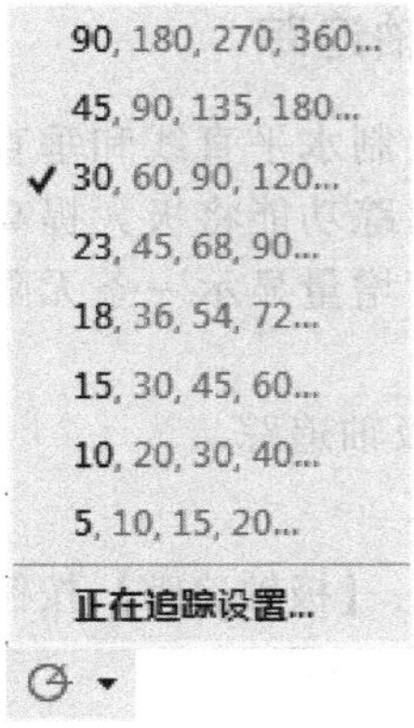

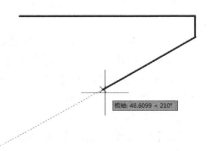

图 4-26　设置追踪角度

指定下一点或［闭合（C）/放弃（U）］:‖打开极轴功能;向左下拖动鼠标,显示预期路径时（图 4-27）输入 40,确认

指定下一点或［闭合（C）/放弃（U）］:‖向下拖动鼠标,显示预期路径时输入 40,确认

指定下一点或［闭合（C）/放弃（U）］:‖向右下拖动鼠标,显示预期路径时（参照图 4-25 所示角度方向）输入 40,确认

图 4-27　绘制图形

指定下一点或［闭合（C）/放弃（U）］:‖向下拖动鼠标,显示预期路径时输入 10,确认

指定下一点或［闭合（C）/放弃（U）］:‖向左拖动鼠标,显示预期路径时输入 80,确认

指定下一点或［闭合（C）/放弃（U）］:‖向上拖动鼠标,显示预期路径时输入 10,确认

指定下一点或［闭合（C）/放弃（U）］:‖向右上拖动鼠标,显示预期路径时（参照图 4-25 所示角度方向）输入 40,确认

指定下一点或［闭合（C）/放弃（U）］:‖向上拖动鼠标,显示预期路径时输入 40,确认

指定下一点或［闭合（C）/放弃（U）］:‖向左上拖动鼠标,显示预期路径时（参照图 4-25 所示角度方向）输入 40,确认

指定下一点或［闭合（C）/放弃（U）］:‖输入 c,确认

4.3.7　等轴测草图

在绘图过程中,通过沿三个等轴测轴对齐对象,模拟三维对象的等轴测视图。
执行方式

- 状态栏:【等轴测草图】按钮
- 打开【等轴测草图】下拉列表,选择所需模式

4.3.8　二维对象捕捉

在绘图过程中经常要准确地找到已有二维图形中某些特殊的点,例如,圆心、切点、线段或圆弧的端点、中点等,能够迅速、准确地识别这些特殊点的功能称之为二维对象捕捉功能。

注：二维对象捕捉仅当命令行提示"指定点"时，对象捕捉才生效。多数对象捕捉只影响屏幕上可见的对象，包括锁定图层上的对象、布局视口边界和多段线，不能捕捉不可见的对象，如未显示的对象、关闭或冻结图层上的对象或虚线的空白部分。

1. 启闭二维对象捕捉

执行方式

• 状态栏：【二维对象捕捉】按钮

• 功能键：<F3>

2. 设置二维对象捕捉

执行方式

• 下拉菜单：【工具】|【绘图设置】

• 快捷菜单：打开【二维对象捕捉】下拉列表，单击【对象捕捉设置】

执行命令后打开【草图设置】对话框，并选择【对象捕捉】选项卡，如图 4-28 所示。

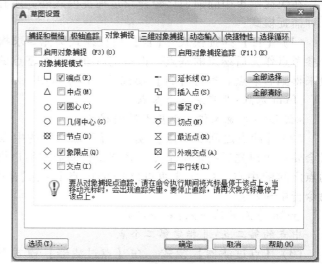

图 4-28　【对象捕捉】选项卡

①【启用对象捕捉】复选框：控制对象捕捉方式的启闭。

②【对象捕捉模式】选项组：选中某种捕捉模式的复选框，则相应的捕捉模式被激活。单击【全部选择】按钮，所有模式均被选中；单击【全部清除】按钮，则所有捕捉模式均被清除。

注：当屏幕已显示某一图形对象上的某一捕捉点时，反复按<Tab>键可在该图形对象上的多个捕捉点间反复切换。

二维对象捕捉的模式及其功能见表 4-1。

表 4-1　二维对象捕捉模式

捕捉模式	功　　能
端点（END）	捕捉到对象（如圆弧、直线、多线、多段线线段、样条曲线、面域或三维对象）的最近端点或角点
中点（MID）	捕捉到对象（如圆弧、椭圆、直线、多段线线段、面域、样条曲线、构造线或三维对象的边）的中点
圆心（CEN）	捕捉到圆弧、圆、椭圆或椭圆弧的中心点
几何中心（GEO）	捕捉到任意闭合多段线和样条曲线的中心
节点（NOD）	捕捉到点对象、标注定义点或标注文字原点
象限点（QUA）	捕捉到圆弧、圆、椭圆或椭圆弧的象限点，即圆周上 0°、90°、180°、270° 位置上的点
交点（INT）	捕捉到对象（如圆弧、圆、椭圆、直线、多段线、射线、面域、样条曲线或构造线）的交点
延长线（EXT）	光标经过对象的端点时，显示临时延长线或圆弧，以便用户在延长线或圆弧上指定点
插入点（INS）	捕捉到对象（如属性、块或文字）的插入点
垂足（PER）	捕捉到对象（如圆弧、圆、椭圆、椭圆弧、直线、多线、多段线、射线、面域、三维实体、样条曲线或构造线）的垂足
切点（TAN）	捕捉到圆弧、圆、椭圆、椭圆弧或样条曲线的切点
最近点（NEA）	捕捉到对象（如圆弧、圆、椭圆、椭圆弧、直线、点、多段线、射线、样条曲线或构造线）的最近点
外观交点（APP）	捕捉在三维空间中不相交但在当前视图中看起来可能相交的两个对象的视觉交点
平行线（PAR）	将直线段、多段线线段、射线或构造线限制为与其他线性对象平行

3. 利用快捷菜单实现对象捕捉

当命令行提示输入点时，按住<Shift>键的同时单击鼠标右键，将激活快捷菜单，如图 4-29 所示。

在快捷菜单中除前面已经介绍过捕捉模式外，还有如下几种捕捉模式：

（1）【自】捕捉模式　【自】捕捉模式会先要求指定一个参考点作为后继点的基点，再指定后继点相对基点的偏移量来得到后继点。执行【自】模式后，命令行中显示：

　_from 基点：‖ 指定一个基点

　<偏移>：‖ 输入相对于基点的偏移量

（2）【两点之间的中点】模式　【两点之间的中点】模式会要求用户先后指定两个点，系统将自动捕捉用户指定的两点之间的中点。执行【两点之间的中点】模式命令后，命令行中显示：

　_m2p 中点的第一点：‖ 指定第一个点

　中点的第二点：‖ 指定第二个点

（3）【点过滤器】模式　在【点过滤器】模式下，系统可以自动提取用户指定的两点中一个点的 x 坐标和另一点的 y 坐标来确定一个新点。执行【点过滤器】模式命令后，命令行中显示：

　.X 于：‖ 指定与新点 x 坐标值相同的一个点

　（需要 YZ）：‖ 指定与新点 y、z 坐标值相同的一个点

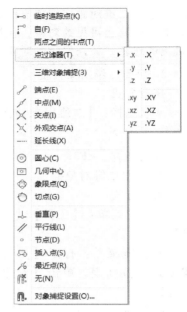

图 4-29 【二维对象
捕捉】快捷菜单

4.3.9　对象捕捉追踪

在使用 AutoCAD 绘图的过程中，对象捕捉追踪功能是一个相当高效的辅助绘图工具，它既可按指定角度绘制对象，还可以绘制与其他对象有特定关系的对象。

前面介绍的极轴追踪是按事先给定的增量角和附加角来追踪特征点，对象捕捉追踪与极轴追踪是不同的。对象捕捉追踪按与已有对象的某种特定关系来追踪，极轴追踪和对象捕捉追踪可以同时使用。

> **注：对象捕捉追踪必须与对象捕捉同时开启才能工作。**

1. 启闭对象捕捉追踪

执行方式

- 状态栏：【对象捕捉追踪】按钮

- 功能键：<F11>

2. 设置对象捕捉追踪

执行方式

- 下拉菜单：【工具】|【绘图设置】

- 快捷菜单：将光标置于【对象捕捉追踪】按钮上，右击，在快捷菜单中选择【对象捕捉追踪设置】

执行命令后打开【草图设置】对话框，并选择【极轴追踪】选项卡，如图 4-24 所示。

【对象捕捉追踪设置】选项组：选中【仅正交追踪】单选按钮可在启用对象捕捉追踪功能时，只显示获取的对象捕捉点的正交（水平/垂直）对象捕捉追踪路径；选中【用所有极轴角设置追踪】单选按钮可以将极轴追踪设置应用到对象捕捉追踪，光标将从获取的对象捕捉点起沿极轴角度进行追踪。

单击【草图设置】对话框左下角的【选项】按钮，将打开【选项】对话框的【绘图】选项卡，如图 4-30 所示。在该选项卡中可以进行相关设置。

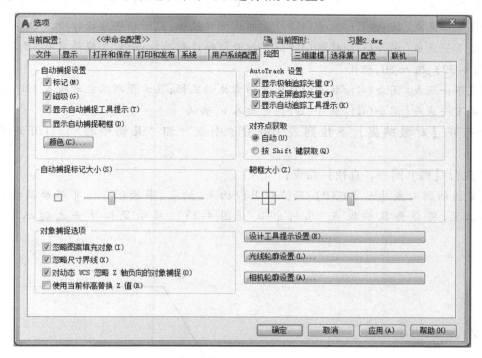

图 4-30 【选项】对话框的【绘图】选项卡

【例 4-2】 绘制如图 4-31 所示图形（不必绘制中心线）。

要求：图中 C 点坐标（100，100）；圆心 O_1 位于图形中心；圆心 O_2 横坐标与 B 点相同，纵坐标与 A 点相同；圆心 O_3 纵坐标与 D 点相同；其中 A、B 与 D 分别为所在线段的中点。圆心 O_4 在圆心 O_1 正上方。

1）极轴追踪设置。将光标置于【对象捕捉追踪】按钮 上，右击，在弹出的快捷菜单上选择【对象捕捉追踪设置】，打开【草图设置】对话框，并选择【极轴追踪】选项卡，增量角设置为 60，并选中【用所有极轴角设置追踪】、【绝对】单选按钮，如图 4-24 所示。

2）绘制图形。

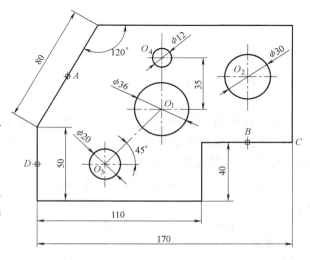

图 4-31 绘制图形

① 执行【多段线】命令；

指定第一个点：‖ 输入起点坐标（100,100），确认

指定下一点或 [放弃（U）]：‖ 打开正交功能；向左拖动鼠标，显示预期路径时输入 60，确认

指定下一点或 [放弃（U）]：‖ 向下拖动鼠标，显示预期路径时输入 40，确认

指定下一点或 [闭合（C）/放弃（U）]：‖ 向左拖动鼠标，显示预期路径时输入 110，确认

指定下一点或 [闭合（C）/放弃（U）]：‖ 向上拖动鼠标，显示预期路径时输入 50，确认

指定下一点或 [闭合（C）/放弃（U）]：‖ 打开极轴追踪功能；向右上拖动鼠标，显示预期路径时（图 4-32），输入 80，确认

指定下一点或 [闭合（C）/放弃（U）]：‖ 向右拖动鼠标，显示预期路径时输入 130，确认

指定下一点或 [闭合（C）/放弃（U）]：‖ 输入 c，确认

② 打开【对象捕捉】下拉列表，单击 "中点" 和 "几何中心"，打开对象捕捉功能。

③ 执行【圆 | 圆心，直径】命令；

指定圆的圆心或 [三点（3P）/两点（2P）/切点、切点、半径（T）]：‖ 移动鼠标靠近图形中心位置，将会亮显捕捉点 "几何中心"（图 4-33），移动鼠标单击左键抓取 "几何中心"

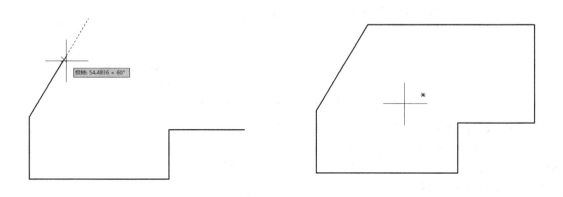

图 4-32　绘制图形（一）　　　　　　图 4-33　绘制图形（二）

> 注：在前面绘制图形时，一定要使用【多段线】命令，绘制出闭合图形，此时 "几何中心" 对象捕捉模式才会有效。如若使用【直线】命令绘制的闭合图形，"几何中心" 对象捕捉模式是无效的。

指定圆的半径或 [直径（D）] <5.0000>：_ d 指定圆的直径 <10.0000>：‖ 输入 36，确认。

④ 重复【圆 | 圆心，直径】命令；

指定圆的圆心或 [三点（3P）/两点（2P）/切点、切点、半径（T）]：‖ 按住<Shift>键的同时单击鼠标右键，在弹出的快捷菜单（图 4-34）中选择【点过滤器】|【X】

指定圆的圆心或［三点（3P）/两点（2P）/切点、切点、半径（T）］：.X 于 ‖ 捕捉中点 *B*

指定圆的圆心或［三点（3P）/两点（2P）/切点、切点、半径（T）］：.X 于（需要 YZ）：‖ 捕捉中点 *A*

指定圆的半径或［直径（D）］<18.0000>：_d 指定圆的直径<36.0000>：‖ 输入 30，确认

⑤ 打开【对象捕捉】下拉列表，选择"中点"和"圆心"，同时打开对象捕捉和对象捕捉追踪功能。

⑥ 重复【圆】|【圆心，直径】命令；

指定圆的圆心或［三点（3P）/两点（2P）/切点、切点、半径（T）］：‖ 移动鼠标，将光标在圆心 O_1 上方悬停（万万不能单击鼠标）片刻，该圆心被追踪；再移动鼠标，将光标在中点 *D* 上方悬停片刻，该点同时被追踪；移动鼠标，如图 4-35 所示时，单击鼠标左键

指定圆的半径或［直径（D）］<15.0000>：_d 指定圆的直径 <30.0000>：‖ 输入 20，确认。

⑦ 打开【对象捕捉】下拉列表，选择"圆心"，并同时打开对象捕捉和对象捕捉追踪功能。

⑧ 重复【圆】|【圆心，直径】命令；

指定圆的圆心或［三点（3P）/两点（2P）/切点、切点、半径（T）］：‖ 移动鼠标，将光标在圆心 O_1 上方悬停片刻，该圆心被追踪；向上移动鼠标，显示垂直向上路径时，输入 35，确认

指定圆的半径或［直径（D）］<10.0000>：_d 指定圆的直径 <20.0000>：‖ 输入 12，确认。

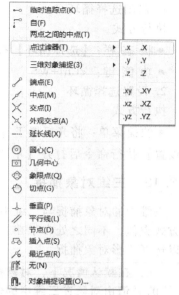

图 4-34 绘制图形（三）

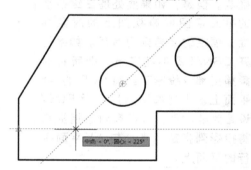

图 4-35 绘制图形（四）

4.3.10 线宽

在绘图过程中，如若设置了带有一定宽度的线，该线的线宽能否显示是通过状态栏上的【线宽】按钮 ≣ 来控制的。

AutoCAD 线宽的默认值为 0.25mm，用户也可以通过【线宽设置】对话框来设置或修改线宽的默认值。将光标置于【线宽】按钮 ≣ 上，右击，在弹出的快捷菜单上选择【设置】打开【线宽设置】对话框，如图 3-9 所示。

4.3.11 透明度

在绘图过程中，如若设定了透明度值，透明度不会自动显示。要显示或隐藏对象的透明度，通过单击状态栏上的【显示/隐藏透明度】按钮 ▨ 来控制。

4.3.12 选择循环

选择循环功能允许用户选择重叠的对象。

1. 启闭选择循环

执行方式

- 状 态 栏：【选择循环】按钮
- 功 能 键：<Ctrl+W>

2. 设置选择循环

执行方式

- 快捷菜单：将光标置于【选择循环】按钮上，右击，在快捷菜单中单击【选择循环设置】执行命令后打开【草图设置】对话框中的【选择循环】选项卡，如图4-36所示。

4.3.13　三维对象捕捉

三维中的对象捕捉与二维中的工作方式类似，不同之处在于在三维中可以选择投影对象捕捉。

> 注：在默认情况下，对象捕捉位置的 Z 值由对象在三维中的位置确定。但是，如果要处理三维模型的平面视图或俯视图上的对象捕捉，恒定的 Z 值则更有用。如果打开 OSNAPZ 系统变量，则所有对象捕捉都将投影到当前 UCS 的 XY 平面上，或者如果利用命令 ELEV 设置为非零值，则所有对象捕捉都将投影到指定标高处与 XY 平面平行的平面上。

1. 启闭三维对象捕捉

执行方式

- 状态栏：【三维对象捕捉】按钮
- 功能键：<F4>

2. 设置三维对象捕捉

执行方式

- 下拉菜单：【工具】|【绘图设置】
- 快捷菜单：打开【三维对象捕捉】下拉列表，单击【对象捕捉设置】

执行命令后打开【草图设置】对话框，并选择【三维对象捕捉】选项卡，如图4-37所示。

①【启用三维对象捕捉】复选

图4-36　【选择循环】选项卡

图4-37　【三维对象捕捉】选项卡

框：控制三维对象捕捉方式的启闭。

②【对象捕捉模式】选项组：选中某种捕捉模式的复选框，则相应的捕捉模式被激活。单击【全部选择】按钮，所有模式均被选中；单击【全部清除】按钮，则所有捕捉模式均被清除。

三维对象捕捉的模式及其功能见表 4-2。

表 4-2　三维对象捕捉模式

捕捉模式	功能
顶点（ZVERT）	捕捉到三维对象的最近顶点
边中点（ZMID）	捕捉到面边的中点
面中心（ZCEN）	捕捉到面的中心
节点（ZKNO）	捕捉到样条曲线上的节点
垂足（ZPER）	捕捉到垂直于面的点
最靠近面（ZNEA）	捕捉到最靠近三维对象面的点

③【点云】选项组：选中某种捕捉模式的复选框，则相应的捕捉模式被激活。单击【全部选择】按钮，所有模式均被选中；单击【全部清除】按钮，则所有捕捉模式均被清除。

三维点云对象捕捉模式及其功能见表 4-3。

表 4-3　三维点云对象捕捉模式

点云捕捉模式	功　能
节点（D）	捕捉点云上的点
交点（I）	捕捉使用截面平面对象剖切的点云推断截面交点
边（G）	捕捉到两个平面线段之间的边上的点
角点（C）	捕捉到检测到的三条平面线段之间的交点（角点）
最靠近面（E）	捕捉到平面线段上最近的点
垂直于平面（R）	捕捉到垂直于平面线段的点
垂直于边（U）	捕捉到垂直于两条平面线段之间的相交线的点
中心线（T）	捕捉到点云中检测到的圆柱段的中心线

4.3.14　动态 UCS

在创建对象时通过【动态 UCS】按钮⬈可启用动态 UCS 功能，该功能可使 UCS 的 *XY* 平面自动与实体模型上的平面临时对齐，因此在使用绘图命令创建对象时，无需使用【UCS】命令就可以通过在面的一条边上移动指针对齐 UCS，而结束命令后，UCS 将恢复到其上一个位置和方向。

> 注：仅当命令处于活动状态时动态 UCS 才可用。要在光标上显示 XYZ 标签，在【动态 UCS】按钮⬈上右击鼠标并在快捷菜单上单击【显示十字光标标签】。

4.3.15　选择过滤

在绘图过程中，当将光标移动到子对象上方时，通过【选择过滤】按钮⬡可选择符合过滤条件的对象（指定子对象亮显）。

执行方式

- 状态栏：【选择过滤】按钮⬡

- 打开【选择过滤】下拉列表，选择所需模式

4.3.16　小控件

在绘图过程中，可通过【小控件】按钮 选择显示三维小控件，它们可以帮助用户沿三维轴或平面移动、旋转或缩放一组对象。

执行方式

- 状态栏：【小控件】按钮
- 打开【小控件】下拉列表，选择所需模式

4.3.17　注释可见性

在绘图过程中，通过【注释可见性】按钮 控制是否显示所有的注释性对象，或仅显示那些符合当前注释比例的注释性对象。

4.3.18　自动缩放

在绘图过程中，通过【自动缩放】按钮 控制当注释比例发生更改时，是否自动将注释比例添加到所有注释性对象。

4.3.19　注释比例

在绘图过程中，通过【注释比例】按钮 设置【模型】选项卡中注释性对象的注释比例。

4.3.20　注释监视器

无论所创建的工程视图是何种类型（基础视图、投影视图、截面视图或局部视图），都可以使用传统的标注和多重引线工具添加关联注释。注释将基于选定的或由选定边推断的顶点与工程视图关联。因此，如果变换（移动、旋转、缩放）或更新工程视图，注释会相应地做出反应。由于注释关联到工程视图，而且工程视图关联到模型，因此可以编辑工程视图或模型，以使注释失效或取消关联。

> 注：注释监视器能够识别和处理那些已解除关联的注释，通过【注释监视器】按钮 启用该功能后，可提供关于关联注释状态的反馈。如果当前图形中的所有注释都已关联，在系统托盘中的【注释监视器】图标 将保持为正常。只要至少有一个注释已解除关联，系统托盘中的【注释监视器】的图标就将更改，并在图形中每个已解除关联的注释中显示警告标志。可以单击单个注释以重新关联或删除它们（一次一个），或选择注释监视器警告气泡中的链接，以快速删除所有已解除关联的注释。

4.3.21　单位

在绘图过程中，通过【单位】按钮 可设置当前图形中坐标和距离的显示格式。

4.3.22　快捷特性

选中一个或一组对象，启动快捷特性功能可以显示所选对象的特性，用户可以查看或更改其特性设置。

1. 启闭快捷特性
执行方式
- 状态栏：【快捷特性】按钮 ▣
- 功能键：<Ctrl+Shift+P>
2. 设置快捷特性
（1）【快捷特性】选项板显示设置
执行方式
- 下拉菜单：【工具】|【绘图设置】
- 快捷菜单：将光标置于【快捷特性】按钮 ▣ 上，右击，在快捷菜单中单击【快捷特性设置】

执行命令后打开【草图设置】对话框，并选择【快捷特性】选项卡，如图 4-38 所示，可以对【快捷特性】选项板的显示方式进行设置。

图 4-38　【快捷特性】选项卡

【快捷特性】按钮 ▣ 呈打开状态时，将在所选对象旁显示【快捷特性】选项板，如图 4-39 所示。

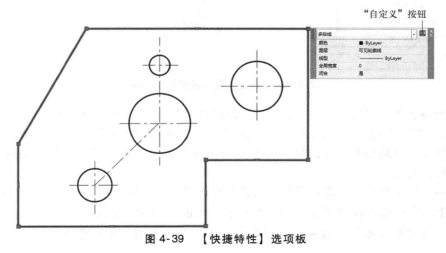

图 4-39　【快捷特性】选项板

（2）【快捷特性】选项板内容设置

执行方式

- 下拉菜单：【视图】|【工具栏】

　　　　　　　【工具】|【自定义】|【界面】

- 功能区/工具栏 CUI

打开【自定义用户界面】对话框，利用该对话框可以对【快捷特性】选项板上显示哪些对象类型的特性及显示哪些特性进行设置。在【自定义】选项卡中左上角的【所有自定义文件】列表中，选择"快捷特性"，如图 4-40 所示。

图 4-40　【自定义用户界面】对话框

在"对象类型"窗口显示已设置在"快捷特性"选项板上显示特性的对象类型。在"对象类型"窗口中选择某一对象类型，在"特性"窗口中将显示该对象类型在【快捷特性】选项板上显示的特性，通过复选框可以添加或删除该对象类型显示在【快捷特性】选项板上的特性类型。

选择某一对象类型，单击右键打开快捷菜单，可选择将该对象类型从列表中删除；选择快捷菜单上的命令或单击"对象类型"窗口右上角的【编辑对象类型列表】按钮，将打开【编辑对象类型列表】对话框，如图 4-41 所示，可以选择添加对象类型。

4.3.23　锁定用户界面

在绘图过程中，通过【锁定用户界面】按钮 🔒 可选择锁定工具栏和面板，也可固定窗口的位置和大小。

4.3.24　隔离对象

在绘图过程中，通过【隔离对象】按钮 可选择隔离或隐藏对象。

> 注：隐藏对象是使选择的对象暂时不可见。隔离对象是使所有对象暂时不可见，但所选的对象除外。结束隔离时恢复显示所有受影响的对象。默认情况下对象隔离功能处于禁用状态，没有当前不可见的对象。

4.3.25　图形性能

该功能可显示图形硬件的信息，并可设置硬件加速的选项。

将光标置于【硬件加速】按钮 ● 上，右击，在快捷菜单中单击【图形性能】命令打开【图形性能】对话框，如图 4-42 所示，可以对图形性能进行设置

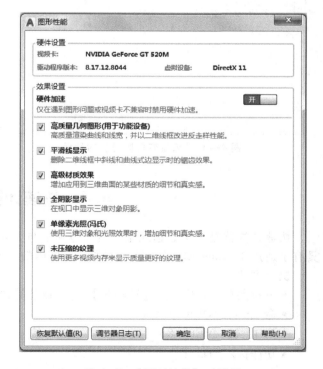

图 4-41　【编辑对象类型列表】对话框　　　　图 4-42　【图形性能】对话框

4.3.26 系统变量监视器

单击【系统变量监视器】按钮 ，将打开【系统变量监视器】对话框，如图 4-43 所示，以便用户根据需要查看和更改系统变量值。

4.3.27 全屏显示

在绘图过程中，单击【全屏显示】按钮 可隐藏功能区、工具栏和选项板，最大化绘图区域。

4.3.28 状态栏自定义

单击【状态栏自定义】按钮 ，将打开【状态栏自定义】列表，如图 4-44 所示，以便用户根据需要选择将在状态栏中显示的按钮。

图 4-43 【系统变量监视】对话框

图 4-44 【状态栏自定义】列表

4.4 快速计算器

快速计算器是一个表达式生成器，包括了与大多数标准数学计算器类似的基本功能，还具有了适用于 AutoCAD 的功能，例如，几何函数、单位转换区域和变量区域等。

执行方式

- 下拉菜单：【工具】|【选项板】|【快速计算器】
- 命 令 行：QUICKCALC
- 功 能 键：<Ctrl+8>
- 功能区/工具栏
- 快捷菜单：单击鼠标右键，在快捷菜单中选择【快速计算器】

执行命令后打开【快速计算器】对话框，如图 4-45 所示。

图 4-45 【快速计算器】对话框

快速计算器不会在用户选择某个函数时立即计算出结果，而是在用户完成输入一个可以编辑的表达式后，单击等号"="或按<Enter>键来获得结果。用户还可以从【历史记录】区域中检索出使用过的表达式，对其进行修改并重新计算结果，快速计算器比大多数的计算器具有更大的灵活性。

4.5 对象特性

对象特性包含一般特性和几何特性。对象的一般特性包括对象的颜色、线型、图层及线宽等，几何特性包括对象的尺寸和位置。用户可以直接在【特性】窗口中设置和修改现有对象的上述特性。

执行方式

- 下拉菜单：【修改】|【特性】

　　　　　　【工具】|【选项板】|【特性】

- 功能区/工具栏 ◢

执行命令后打开【特性】窗口，如图 4-46 所示。

在 AutoCAD 中，【特性】窗口默认情况下处于浮动状态。将光标放置在【特性】窗口的标题栏上右击，将弹出一个快捷菜单，通过该快捷菜单可确定是否隐藏窗口、是否在窗口内显示特性的说明部分，以及是否将窗口锁定在主窗口中。例如，用户在对象【特性】窗口快捷菜单中选择【自动隐藏】命令，那么在用户不使用对象【特性】窗口时，它会自动隐藏起来，只显示一个标题栏。

【特性】窗口中显示了当前选择集中对象的所有特性和特性值，当选中多个对象时，将显示它们的共有特性。用户可以通过该窗口浏览、修改对象的特性，也可以通过浏览、修改满足应用程序接口标准的第三方应用程序对象。

> 注：【特性】窗口不影响用户在 Auto-CAD 环境中的工作，即打开【特性】窗口后用户仍可以执行 AutoCAD 命令，进行各种操作。打开【特性】窗口，在没有选中对象时，窗口显示整个图样的特性及当前的设置；当选择了一个对象后，窗口内将显示该对象的全部特性及其当前设置；选择同一类型的多个对象，则窗口内显示这些对象的共有特性和当前设置；选择不同类型的多个对象，则窗口内只显示这些对象的基本特性及其当前设置，如颜色、图层、线型、线型比例、打印样式、线宽、超级链接及厚度等。

① 【切换 PICKADD 系统变量的值】按钮：通过修改 PICKADD 系统变量的值来决定是否能选择多个对象进行编辑。

② 【选择对象】按钮：单击该按钮切换到绘图窗口，可以选择其他对象。

③ 【快速选择】按钮：单击该按钮将打开【快速选择】对话框，可以快速创建供编辑用的选择集。

图 4-46　【特性】窗口

4.6　实　　例

设定图层。中心线层为细点画线，红色；可见轮廓线层为粗实线、白色；不可见轮廓线层为虚线、黄色；细实线为绿色。绘制如图 4-47 所示三视图，要求将不同的线型绘制在设定的图层中。

1）创建图层，如图 4-48 所示。

2）绘制中心线。

① 将"中心线"层置为当前层。

② 打开正交功能；

③ 执行【直线】命令；

指定第一个点：‖ 输入起点坐标(100,100),确认

指定下一点或[放弃(U)]：‖ 向下拖动鼠标,显示预期路径时输入 26,确认并结束命令

④ 在对象捕捉设置中选择"端点"，打开对象捕捉与对象捕捉追踪功能。

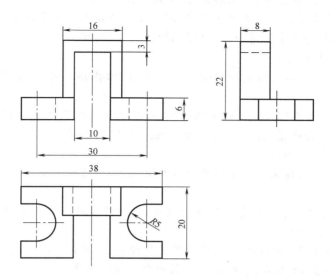

图 4-47　三视图

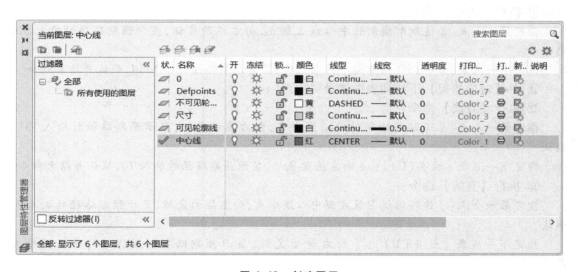

图 4-48　创建图层

⑤ 执行【直线】命令；

指定第一个点：‖ 按住<Shift>键的同时单击鼠标右键,在弹出的快捷菜单中选择"自"

指定第一个点：_from 基点：‖ 抓取刚绘制的中心线下端点

指定第一个点：_from 基点：<偏移>：‖ 输入@-15,0,确认

指定下一点或[放弃(U)]：‖ 向上拖动鼠标,显示预期路径时输入 10,确认并结束命令

⑥ 执行【直线】命令；

指定第一个点：‖ 按住<Shift>键的同时单击鼠标右键,在弹出的快捷菜单中选择"自"

指定第一个点：_from 基点：‖ 抓取刚绘制的中心线上端点

指定第一个点：_from 基点：<偏移>：‖ 输入@30,0,确认

指定下一点或[放弃(U)]：‖ 向下拖动鼠标,显示预期路径时输入10,确认并结束命令

至此,主视图中心线绘制完毕；下面绘制左视图中心线。

⑦ 执行【直线】命令；

指定第一个点：‖ 追踪刚绘制的中心线上端点,向右拖动鼠标,显示预期路径时输入35,确认

指定下一点或[放弃(U)]：‖ 向下拖动鼠标,显示预期路径时输入10,确认并结束命令

至此,左视图中心线也绘制完毕；下面绘制俯视图中心线。

⑧ 执行【直线】命令；

指定第一个点：‖ 追踪主视图中间长中心线下端点,向下拖动鼠标,显示预期路径时输入"15",确认

指定下一点或[放弃(U)]：‖ 向下拖动鼠标,显示预期路径时输入24,确认并结束命令

⑨ 执行【直线】命令；

指定第一个点：‖ 按住<Shift>键的同时单击鼠标右键,在弹出的快捷菜单中选择"自"

指定第一个点：_from 基点：‖ 抓取刚绘制的中心线上端点

指定第一个点：_from 基点：<偏移>：‖ 输入@-15,-5,确认

指定下一点或[放弃(U)]：‖ 向下拖动鼠标,显示预期路径时输入14,确认并结束命令

⑩ 执行【直线】命令；

指定第一个点：‖ 追踪刚绘制的中心线上端点,向右拖动鼠标,显示预期路径时输入30,确认

指定下一点或[放弃(U)]：‖ 向下拖动鼠标,显示预期路径时输入14,确认并结束命令

⑪ 在【对象捕捉】下拉列表中选择"中点"；

⑫ 执行【直线】命令；

指定第一个点：‖ 追踪刚绘制的中心线中点,向右拖动鼠标,显示预期路径时输入"3",确认

指定下一点或[放弃(U)]：‖ 向左拖动鼠标,显示预期路径时输入10,确认并结束命令

⑬ 执行【直线】命令；

指定第一个点：‖ 追踪俯视图最左侧中心线中点,向左拖动鼠标,显示预期路径时输入3,确认

指定下一点或[放弃(U)]：‖ 向右拖动鼠标,显示预期路径时输入10,确认并结束命令

至此,三视图的所有中心线绘制完毕,最终结果如图4-49所示。

3) 绘制主视图轮廓线。

① 将"可见轮廓线"层置为当前层。

② 在【对象捕捉】下拉列表中只选择"端点"与"交点",同时打开对象捕捉和对象捕捉追踪功能；

③ 执行【矩形】命令；

指定第一个角点或[倒角(C)/标高(E)/圆角(F)/厚度(T)/宽度(W)]：‖ 按住<Shift>键的同时单击鼠标右键,在弹出的快捷菜单中选择"自"

指定第一个角点或[倒角(C)/标高(E)/圆角(F)/厚度(T)/宽度(W)]：_from 基点：‖ 抓取如图4-49所示 A 点

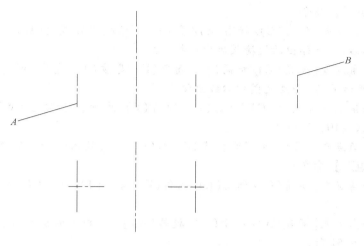

图 4-49　绘制中心线

指定第一个角点或 [倒角（C）/标高（E）/圆角（F）/厚度（T）/宽度（W）]：_from 基点：<偏移>：‖输入@-4,2,确认

指定另一个角点或 [面积（A）/尺寸（D）/旋转（R）]：‖输入@14,6,确认并结束命令

所绘图形如图 4-50 所示。

④ 执行【矩形】命令；

指定第一个角点或 [倒角（C）/标高（E）/圆角（F）/厚度（T）/宽度（W）]：‖追踪如图 4-50 所示 A 点，向右拖动鼠标，显示预期路径时输入"10"，确认

指定另一个角点或 [面积（A）/尺寸（D）/旋转（R）]：‖输入@14,6,确认并结束命令

⑤ 执行【直线】命令；

指定第一个点：‖抓取如图 4-50 所示 B 点

指定下一点或 [放弃（U）]：‖向上拖动鼠标，显示预期垂直向上路径时输入 13，确认

指定下一点或 [放弃（U）]：‖向右拖动鼠标，显示预期水平向右路径时输入 10，确认

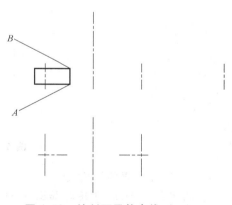

图 4-50　绘制可见轮廓线（一）

指定下一点或 [闭合（C）/放弃（U）]：‖向下拖动鼠标，显示预期垂直向下路径时输入 13，确认并结束命令

⑥ 执行【直线】命令；

指定第一个点：‖追踪如图 4-50 所示 B 点；向左拖动鼠标，显示预期路径时输入 3，确认

指定下一点或 [放弃（U）]：‖向上拖动鼠标，显示预期垂直向上路径时输入 16，确认

指定下一点或 [放弃（U）]：‖向右拖动鼠标，显示预期水平向右路径时输入 16，确认

指定下一点或 [闭合（C）/放弃（U）]：‖向下拖动鼠标，显示预期垂直向下路径时输入 16，确认并结束命令

至此,主视图可见轮廓线绘制完毕;下面绘制左视图可见轮廓线。

⑦ 执行【矩形】命令;

指定第一个角点或［倒角（C）/标高（E）/圆角（F）/厚度（T）/宽度（W）］: ‖ 按住＜Shift＞键的同时单击鼠标右键,在弹出的快捷菜单中选择"自"

指定第一个角点或［倒角（C）/标高（E）/圆角（F）/厚度（T）/宽度（W）］: _from 基点: ‖ 抓取如图 4-49 所示 B 点,即左视图中心线上端点

指定第一个角点或［倒角（C）/标高（E）/圆角（F）/厚度（T）/宽度（W）］: _from 基点: ＜偏移＞: ‖ 输入@ -10,-2,确认

指定另一个角点或［面积（A）/尺寸（D）/旋转（R）］: ‖ 输入@ 20,-6,确认并结束命令

⑧ 执行【矩形】命令;

指定第一个角点或［倒角（C）/标高（E）/圆角（F）/厚度（T）/宽度（W）］: ‖ 抓取刚绘制的矩形左上角点

指定另一个角点或［面积（A）/尺寸（D）/旋转（R）］: ‖ 输入@ 8,16,确认并结束命令此时所绘图形如图 4-51 所示。

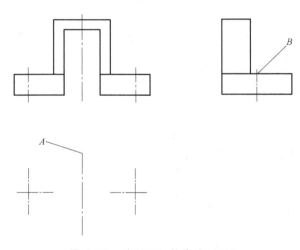

图 4-51　绘制可见轮廓线（二）

⑨ 执行"直线"命令;

指定第一个点: ‖ 追踪如图 4-51 所示 B 点;向左拖动鼠标,显示预期路径时输入 5,确认

指定下一点或［放弃（U）］: ‖ 向下拖动鼠标,显示预期垂直向下路径时输入 6,确认并结束命令

⑩ 执行【直线】命令;

指定第一个点: ‖ 追踪如图 4-51 所示 B 点;向右 拖动鼠标,显示预期路径时输入 5,确认

指定下一点或［放弃（U）］: ‖ 向下拖动鼠标,显示预期垂直向下路径时输入 6,确认并结束命令

至此,主、左两视图的可见轮廓线绘制完成,下面绘制俯视图可见轮廓线。

⑪ 执行【矩形】命令;

指定第一个角点或［倒角（C）/标高（E）/圆角（F）/厚度（T）/宽度（W）］: ‖ 按住＜Shift＞键的同时单击鼠标右键,在弹出的快捷菜单中选择"自"

指定第一个角点或［倒角（C）/标高（E）/圆角（F）/厚度（T）/宽度（W）］: _from 基点: ‖

抓取如图 4-51 所示 A 点

　　指定第一个角点或［倒角（C）/标高（E）/圆角（F）/厚度（T）/宽度（W）］：_from 基点：
<偏移>：‖输入"@-8,-2"，确认

　　指定另一个角点或［面积（A）/尺寸（D）/旋转（R）］：‖输入@16,-8，确认并结束命令

　　⑫ 执行【直线】命令；

　　指定第一个点：‖抓取刚绘制的矩形左上角点

　　指定下一点或［放弃（U）］：‖向左拖动鼠标，显示预期水平向左路径时输入 11，确认

　　指定下一点或［放弃（U）］：‖向下拖动鼠标，显示预期垂直向下路径时输入 5，确认

　　指定下一点或［闭合（C）/放弃（U）］：‖向右拖动鼠标，显示预期水平向右路径时输入 4，
确认并结束命令

　　⑬ 执行【直线】命令；

　　指定第一个点：‖抓取刚绘制的矩形右上角点

　　指定下一点或［放弃（U）］：‖向右拖动鼠标，显示预期水平向右路径时输入 11，确认

　　指定下一点或［放弃（U）］：‖向下拖动鼠标，显示预期垂直向下路径时输入 5，确认

　　指定下一点或［闭合（C）/放弃（U）］：‖向左拖动鼠标，显示预期水平向左路径时输入
4，确认并结束命令

　　此时所绘图形如图 4-52 所示。

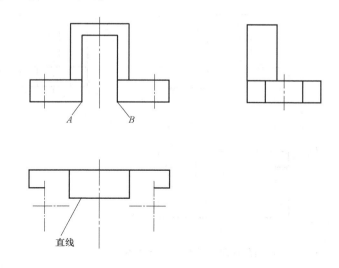

图 4-52　绘制可见轮廓线（三）

　　⑭ 执行【直线】命令；

　　指定第一个点：‖追踪如图 4-52 所示 A 点；向下拖动鼠标，找到如图 4-53 所示直线的交
点，显示如图 4-53 所示路径时单击鼠标左键

　　指定下一点或［放弃（U）］：‖向下拖动鼠标，显示预期垂直向下路径时输入 12，确认

　　指定下一点或［放弃（U）］：‖向左拖动鼠标，显示预期水平向左路径时输入 14，确认

　　指定下一点或［闭合（C）/放弃（U）］：‖向上拖动鼠标，显示预期垂直向上路径时输入
5，确认

　　指定下一点或［闭合（C）/放弃（U）］：‖向右拖动鼠标，显示预期水平向右路径时输入

4,确认并结束命令

⑮ 执行【直线】命令；

指定第一个点：‖追踪如图 4-52 所示 B 点；向下拖动鼠标，找到相应交点时单击鼠标左键

指定下一点或［放弃（U）］：‖向下拖动鼠标，显示预期垂直向下路径时输入 12，确认

指定下一点或［放弃（U）］：‖向右拖动鼠标，显示预期水平向右路径时输入 14，确认

指定下一点或［闭合（C）/放弃（U）］：‖向上拖动鼠标，显示预期垂直向上路径时输入 5，确认

指定下一点或［闭合（C）/放弃（U）］：‖向左拖动鼠标，显示预期水平向左路径时输入 4，确认并结束命令

此时所绘图形如图 4-54 所示。

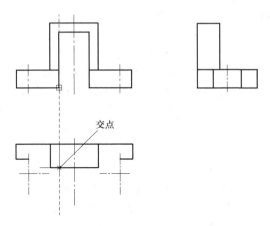

图 4-53　绘制可见轮廓线 （四）

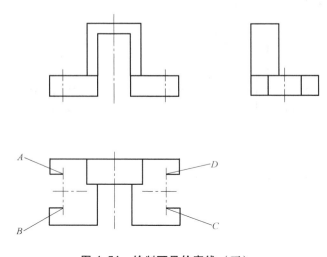

图 4-54　绘制可见轮廓线 （五）

⑯ 执行【圆弧】｜【起点】｜【端点】｜【半径】命令；

指定圆弧的起点或［圆心（C）］：‖抓取如图 4-54 所示 B 点

指定圆弧的第二个点或［圆心（C）/端点（E）］：_e

指定圆弧的端点：‖抓取如图 4-54 所示 A 点

指定圆弧的中心点（按住＜Ctrl＞键以切换方向）或［角度（A）/方向（D）/半径（R）］：_r

指定圆弧的半径（按住＜Ctrl＞键以切换方向）：‖输入 5，确认并结束命令

⑰ 执行【圆弧】｜【起点】｜【端点】｜【半径】命令；

指定圆弧的起点或［圆心（C）］：‖抓取如图 4-54 所示 D 点

指定圆弧的第二个点或［圆心（C）/端点（E）］：_e

指定圆弧的端点：‖抓取如图 4-54 所示 C 点

指定圆弧的中心点(按住<Ctrl>键以切换方向)或[角度(A)/方向(D)/半径(R)]: _r

指定圆弧的半径(按住<Ctrl>键以切换方向): ‖ 输入 5,确认并结束命令

> **注：绘制圆弧时,默认自起点到端点逆时针画弧。因此,指定起点与端点时一定要注意方向,指定顺序不同,绘制的圆弧方向将不同**

4) 绘制左视图不可见轮廓线。

① 将"不可见轮廓线"层置为当前层。

② 执行【直线】命令;

指定第一个点: ‖ 根据投影关系追踪主视图对应点,向右拖动鼠标,显示如图 4-55 所示交点时,单击左键

指定下一点或[放弃(U)]: ‖ 向右拖动鼠标,显示预期水平向右路径时输入 8,确认并结束命令

③ 执行【直线】命令;

指定第一个点: ‖ 抓取如图 4-55 所示 A 点

指定下一点或[放弃(U)]: ‖ 向上拖动鼠标,显示预期垂直向上路径时输入 8,确认并结束命令

④ 执行【直线】命令;

指定第一个点: ‖ 抓取如图 4-55 所示 B 点

指定下一点或[放弃(U)]: ‖ 向上拖动鼠标,显示预期垂直向上路径时输入 8,确认并结束命令

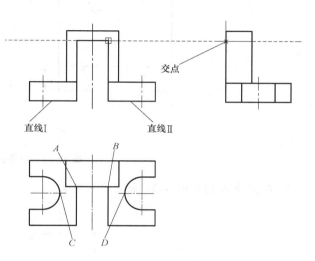

图 4-55　绘制不可见轮廓线

⑤ 执行【直线】命令;

指定第一个点: ‖ 根据投影关系追踪如图 4-55 所示 C 点,向上拖动鼠标,找到与主视图直线 I 的交点时,单击左键

指定下一点或[放弃(U)]: ‖ 向上拖动鼠标,显示预期垂直向上路径时输入"6",确认并结束命令

⑥ 执行【直线】命令;

指定第一个点: ‖ 根据投影关系追踪如图 4-55 所示 D 点,向上拖动鼠标,找到与主视图直线 II 的交点时,单击左键

指定下一点或[放弃(U)]: ‖ 向上拖动鼠标,显示预期垂直向上路径时输入 6,确认并结束命令

4.7　本章小结

本章介绍了如何利用辅助绘图工具提高绘图效率,重点和难点是在绘图过程中,如何灵活地利用图层,熟练使用状态栏中的各种模式,尤其要注意追踪时的悬停操作要点。

习　题

要求：分别设定 3 个图层，中心线层为细点画线，红色；可见轮廓线层为粗实线、白色；不可见轮廓线层为虚线、黄色；细实线为绿色。将不同的线型绘制在设定的图层中。

1. 按要求绘制如图 4-56 所示的两视图。

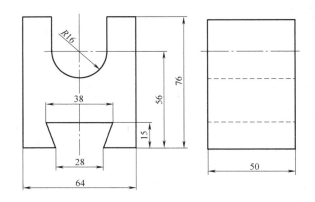

图 4-56　两视图

2. 按要求绘制如图 4-57 所示的三视图。

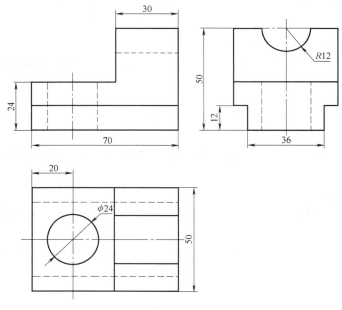

图 4-57　三视图

第5章

复杂图形绘制

使用【绘图】菜单中的命令，不仅可以绘制点、直线、圆及圆弧等简单图形，还可以绘制多段线、多线、样条曲线等复杂图形。

5.1　多　　线

多线是由多条平行线组成的组合对象，平行线之间的间距和数目等是可以调整的。既能保证图线之间的统一性，又能提高绘图效率是多线的突出优点。

5.1.1　创建多线样式

根据需要可以创建多线样式，设置其线条数目、线型、颜色和线的连接方式等。

执行方式

●下拉菜单：【格式】|【多线样式】

●命令行：MLSTYLE

执行命令后打开【多线样式】对话框，如图 5-1 所示。

在【多线样式】对话框中第一行显示了当前多线样式的名称，【样式】列表框显示已经加载到图形中的多线样式，可以从中选择当前需要使用的多线样式。也可以对已有的多线样式更名。

在【多线样式】对话框中，单击【加载】按钮，打开【加载多线样式】对话框，选择多线样式文件。默认情况下，AutoCAD 提供的多线样式文件为 acad.mln，如图 5-2 所示。

要创建多线样式，单击【新建】按钮，打开【创建新的多线样式】对话框，如图 5-3 所示。

图 5-1　【多线样式】对话框

图 5-2 【加载多线样式】对话框   图 5-3 【创建新的多线样式】对话框

在图 5-3 中【新样式名】文本框中输入多线样式的名称，然后单击【继续】按钮，打开【新建多线样式】对话框，如图 5-4 所示。

图 5-4 【新建多线样式】对话框

在【新建多线样式】对话框中，可以设置多线样式的元素特性，包括线条元素相对于多线中心线的偏移量、线条颜色和线型等，在【说明】文本框中输入多线样式的说明信息。

①【封口】选项组：用于控制多线起点和端点处的样式。其中，【直线】穿过整个多线的端点；【外弧】连接最外层元素的端点；【内弧】连接成对元素，如果有奇数个线条，则中心线不相连，如图 5-5a 所示，并能够设定直线和圆弧的角度。

②【填充】选项组：用于设置是否填充多线的背景，可以选择一种填充颜色作为多线的背景，如图 5-5b 所示。

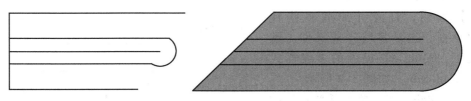

a) 起点90°直线端点60°内弧封口及不填充   b) 起点45°外弧端点90°直线及填充

图 5-5 多线的封口样式及填充

③【显示连接】复选框：控制在多线的拐角处是否显示连接线，如图 5-6 所示。

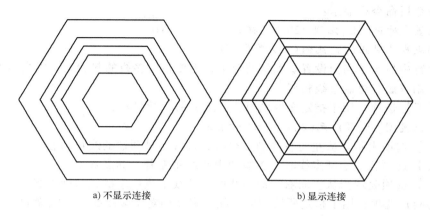

a) 不显示连接　　　　　　　　　b) 显示连接

图 5-6　不显示连接与显示连接对比

④【图元】选项组：设置线条元素相对于多线中心线的偏移量、线条颜色和线型等。单击【添加】按钮，将增加一个偏移量为 0 的新线条元素；然后再通过【偏移】文本框设置当前线条元素的偏移量；单击【颜色】下拉按钮，设置当前线条元素的颜色；单击【线型】下拉按钮，设置当前线条元素的线型。此外，如果要删除某一线条，可在【图元】列表框中选中该线条，然后单击【删除】按钮。在全部设定结束后单击【确定】按钮。

在【多线样式】对话框中，单击【保存】按钮，弹出【保存多线样式】对话框，可以将定义的多线样式保存为一个多线文件（*.mln），如图 5-7 所示。

图 5-7　【保存多线样式】对话框

5.1.2　多线的绘制

执行方式

•下拉菜单：【绘图】|【多线】

● 命令行：MLINE

执行命令后命令行显示：

当前设置：对正＝上，比例＝20.00，样式＝STANDARD

指定起点或［对正（J）/比例（S）/样式（ST）］：

在命令行中显示了当前设置。默认情况下，需要指定多线的起始点，以当前的设置绘制多线，其绘制方法与绘制直线相似。

①【对正】选项：用于指定多线的对正方式，命令行显示：

输入对正类型［上（T）/无（Z）/下（B）］＜上＞：

● 【上】选项表示当从左向右绘制多线时，多线上最顶端的线将随着光标移动。

● 【无】选项表示绘制多线时，多线的中心线将随着光标点移动。

● 【下】选项表示当从左向右绘制多线时，多线上最底端的线将随着光标移动。

②【比例】选项：用于指定所绘制的多线的宽度相对于多线的定义宽度的比例因子，该比例不影响多线的线型比例。

③【样式】选项：用于指定绘制的多线的样式。命令行显示：

输入多线样式名或［?］：

默认样式为标准（STANDARD）型，可以直接输入已有的多线样式名，也可以输入"?"，显示已定义的多线样式。

5.1.3　多线样式的修改

在【多线样式】对话框中，单击【修改】按钮，弹出【修改多线样式】对话框，如图5-8所示。可以在该对话框中修改选定的多线样式。

图5-8　【修改多线样式】对话框

> 注：要编辑现有多线样式，必须在使用该样式绘制任何多线之前进行，不能编辑图形中正在使用的任何多线样式的元素和多线特性。

在【多线样式】对话框中，单击【重命名】按钮，可重命名当前选定的多线样式。不能重命名 STANDARD 多线样式或图形中正在使用的任何多线样式。

在【多线样式】对话框中，单击【删除】按钮，可从列表中删除当前选定的多线样式。此操作并不会删除 MLN 文件中的样式，不能删除 STANDARD 多线样式、当前多线样式或正在使用的多线样式。

在【多线样式】对话框中，从列表中选定某一多线样式，单击【置为当前】按钮，该样式将成为当前样式。用户只能够使用当前样式来绘制多线。

5.1.4　编辑多线

执行方式

- 下拉菜单：【修改】|【对象】|【多线】
- 命令行：MLEDIT

执行命令后打开【多线编辑工具】对话框，如图 5-9 所示。

图 5-9　【多线编辑工具】对话框

选择十字形 3 个工具中的某工具后，根据命令行提示先后选取两条多线，AutoCAD 总是切断所选的第一条多线。在使用【十字合并】工具时可以生成配对元素的直角，如果没有配对元素，则多线将不被切断。

使用 T 字形工具可以消除相交线；使用【角点结合】工具可以消除多线一侧的延伸线，从而形成直角。

> **注：根据命令行提示先后选取两条多线时，要在想保留的多线某部分上拾取点。**

使用【添加顶点】工具可以为多线增加若干顶点；使用【删除顶点】工具可以从包含 3 个或更多顶点的多线上删除顶点，若当前选取的多线只有两个顶点，那么该工具将无效。

使用剪切工具可以切断多线。其中【单个剪切】工具用于切断多线中一条，只需简单地拾取要切断的多线某一元素（某一条）上的两点，则这两点中的连线即被删去（实际上是不显示）；【全部剪切】工具用于切断整条多线。

使用【全部接合】工具可以重新显示所选两点间的任何切断部分。

【例 5-1】 绘制如图 5-10 所示立交桥通行示意图。图中 A 点坐标（100，100）。

① 执行下拉菜单【格式】|【多线样式】命令，打开【多线样式】对话框；

② 单击【新建】按钮，打开【创建新的多线样式】对话框，在【新样式名】文本框中输入多线样式的名称"例题 5-1"，然后单击【继续】按钮，打开【新建多线样式：例题 5-1】对话框；

③ 参照图 5-10 所示添加线条元素，设置多线样式（注意此时线条元素间的偏移量为 0.5），如图 5-11 所示。

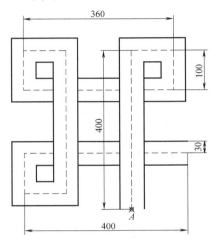

图 5-10　绘制并编辑多线

图 5-11　绘制并编辑多线（一）

④ 单击【确认】按钮，返回到【多线样式】对话框；单击【置为当前】按钮，最后单击【确认】按钮。

⑤ 打开正交功能。

⑥ 启动【多线】命令。

当前设置：对正 = 上，比例 = 20.00，样式 = 例题 5-1

指定起点或［对正(J)/比例(S)/样式(ST)］：‖ 输入 J，确认

输入对正类型［上(T)/无(Z)/下(B)］<下>：‖ 输入 Z，确认

当前设置：对正 = 无，比例 = 20.00，样式 = 例题 5-1

指定起点或［对正(J)/比例(S)/样式(ST)］：‖ 输入 S，确认

输入多线比例 <20.00>：‖ 输入 60，确认

当前设置：对正 = 无，比例 = 60.00，样式 = 例题 5-1

指定起点或［对正(J)/比例(S)/样式(ST)］：‖ 输入起点(100,100)，确认

指定下一点：‖ 向上拖动鼠标，显示预期路径时输入 400，确认

指定下一点：‖ 向右拖动鼠标，显示预期路径时输入 100，确认

指定下一点或［闭合(C)/放弃(U)］：‖ 向下拖动鼠标，显示预期路径时输入 100，确认

指定下一点或［闭合(C)/放弃(U)］：‖ 向左拖动鼠标，显示预期路径时输入 360，确认

指定下一点或［闭合(C)/放弃(U)］：‖ 向上拖动鼠标，显示预期路径时输入 100，确认

指定下一点或［闭合(C)/放弃(U)］：‖ 向右拖动鼠标，显示预期路径时输入 100，确认

指定下一点或[闭合(C)/放弃(U)]：‖向下拖动鼠标,显示预期路径时输入360,确认

指定下一点或[闭合(C)/放弃(U)]：‖向左拖动鼠标,显示预期路径时输入100,确认

指定下一点或[闭合(C)/放弃(U)]：‖向上拖动鼠标,显示预期路径时输入100,确认

指定下一点或[闭合(C)/放弃(U)]：‖向右拖动鼠标,显示预期路径时输入400,确认并结束命令

⑦ 下拉菜单【修改】|【对象】|【多线】,打开【多线编辑工具】对话框,选择"十字闭合",编辑如图 5-12 所示交点。

选择第一条多线：‖将交点 1 处的水平多线作为第一条线（系统会将第一条线打断）

选择第二条多线：‖拾取交点 1 处的垂直多线

选择第一条多线：‖选择交点 2 处的水平多线

选择第二条多线：‖选择交点 2 处的垂直多线

选择第一条多线：‖选择交点 3 处的水平多线

选择第二条多线：‖选择交点 3 处的垂直多线

选择第一条多线：‖选择交点 4 处的水平多线

选择第二条多线：‖选择交点 4 处的垂直多线;结束命令

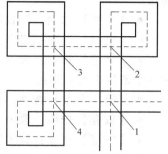

图 5-12 绘制并编辑多线（二）

5.2 多 段 线

多段线是由直线段和圆弧组合而成,甚至线宽也是可变化的。多段线是线段组合体,既可以一起编辑,也可以分开来编辑。多段线弥补了直线或圆弧功能的不足,适合于各种复杂图形的绘制。

5.2.1 绘制多段线

执行方式

• 下拉菜单：【绘图】|【多段线】

• 命 令 行：PLINE

• 功能区/工具栏：

执行命令后命令行显示：

指定起点：‖指定多段线起点

指定下一个点或[圆弧(A)/半宽(H)/长度(L)/放弃(U)/宽度(W)]：

默认情况下,当指定了多段线另一端点的位置后,将从起点到端点绘出一段多段线。此时命令行：

指定下一点或[圆弧(A)/闭合(C)/半宽(H)/长度(L)/放弃(U)/宽度(W)]：

①【圆弧】选项：从绘制直线方式切换到绘制圆弧方式。选择了圆弧绘制方式后,命令行显示如下提示信息：

指定圆弧的端点或[角度(A)/圆心(CE)/闭合(CL)/方向(D)/半宽(H)/直线(L)/半径(R)/第二个点(S)/放弃(U)/宽度(W)]：

•【角度】选项：根据圆弧对应的圆心角绘制圆弧段。在命令行提示下输入圆弧的包含角,圆弧的方向与角度的正负有关,同时也与当前角度的测量方向有关。

- 【圆心】选项：根据圆弧的圆心位置绘制圆弧段。在命令行提示下指定圆弧的圆心，再指定圆弧的端点、包含角或对应弦长中的一个条件来绘制圆弧。
- 【闭合】选项：根据最后点和多段线的起点为圆弧的两个端点，绘制一个圆弧，以封闭多段线。闭合后，将结束多段线绘制命令。
- 【方向】选项：根据起始点处的切线方向绘制圆弧。在命令行提示下确定一点，系统将把圆弧的起点与该点的连线作为圆弧的起点切向，再确定圆弧的另一个端点即可绘制圆弧。
- 【半宽】选项：设置圆弧的起点的半宽度和端点的半宽度。
- 【直线】选项：将多段线命令由绘制圆弧方式切换到绘制直线方式。
- 【半径】选项：根据半径绘制圆弧。输入圆弧的半径，并通过指定端点和包含角中的一个条件来绘制圆弧。
- 【第二个点】选项：根据 3 点来绘制一个圆弧。
- 【放弃】选项：取消上一次绘制的圆弧。
- 【宽度】选项：设置圆弧的起点宽度和端点宽度。

②【闭合】选项：封闭多段线并结束命令。此时，系统将以当前点为起点，以多段线的起点为端点，以当前宽度和绘图方式（直线方式或圆弧方式）绘制一段线段，以封闭该多段线，然后结束命令。

③【半宽】选项：设置多段线的半宽度，即多段线的宽度等于输入值的 2 倍，可以分别指定对象的起点半宽和端点半宽。

④【长度】选项：指定绘制的直线段的长度。此时，AutoCAD 将以该长度沿着上一段直线的方向来绘制直线段。如果前一段线对象是圆弧，则该段直线的方向为上一圆弧端点的切线方向。

⑤【放弃】选项：删除多段线上的上一段直线段或者圆弧段，方便及时修改在绘制多段线过程中出现的错误。

⑥【宽度】选项：设置多段线的宽度，可以分别指定对象的起点和端点宽度。具有宽度的多段线填充与否可以通过【FILL】命令来设置。如果用户将模式设置成"开"时，则绘制的多段线是填充的；如果将模式设置成"关"时，则所绘制的多段线是不填充的。

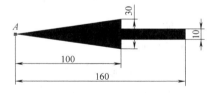

图 5-13　绘制图示图形

【例 5-2】　绘制如图 5-13 所示方向指示箭头。图中 A 点坐标（100，100）。

① 打开正交功能；

② 执行【多段线】命令；

指定起点：‖指定多段线起点 A，输入（100，100）确认

当前线宽为 0.0000

指定下一个点或［圆弧（A）/半宽（H）/长度（L）/放弃（U）/宽度（W）］：‖输入 W，确认

指定起点宽度 <0.0000>：‖输入 0，确认

指定端点宽度 <10.0000>：‖输入 30，确认

指定下一个点或［圆弧（A）/半宽（H）/长度（L）/放弃（U）/宽度（W）］：‖ 向右拖动鼠标，显示如图 5-14 所示正确路径时输入 100，确认；向右拖动鼠标，将显示如图 5-15 所示图形

图 5-14　绘制图示图形（一）　　　　　　图 5-15　绘制图示图形（二）

指定下一点或［圆弧（A）/闭合（C）/半宽（H）/长度（L）/放弃（U）/宽度（W）］：‖ 输入 W，确认

指定起点宽度 <30.0000>：‖ 输入 10，确认

指定端点宽度 <10.0000>：‖ 直接确认

指定下一点或［圆弧（A）/闭合（C）/半宽（H）/长度（L）/放弃（U）/宽度（W）］：‖ 继续向右拖动鼠标，显示正确路径时输入 60，确认并结束命令

5.2.2　编辑多段线

在 AutoCAD 中，用户可以一次编辑一条多段线，也可以同时编辑多条多段线。

执行方式

- 下拉菜单：【修改】|【对象】|【多段线】
- 命令行：PEDIT
- 快捷菜单：选择要编辑的某一条多段线，单击右键，从弹出的快捷菜单上选择【多段线】|【编辑多段线】命令

执行命令后命令行显示：

选择多段线或［多条（M）］：‖ 选择某条多段线；或者输入 M 后选择多条多段线

> 注：执行【PEDIT】命令后，如果选择的对象不是多段线，系统将提示是否将其转换为多段线。

（1）选择一条多段线时命令行

输入选项［闭合（C）/合并（J）/宽度（W）/编辑顶点（E）/拟合（F）/样条曲线（S）/非曲线化（D）/线型生成（L）/反转（R）/放弃（U）］：

①【闭合】选项：封闭所编辑的多段线，即自动以最后一段的绘图模式（直线或者圆弧）连接原多段线的起点和端点。

②【合并】选项：将直线段、圆弧或者多段线连接到指定的非闭合多段线上。如果编辑的是多个多段线，系统将提示用户输入合并多段线的允许距离；如果编辑的是单个多段线，系统将连续选取首尾连接的直线、圆弧或多段线等对象，并将它们连成一条多段线。执行该选项时，要连接的各相邻对象必须在形式上彼此首尾相连。

③【宽度】选项：重新设置所编辑的多段线的宽度。当输入新的线宽值后，所选的多段线均变成该宽度。

④【拟合】选项：采用双圆弧曲线拟合多段线的拐角，如图 5-16 所示。

⑤【样条曲线】选项：用样条曲线拟合多段线，且拟合时以多段线的各顶点作为样条曲

线的控制点，如图 5-17 所示。

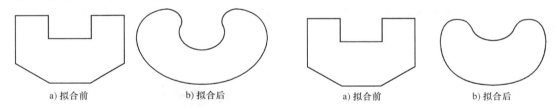

a) 拟合前　　　　　b) 拟合后　　　　　　　　　a) 拟合前　　　　　b) 拟合后

图 5-16　拟合多段线前后对比　　　　图 5-17　用样条曲线拟合多段线前后对比

⑥【非曲线化】选项：删除在执行【拟合】或者【样条曲线】选项操作时插入的额外顶点，并拉直多段线中的所有线段，同时保留多段线顶点的所有切线信息。

⑦【线型生成】选项：设置非连续线型多段线在各顶点处的绘制方式。选择该选项，命令行显示如下信息：

输入多段线线型生成选项［开（ON）/关（OFF）］＜关＞：

当选择"开"时，多段线以全长绘制线型。当选择"关"时，多段线的各个线段独立绘制线型，当长度不足以表达线型时，以连续线代替，如图 5-18 所示。

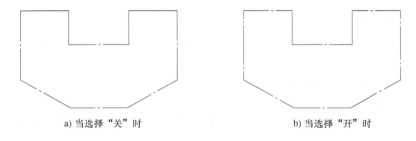

a) 当选择"关"时　　　　　　　　　　　　　b) 当选择"开"时

图 5-18　线型生成开与关的对比

⑧【反转】选项：可反转多段线顶点的顺序，还可以反转使用包含文字线型的对象的方向。例如，根据多段线的创建方向，线型中的文字可能会倒置显示。

⑨【放弃】选项：用于取消编辑命令的上一次操作。

⑩【编辑顶点】选项：编辑多段线的顶点，该选项只能对单个的多段线操作。

在编辑多段线的顶点时，系统将在屏幕上使用小叉"×"标记出多段线的当前编辑点，命令行显示：

输入顶点编辑选项［下一个（N）/上一个（P）/打断（B）/插入（I）/移动（M）/重生成（R）/拉直（S）/切向（T）/宽度（W）/退出（X）］＜N＞：

- 【下一个】选项：将顶点标记移到多段线的下一顶点，即改变当前的编辑顶点。
- 【上一个】选项：将顶点标记移到多段线的前一个顶点。
- 【打断】选项：删除多段线上指定两顶点之间的线段。此时，系统将以当前编辑的顶点作为第一个断点，并显示如下提示信息：

输入选项［下一个（N）/上一个（P）/执行（G）/退出（X）］＜N＞：

其中，【下一个】和【上一个】选项分别使编辑顶点后移或前移，以确定第二个断点。【执行】选项接受第二个断点，将位于第一断点到第二断点之间的多段线删除。【退出】选项则用于退出打断操作，返回到上一级提示。

- 【插入】选项：在当前编辑的顶点后面插入一个新的顶点，此时只需要确定新顶点的位置即可。
- 【移动】选项：将当前的编辑顶点移动到新位置，此时需要指定标记顶点的新位置。
- 【重生成】选项：重新生成多段线，常与【宽度】选项连用。
- 【拉直】选项：拉直多段线中位于指定两个顶点之间的线段。此时，系统将以当前的编辑顶点作为第一个拉直端点，并显示如下提示信息：

输入选项［下一个（N）/上一个（P）/执行（G）/退出（X）］<N>：

其中，【下一个】和【上一个】选项用来选择第二个拉直端点。【执行】选项用于执行对位于两顶点之间的线段的拉直，即这两个顶点之间用一条直线代替。【退出】选项表示退出拉直操作，返回到上一级提示。

- 【切向】选项：改变当前所编辑顶点的切线方向。此时，可以直接输入表示切线方向的角度值：也可以确定一点，之后系统将以多段线上的当前点与该点的连线方向作为切线方向。
- 【宽度】选项：修改多段线中，当前编辑顶点之后的那一条线段的起始宽度和终止宽度。
- 【退出】选项：用于退出编辑顶点操作，返回到上一级提示。

（2）选择多条多段线时命令行显示

输入选项［闭合（C）/打开（O）/合并（J）/宽度（W）/拟合（F）/样条曲线（S）/非曲线化（D）/线型生成（L）/反转（R）/放弃（U）］：

【打开】选项：删除多段线的闭合线段。

5.3　样条曲线

样条曲线是一种通过或接近指定点的拟合曲线，其类型是非均匀关系基本样条曲线（Non-Uniform Rational Basis Splines，NURBS）。这种类型的曲线适宜于表达具有不规则变化曲率半径的曲线，如图 5-19 所示。

5.3.1　绘制样条曲线

执行方式

- 下拉菜单：【绘图】|【样条曲线】|【拟合点】/【控制点】
- 命令行：SPLINE
- 功能区/工具栏：

执行【拟合点】命令后命令行显示：

当前设置：方式＝拟合　节点＝弦

指定第一个点或［方式（M）/节点（K）/对象（O）］：_M

输入样条曲线创建方式［拟合（F）/控制点（CV）］<拟合>：_FIT

当前设置：方式＝拟合　节点＝弦

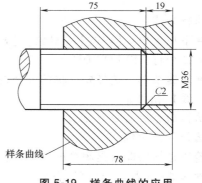

图 5-19　样条曲线的应用

指定第一个点或［方式(M)/节点(K)/对象(O)］：

执行【控制点】命令后命令行显示：

当前设置：方式=拟合　节点=弦

指定第一个点或［方式(M)/节点(K)/对象(O)］：_M

输入样条曲线创建方式［拟合(F)/控制点(CV)］<拟合>：_CV

当前设置：方式=控制点　阶数=3

指定第一个点或［方式(M)/阶数(D)/对象(O)］：

①【方式】选项：有【拟合】和【控制点】两种方式。

②【节点】选项：有【弦】、【平方根】和【统一】三个选项。

③【对象】选项：将二维或三维的二次或三次样条拟合多段线转换成等价的样条曲线并删除多段线（取决于 DELOBJ 系统变量的设置）。

指定样条曲线的起点后，命令行显示：

输入下一个点或［起点切向(T)/公差(L)］：

①【起点切向】选项：指定样条曲线在起点处的切线。

②【公差】选项：可以指定样条曲线偏离拟合点的距离，公差值为 0 时生成的样条曲线直接通过拟合点。

指定样条曲线的第二点后，命令行显示：

输入下一个点或［端点相切(T)/公差(L)/放弃(U)］：

当指定了样条曲线的第三点及更多点后，命令行显示：

输入下一个点或［端点相切(T)/公差(L)/放弃(U)/闭合(C)］：

①【端点切向】选项：指定样条曲线在终点处的切线。

②【放弃】选项：删除最后一个指定点。

③【闭合】选项：用于封闭样条曲线。

5.3.2　编辑样条曲线

执行方式

- 下拉菜单：【修改】|【对象】|【样条曲线】
- 命令行：SPLINEDIT
- 快捷菜单：选择要编辑的样条曲线，单击右键，在弹出的快捷菜单中选择【样条曲线】相关命令

执行命令后命令行显示：

选择样条曲线：

若所选样条曲线是闭合的，命令行显示：

输入选项［打开(O)/拟合数据(F)/编辑顶点(E)/转换为多段线(P)/反转(R)/放弃(U)/退出(X)］<退出>：

若所选样条曲线是开放的，则命令行显示：

输入选项［闭合(C)/合并(J)/拟合数据(F)/编辑顶点(E)/转换为多段线(P)/反转(R)/放弃(U)/退出(X)］<退出>：

①【打开】选项：通过删除最初创建样条曲线时指定的第一个和最后一个点之间的最终曲线段打开闭合的样条曲线。

②【闭合】选项：通过定义与第一个点重合的最后一个点，闭合开放的样条曲线。

③【合并】选项：将选定的样条曲线与其他样条曲线、直线、多段线和圆弧在重合端点处合并，以形成一个较大的样条曲线。

④【拟合数据】选项，命令行显示：

输入拟合数据选项［添加（A）/打开（O）/删除（D）/扭折（K）/移动（M）/清理（P）/切线（T）/公差（L）/退出（X）］<退出>：

- 【添加】选项：为样条曲线添加新的拟合点。
- 【删除】选项：从样条曲线中删除选定的拟合点。
- 【扭折】选项：在样条曲线的指定位置上添加节点和拟合点，这将不会保持在该点的相切或曲率连续性。
- 【移动】选项：将拟合点移动到新的指定位置。命令行显示：

指定新位置或［下一个（N）/上一个（P）/选择点（S）/退出（X）］<下一个>：

其中，【下一个】和【上一个】选项用于选择当前拟合点的下一个或者前一个拟合点作为新的当前点；【选择点】选项允许用户选择任意一个拟合点作为当前点；【退出】选项用于退出此操作，返回到上一级提示。

- 【清理】选项：使用控制点替换样条曲线的拟合数据。
- 【切线】选项：用于修改样条曲线在起点和端点的切线方向。命令行显示：

指定起点切向或［系统默认值（S）］：

【起点切向】选项适用于闭合的样条曲线，在闭合点处指定新的切线方向。【系统默认值】选项，系统会计算默认端点切线。

- 【公差】选项：使用新的公差值将样条曲线重新拟合至现有的拟合点。
- 【退出】选项：用于退出当前操作，返回到上一级提示。

⑤【编辑顶点】选项：用于编辑控制列表框数据，命令行显示：

输入顶点编辑选项［添加（A）/删除（D）/提高阶数（E）/移动（M）/权值（W）/退出（X）］<退出>：

- 【添加】选项：在位于两个现有的控制点之间的指定点处添加一个新控制点。
- 【删除】选项：删除选定的控制点。
- 【提高阶数】选项：增大样条曲线的多项式阶数，最大值为 26，这将增加整个样条曲线的控制点的数量。
- 【移动】选项：重新定位选定的控制点。
- 【权值】选项：更改指定控制点的权值。权值越大，样条曲线越接近控制点。
- 【退出】选项：用于退出当前的操作，返回到上一级提示。

⑥【转换为多段线】选项：将样条曲线转换为多段线。

⑦【反转】选项：反转样条曲线的方向。

⑧【放弃】选项：用于取消上一次的修改操作。

5.4　实　　例

绘制如图 5-20 所示齿轮泵主动齿轮轴零件图。

（1）创建图层，如图 5-21 所示

（2）绘制如图 5-22 所示中心线

①将"中心线"层置为当前层。

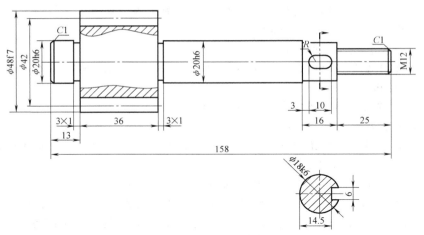

图 5-20　主动齿轮轴零件图

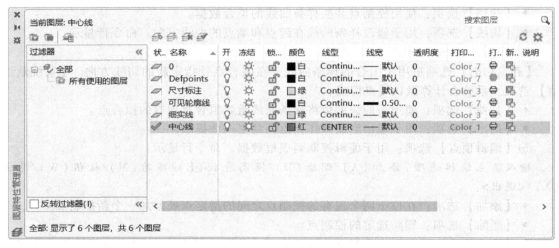

图 5-21　创建图层

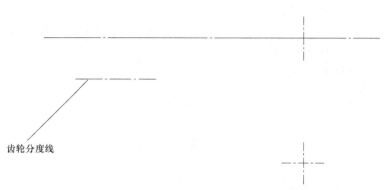

图 5-22　绘制中心线（一）

② 打开正交功能；

③ 执行【直线】命令；

指定第一个点：‖输入起点坐标(100,100)，确认

指定下一点或[放弃(U)]：‖向右拖动鼠标，显示预期路径时输入 168，确认并结束命令

④ 打开【对象捕捉】下拉列表选择"端点"和"交点"；打开对象捕捉和对象追踪功能。

⑤ 执行【直线】命令；

指定第一个点：‖追踪刚绘制的中心线右端点，向左拖动鼠标，显示预期水平向左路径时输入 38，确认

指定下一点或[放弃(U)]：‖向上拖动鼠标，显示预期路径时输入 11，确认并结束命令

⑥ 执行【直线】命令；

指定第一个点：‖抓取刚绘制的中心线下端点

指定下一点或[放弃(U)]：‖向下拖动鼠标，显示预期路径时输入 11，确认并结束命令

至此绘制出如图 5-23 所示图线。

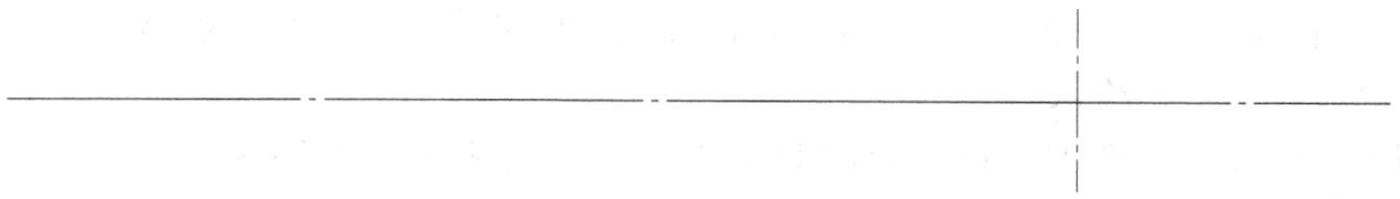

图 5-23　绘制中心线（二）

⑦ 执行【直线】命令；

指定第一个点：‖追踪刚绘制的垂直中心线下端点，向下拖动鼠标，显示预期垂直向下路径时输入 45，确认

指定下一点或[放弃(U)]：‖向下拖动鼠标，显示预期垂直向下路径时输入 22，确认并结束命令

⑧ 打开【对象捕捉】下拉列表选择"中点"，打开对象捕捉和对象追踪功能。

⑨ 执行【直线】命令；

指定第一个点：‖追踪刚绘制的下方垂直中心线中点，向左拖动鼠标，显示预期水平向左路径时输入 11，确认

指定下一点或[放弃(U)]：‖向右拖动鼠标，显示预期水平向右路径时输入 22，确认并结束命令

至此绘制出如图 5-24 所示图线。

⑩ 执行【直线】命令。

指定第一个点：‖按住<Shift>键的同时单击鼠标右键，在弹出的快捷菜单中选择"自"

指定第一个点：_from 基点：‖抓取绘制的第一条中心线左端点

指定第一个点：_from 基点：<偏移>：‖输入@16,21，确认

图 5-24　绘制中心线（三）

指定下一点或[放弃(U)]：‖向右拖动鼠标，显示预期水平向右路径时输入 40，确认并结束命令。

⑪ 执行【直线】命令。

指定第一个点：‖ 按住<Shift>键的同时单击鼠标右键，在弹出的快捷菜单中选择"自"

指定第一个点：_ from 基点：‖ 抓取刚绘制的中心线左端点

指定第一个点：_ from 基点：<偏移>：‖ 输入@0，-42，确认

指定下一点或［放弃（U）］：‖ 向右拖动鼠标，显示预期水平向右路径时输入40，确认并结束命令

至此绘制出如图5-22所示中心线。

（3）绘制可见轮廓线

① 将"可见轮廓线"层置为当前层。

② 执行【矩形】命令；

指定第一个角点或［倒角（C）/标高（E）/圆角（F）/厚度（T）/宽度（W）］：‖ 按住<Shift>键的同时单击鼠标右键,在弹出的快捷菜单中选择"自"；抓取如图5-22所示齿轮分度线左端点

指定第一个角点或［倒角（C）/标高（E）/圆角（F）/厚度（T）/宽度（W）］：_from 基点：<偏移>：‖ 输入 @2,-3 确认

指定另一个角点或［面积（A）/尺寸（D）/旋转（R）］：‖ 输入@36,48 确认并结束命令

③ 执行【直线】命令；

指定第一个点：‖ 追踪刚绘制的矩形左上角点,向下拖动鼠标,当显示预期垂直向下路径时输入 6.75,确认

指定下一点或［放弃（U）］：‖ 向右拖动鼠标,显示预期水平向右路径时输入 36,确认并结束命令

④ 执行【直线】命令；

指定第一个点：‖ 追踪矩形左下角点,向上拖动鼠标,当显示预期垂直向上路径时输入 6.75,确认

指定下一点或［放弃（U）］：‖ 向右拖动鼠标,显示预期水平向右路径时输入 36,确认并结束命令

⑤ 执行【矩形】命令；

指定第一个角点或［倒角（C）/标高（E）/圆角（F）/厚度（T）/宽度（W）］：‖ 按住<Shift>键的同时单击鼠标右键,在弹出的快捷菜单中选择"自"；抓取如图5-22所示最长中心线左端点

指定第一个角点或［倒角（C）/标高（E）/圆角（F）/厚度（T）/宽度（W）］：_from 基点：<偏移>：‖ 输入@5,-10 确认

指定另一个角点或［面积（A）/尺寸（D）/旋转（R）］：‖ 输入@10,20 确认并结束命令

⑥ 执行【矩形】命令；

指定第一个角点或［倒角（C）/标高（E）/圆角（F）/厚度（T）/宽度（W）］：‖ 按住<Shift>键的同时单击鼠标右键,在弹出的快捷菜单中选择"自"；抓取如图5-22所示最长中心线左端点

指定第一个角点或［倒角（C）/标高（E）/圆角（F）/厚度（T）/宽度（W）］：_from 基点：<偏移>：‖ 输入@57,-10 确认

指定另一个角点或［面积（A）/尺寸（D）/旋转（R）］：‖ 输入@65,20 确认并结束命令

此时将绘制出如图5-25所示图形。

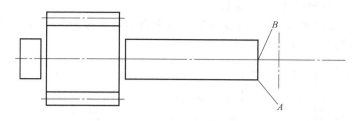

图 5-25 绘制可见轮廓线（一）

⑦ 执行【矩形】命令；

指定第一个角点或 [倒角（C）/标高（E）/圆角（F）/厚度（T）/宽度（W）]：‖ 按住 <Shift> 键的同时单击鼠标右键，在弹出的快捷菜单中选择"自"；抓取如图 5-25 所示 A 点

指定第一个角点或 [倒角（C）/标高（E）/圆角（F）/厚度（T）/宽度（W）]：_from 基点：< 偏移 >：‖ 输入 @16,4 确认

指定另一个角点或 [面积（A）/尺寸（D）/旋转（R）]：‖ 输入 @25,12 确认并结束命令

⑧ 新建多线样式，如图 5-26 所示，并将该样式置为当前。

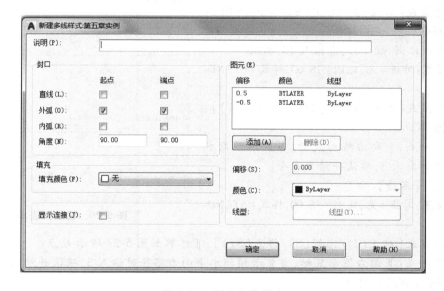

图 5-26 新建多线样式

⑨ 执行【多线】命令；

当前设置：对正 = 上，比例 = 20.00，样式 = 第 5 章实例

指定起点或 [对正（J）/比例（S）/样式（ST）]：‖ 输入 j，确认

输入对正类型 [上（T）/无（Z）/下（B）] < 上 >：‖ 输入 z，确认

当前设置：对正 = 无，比例 = 20.00，样式 = 第 5 章实例

指定起点或 [对正（J）/比例（S）/样式（ST）]：‖ 输入 s，确认

输入多线比例 <20.00>：‖ 输入 6，确认

当前设置：对正 = 无，比例 = 6.00，样式 = 第 5 章实例

指定起点或 [对正（J）/比例（S）/样式（ST）]：‖ 追踪如图 5-25 所示 B 点，向右拖动鼠标，

当显示预期水平向右路径时输入 6,确认

指定下一点: ‖ 向右拖动鼠标,当显示预期水平向右路径时输入 4,确认并结束命令
此时将绘制出如图 5-27 所示图形。

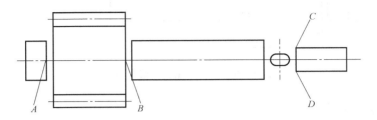

图 5-27   绘制可见轮廓线（二）

⑩ 切换多线样式,并将"STANNARD"置为当前,如图 5-28 所示。

⑪ 执行【多线】命令;

当前设置:对正＝无 ,比例＝6.00,样式＝STAND-ARD

指定起点或[对正（J）/比例（S）/样式（ST）]:
‖ 输入 s,确认

输入多线比例 <6.00>: ‖ 输入 18,确认

当前设置:对正＝无,比例＝18.00,样式＝STAND-ARD

指定起点或[对正（J）/比例（S）/样式（ST）]:
‖ 抓取如图 5-27 所示 A 点

指定下一点: ‖ 向右拖动鼠标,当显示预期水平向右路径时输入 3,确认并结束命令

⑫ 执行【多线】命令;

当前设置:对正＝无,比例＝18.00,样式＝STAND-ARD

图 5-28   切换多线样式

指定起点或[对正（J）/比例（S）/样式（ST）]: ‖ 抓取如图 5-27 所示 B 点

指定下一点: ‖ 向右拖动鼠标,当显示预期水平向右路径时输入 3,确认并结束命令

⑬ 执行【直线】命令;

指定第一个点: ‖ 抓取如图 5-27 所示 C 点

指定下一点或[放弃（U）]: ‖ 向上拖动鼠标,显示预期垂直向上路径时输入 3,确认

指定下一点或[闭合（C）/放弃（U）]: ‖ 输入@ -16,0 确认并结束命令

⑭ 执行【直线】命令

指定第一个点: ‖ 抓取如图 5-27 所示 D 点

指定下一点或[放弃（U）]: ‖ 向下拖动鼠标,显示预期垂直向下路径时输入 3,确认

指定下一点或[闭合（C）/放弃（U）]: ‖ 输入@ -16,0 确认并结束命令

⑮ 执行【倒角】命令;

绘制轴两端倒角,具体操作参看第 7 章【倒角】命令。

此时将绘制出如图 5-29 所示图形。

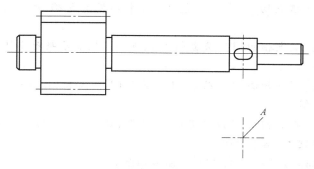

图 5-29 绘制可见轮廓线（三）

⑯ 执行【圆心】｜【直径】命令；

指定圆的圆心或［三点（3P）/两点（2P）/切点、切点、半径（T）］:‖抓取如图 5-29 所示交点 A 点

指定圆的半径或［直径（D）］:_d 指定圆的直径:‖输入 18 确认并结束命令

⑰ 执行【直线】命令；

指定第一个点:‖按住<Shift>键的同时单击鼠标右键，在弹出的快捷菜单中选择"自"

指定第一个点:_from 基点:‖抓取如图 5-29 所示交点 A 点

指定第一个点:_from 基点:<偏移>:‖输入@5.5,-3,确认

指定下一点或［放弃（U）］:‖向上拖动鼠标，显示预期垂直向上路径时输入 6,确认

指定下一点或［放弃（U）］:‖向右拖动鼠标，显示预期水平向右路径并已超出圆轮廓线时单击鼠标左键并确认结束命令

此时将绘制出如图 5-30 所示图形。

⑱ 执行【直线】命令；

指定第一个点:‖抓取如图 5-30 所示 A 点

指定下一点或［放弃（U）］:‖向右拖动鼠标，显示预期水平向右路径并已超出圆轮廓线时单击鼠标左键并确认结束命令

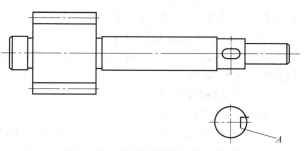

图 5-30 绘制可见轮廓线（四）

⑲ 执行【修剪】命令；

参照图 5-20 所示，将断面图中多余图线修剪，具体操作参看第 7 章【修剪】命令。

（4）绘制齿轮轮齿部分局部剖

① 将"细实线"层置为当前层，关闭正交功能。

② 执行【样条曲线】命令；

当前设置:方式=拟合 节点=弦

指定第一个点或［方式（M）/节点（K）/对象（O）］:_M

输入样条曲线创建方式［拟合（F）/控制点（CV）］<拟合>:_FIT

当前设置:方式=拟合 节点=弦

指定第一个点或［方式（M）/节点（K）/对象（O）］:‖参照图 5-20 所示,在合适位置单击

鼠标左键

输入下一个点或[起点切向（T）/公差（L）]：‖参照图 5-20 所示，在合适位置单击鼠标左键

输入下一个点或[端点相切（T）/公差（L）/放弃（U）]：‖参照图 5-20 所示，在合适位置单击鼠标左键

输入下一个点或[端点相切（T）/公差（L）/放弃（U）/闭合（C）]：‖参照图 5-20 所示，在合适位置单击鼠标左键

输入下一个点或[端点相切（T）/公差（L）/放弃（U）/闭合（C）]：‖参照图 5-20 所示，在合适位置单击鼠标左键，并结束命令

③ 启动【样条曲线】命令，绘制另一条波浪线；

当前设置：方式＝拟合　节点＝弦

指定第一个点或[方式（M）/节点（K）/对象（O）]：_M

输入样条曲线创建方式[拟合（F）/控制点（CV）]＜拟合＞：_FIT

当前设置：方式＝拟合　节点＝弦

指定第一个点或[方式（M）/节点（K）/对象（O）]：‖参照图 5-20 所示，在合适位置单击鼠标左键

输入下一个点或[起点切向（T）/公差（L）]：‖参照图 5-20 所示，在合适位置单击鼠标左键

输入下一个点或[端点相切（T）/公差（L）/放弃（U）]：‖参照图 5-20 所示，在合适位置单击鼠标左键

输入下一个点或[端点相切（T）/公差（L）/放弃（U）/闭合（C）]：‖参照图 5-20 所示，在合适位置单击鼠标左键

输入下一个点或[端点相切（T）/公差（L）/放弃（U）/闭合（C）]：‖参照图 5-20 所示，在合适位置单击鼠标左键，并结束命令

④ 执行【图案填充】命令；

参照图 5-20 所示，在局部剖及移出断面图位置填充剖面线，具体操作参看第 6 章【图案填充】命令。

（5）绘制螺纹小径

启动"多线"命令；

当前设置：对正＝无，比例＝18.00，样式＝STANDARD

指定起点或[对正（J）/比例（S）/样式（ST）]：‖输入 s，确认

输入多线比例＜18.00＞：‖输入 10.2，确认

当前设置：对正＝无，比例＝10.20，样式＝STANDARD

指定起点或[对正（J）/比例（S）/样式（ST）]：‖抓取如图 5-27 所示 CD 中点

指定下一点：‖向右拖动鼠标，当显示预期水平向右路径时输入 25，确认并结束命令。

5.5　本章小结

本章介绍了多段线、样条曲线及多线的绘制与编辑，难点多集中在编辑命令上。绘制及编辑过程中，遵照命令行的提示顺序进行，并留意操作要点，例如，多线编辑时，系统会将第一条线打断，拾取对象时用拾取框在想保留的多线部分单击选取等。

习　题

1. 绘制如图 5-31 所示带有宽度的多段线。

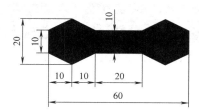

图 5-31　绘制带有宽度的多段线

2. 绘制并编辑如图 5-32 所示多线。

3. 绘制如图 5-33 所示图形。

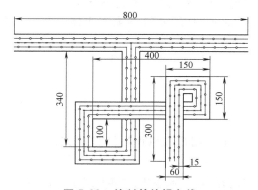

图 5-32　绘制并编辑多线

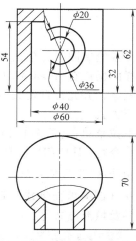

图 5-33　主、俯两视图

第 6 章

图案填充与创建面域

在绘制平面图形的过程中，图案填充和面域命令是除绘图命令外的常用命令，下面就将这两个命令的相关内容做详细介绍。

6.1 图 案 填 充

选择或绘制图案并依次填充图形中的特定封闭区域，从而表达该区域的材质及结构特征，这样的操作在 AutoCAD 中称为图案填充。AutoCAD 通常有图案、实体、渐变三种类型的填充图案，并允许自定义填充图案。

执行方式

- 下拉菜单：【绘图】|【图案填充】
- 命令行：HATCH（BHATCH）
- 功能区/工具栏：▨

打开【图案填充创建】选项卡，如图 6-1 所示。用户可以设置图案填充时的图案特性、填充边界及填充方式等。

图 6-1 【图案填充创建】选项卡

6.1.1 使用【图案填充创建】选项卡创建【图案】填充

打开【图案填充创建】选项卡后，可根据绘图需要，设置相关参数，完成图案填充操作。【图案填充创建】选项卡上各面板的功能介绍如下。

1. 【边界】面板

图案填充需要指定填充图案的边界，作为边界的对象在当前屏幕上必须全部可见。直线、构造线、单向射线、多段线、样条曲线、圆、圆弧、椭圆、椭圆弧、面域等对象，或者是用这些对象定义的块可以作为填充边界。【边界】面板如图 6-2 所示。

图 6-2 【边界】面板

①【拾取点】按钮：通过选择由一个或多个对象形成的封闭区域内的点，确定图案填充边界。单击该按钮，命令行显示：

拾取内部点或［选择对象(S)放弃(U)设置(T)］：‖ 在要进行图案填充的区域内单击；按<Enter>键结束边界选择

选择【设置】选项可以打开【图案填充和渐变色】对话框，进行图案填充设置。如图6-3所示的对话框的功能将在图案填充编辑命令中介绍（见6.1.3节）。

图 6-3　【图案填充和渐变色】对话框

②【选择】按钮：将构成封闭区域的选定对象作为图案填充边界。单击该按钮，命令行显示：

选择对象或［拾取内部点(K)放弃(U)设置(T)］：‖ 选择需要进行图案填充的区域的边界对象

③【删除】按钮：从边界定义中删除之前添加的任何对象。只有用【选择】按钮定义了填充边界，该按钮才能亮显。

④【重新创建】按钮：围绕选定的图案填充或填充对象创建多段线或面域。只有选择已删除边界的图案填充后，该按钮才能亮显。

⑤【显示边界对象】按钮：将选定的关联图案填充对象边界显示为被选中状态。【重新创建】按钮处于活动状态时，该按钮才能亮显。

⑥【使用当前视口】按钮：当前视口内的所有封闭对象都可作为填充边界，实际填充边界的选择通过单击【拾取点】按钮来确定。

⑦【保留边界对象】下拉列表框：指定如何处理图案填充的边界对象。

● 【不保留边界】选项：不为图案填充对象创建新的边界。

- 【保留边界-多段线】选项：创建与图案填充对象的边界重合的多段线。
- 【保留边界-面域】选项：创建封闭图案填充对象的面域对象。

2.【图案】面板

显示所有预定义和自定义图案的预览图形。展开下拉列表，选择填充图案的类型，如图 6-4 所示。单击右下角的展开按钮 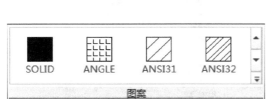，可显示更多的预览图案。

3.【特性】面板

【特性】面板定义了图案填充的特性。应用该面板可以设置填充方式、角度、比例等内容。【特性】面板如图 6-5 所示。

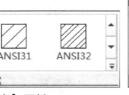

图 6-4　【图案】面板　　　　　　　图 6-5　【特性】面板

①【图案填充类型】下拉列表框：指定是创建实体、渐变色、图案等预定义的填充图案还是创建用户自定义的填充图案。

②【图案填充颜色或渐变色 1】下拉列表框：用指定的颜色替代实体填充和图案填充的当前颜色，或指定两种渐变色中的第一种颜色。

③【背景色或渐变色 2】下拉列表框：用于指定填充图案的背景颜色，或指定两种渐变色中的第二种颜色。"图案填充类型"设定为"实体"时，该列表框不可用。

④【图案填充透明度】下拉列表框：设定图案填充的透明度。

- 【使用当前值】选项：使用当前对象的透明度值。
- 【Bylayer 透明度】选项：使用当前图层的透明度值。
- 【Byblock 透明度】选项：使用当前插入的块对象的透明度值。
- 【透明度值】选项：拖动滑块设置透明度值，其后面的文本框相应地改变数值；同样，在文本框内输入透明度的值，滑块处相应地改变位置。

当直接在文本框内输入透明度值时，无论选择【使用当前值】选项、【Bylayer 透明度】选项还是【Byblock 透明度】选项，【图案填充透明度】的图标均更新为【透明度值】选项图标。

⑤【角度】滑块：用于设置填充图案的旋转角度，默认旋转角度均为零；拖动滑块时其后面的文本框相应的显示当前角度值。反之，改变文本框中的角度值，滑块相应的改变位置。对金属材质来说，国家标准规定金属材料的剖面线需与主要轮廓线成 45°角，如图 6-6 所示。

⑥【填充图案比例】文本框：用于设置预定义或用户定义填充图案的比例。默认比例为 1，用户可根据需要调整剖面线的疏密，如图 6-7 所示。

若在【图案填充类型】下拉列表框中选择【实体】和【渐变色】选项时，则该文本框不可用。

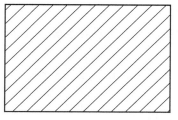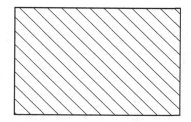

a) 填充角度 0°　　　　　　　　　　b) 填充角度 90°

图 6-6　填充角度

⑦【图案填充图层替代】下拉列表框 ：为当前的图案填充选择图层。选择【使用当前项】选项，即使用当前图层。

⑧【相对于图纸空间】按钮 ：在布局窗口改变图案填充的比例。此选项仅在布局窗口中可用。

⑨【双】按钮 ：设置用于图案填充的图案为交叉线。在【图案填充】选项卡上将"类型"设置为"用户定义"时，此选项才可用。此时将绘制第二组直线，这些直线与原来的直线成 90°角，从而构成交叉线。

⑩【ISO 笔宽】下拉列表框：根据选定的笔宽值改变 ISO 图案的疏密程度。当图案填充的图案采用 ISO 图案时，该选项才可用。

4.【原点】面板

用于控制图案填充生成的起始位置。在默认情况下，所有图案填充的原点都对应于当前的 UCS 原点。【原点】面板如图 6-8 所示。

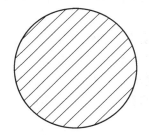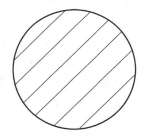

a) 填充比例值为"1"　　　　b) 填充比例值为"3"

图 6-7　填充比例　　　　　　　　　**图 6-8　【原点】面板**

①【设定原点】按钮 ：指定图案填充的原点位置，对于金属材质的剖面符号——剖面线，就是画线的起始位置。

②【左下】按钮 ：将图案填充原点设定在图案填充边界的左下角。

③【右下】按钮 ：将图案填充原点设定在图案填充边界的右下角。

④【左上】按钮 ：将图案填充原点设定在图案填充边界的左上角。

⑤【右上】按钮 ：将图案填充原点设定在图案填充边界的右上角。

⑥【中心】按钮 ：将图案填充原点设定在图案填充边界对象的几何中心。

⑦【使用当前原点】按钮 ：将图案填充原点设定在系统变量（HPORIGIN）中存储

的默认位置。

⑧【存储为默认原点】按钮：将新图案填充原点的值存储在系统变量（HPORIGIN）中。

5. 【选项】面板

设置图案填充的关联性、允许忽略的填充边界间隙、孤岛检测等项目，【选项】面板如图 6-9 所示。

图 6-9　【选项】面板

单击【选项】面板右下角【图案填充设置】按钮 ，可以打开图 6-3 所示【图案填充和渐变色】对话框。

①【关联】按钮：设置图案填充的关联性。关联的图案填充对象会随着其边界的改变而改变。

②【注释性】按钮：指定图案填充为注释性。此特性会自动完成图案填充的缩放过程，从而使图案填充以合适的大小在图纸上打印或显示。

③【特性匹配】下拉列表：新图案填充对象继承了所选图案填充对象的特性。

- 【使用当前原点】按钮：使用被继承图案填充对象的特性作为新图案填充的特性，图案填充的原点除外。

- 【使用源图案填充的原点】按钮：使用被继承图案填充对象的特性作为新图案填充的特性，包括图案填充的原点。

④【允许的间隙】滑块：设定用作图案填充边界的对象可以被忽略的最大间隙。默认值为 0，即指定要填充的边界对象必须是封闭区域。移动滑块或输入数值（0～5000），设定要填充的边界对象允许存在的最大间隙。任何小于或等于指定值的间隙都将被忽略，即视该边界为封闭对象。

⑤【创建独立的图案填充】按钮：为选择的多个独立闭合边界分别创建图案填充对象。

⑥【孤岛检测】下拉列表：指定填充时是否检测内部孤岛。在进行【图案填充】时，AutoCAD 把内部闭合边界称为孤岛，如图 6-10 所示。执行【图案填充】命令时，如果以拾取点的方式选择填充区域，在确定边界的同时也确定了该边界内的孤岛；如果以选择对象的方式确定填充边界，则必须拾取这些孤岛。

- 【普通孤岛检测】按钮：从外部边界向内填充。如果遇到内部孤岛，停止填充，直到遇到孤岛中的另一个孤岛继续填充，也就是遇到孤岛时隔层填充，填充效果如图 6-10b 所示。

- 【外部孤岛检测】按钮：从外部边界向内填充。此选项仅填充指定的区域，遇到孤岛停止填充，填充效果如图 6-10c 所示。

- 【忽略孤岛检测】按钮：忽略内部孤岛形成的边界，即图案填充时将通过这些对象，填充效果如图 6-10d 所示。

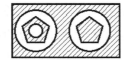

a) 未填充　　　　b) 普通孤岛检测　　　　c) 外部孤岛检测　　　　d) 忽略孤岛检测

图 6-10　孤岛的三种填充效果

　　在普通孤岛检测和外部孤岛检测方式下，利用【选择】按钮方式拾取填充边界时，如果填充边界内有诸如文字、属性这样的特殊对象，要想使这些对象更加清晰，也要选择它们，否则将以忽略孤岛检测方式填充，如图 6-11 所示。

a) 未填充　　　　　　　　　　b) 选择填充边界时　　　　　　　　c) 选择填充边界时
　　　　　　　　　　　　　　　选择了文字　　　　　　　　　　　　未选择文字

图 6-11　包含特殊对象的图案填充

　　⑦【绘图次序】下拉列表框：为图案填充指定绘图次序。图案填充可以放置在其他对象之后或之前；也可以放置在图案填充边界之后或边界之前，如图 6-12 所示。

a) 未填充　　　　　　　　　b) 置于边界之后　　　　　　　　c) 置于边界之前

图 6-12　不同绘图次序的效果对比

- 【不指定】按钮：图案填充使用默认绘图次序。
- 【后置】按钮：将图案填充置于其他对象之后。
- 【前置】按钮：将图案填充置于其他对象之前。
- 【置于边界之后】按钮：将图案填充置于图案填充边界之后。
- 【置于边界之前】按钮：将图案填充置于图案填充边界之前。

　　6.【关闭】面板

　　【关闭】按钮：关闭【图案填充创建】选项卡，退出【HATCH】命令，如图 6-13 所示。也可以按 <Enter> 键或 <Esc> 键退出图案填充。

图 6-13　【关闭】面板

6.1.2　使用【图案填充创建】选项卡创建【渐变色】填充

　　执行方式
- 下拉菜单：【绘图】|【渐变色】
- 命令行：HATCH（BHATCH）
- 功能区/工具栏：

　　在【图案填充创建】选项卡的【特性】面板上，打开【图案填充类型】下拉列表框，选择"渐变色"，打开【渐变色】填充类型选项卡，进行渐变色填充设置，如图 6-14 所示。

图 6-14　【渐变色】填充类型选项卡

单击【选项】面板右下角【图案填充设置】按钮 ↘，可以打开【图案填充和渐变色】对话框，如图 6-15 所示。

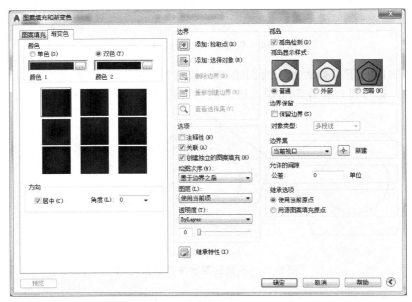

图 6-15　【图案填充和渐变色】对话框

在打开的【图案填充创建】选项卡上，用于设置【渐变色】填充的各面板按钮的功能，与相同面板上，用于设置【图案】填充的按钮功能基本相同，仅【特性】面板上的【渐变色】按钮、【渐变明暗】按钮和【原点】面板上的【居中】按钮有区别，具体功能介绍如下：

① 【特性】面板【渐变色】按钮：启用或禁用第二种渐变色填充。启用该选项后，可单击其后的文本框，选择双色渐变填充的第二种颜色。

② 【特性】面板【渐变明暗】按钮：启用或禁用单色渐变明暗设置。启用该选项后，可拖动其后的滑块，设置单色渐变填充的明暗。

【渐变色】按钮和【渐变明暗】按钮相互禁用，即启用【渐变色】选项的同时就禁用了【渐变明暗】选项，反之启用【渐变明暗】选项便禁用了【渐变色】选项。

③ 【原点】面板【居中】按钮：设置相对于要填充区域的对称渐变，对称面过图形的中心点。如图 6-16 所示，其余方式的原点设置按钮被禁用。

图 6-16　【原点】面板

6.1.3　编辑图案填充

执行方式

- 下拉菜单：【修改】|【对象】|【图案填充】
- 命令行：HATCHEDIT
- 功能区/工具栏：

命令行显示：

选择图案填充对象：‖选择要进行修改的图案填充

执行上述操作后，将打开【图案填充编辑】对话框，如图 6-17 所示。该对话框与图 6-3【图案填充和渐变色】对话框的内容相同，是 AutoCAD 低版本中【图案填充】设置的操作界面，各选项的具体功能介绍如下：

图 6-17　【图案填充编辑】对话框

1. 【类型和图案】选项组

用于设置图案填充的类型、角度、比例等内容。

① 【类型】下拉列表框：用于设置填充的图案类型。包括【预定义】【用户定义】和【自定义】选项，其中【预定义】选项是使用 AutoCAD 提供的图案；【用户定义】选项则需要用户临时定义图案；【自定义】选项则可以使用事先设定好的图案。

② 【图案】下拉列表框：用于设置填充的图案，在【类型】下拉列表框中选择【预定

义】选项，则该下拉列表框可用。根据图案名从该下拉列表框中选择图案，或单击其后的【预览】按钮，打开【填充图案选项板】对话框，如图 6-18 所示，选择所需填充图案。

③【颜色】下拉列表框：用指定的颜色替代填充图案的当前颜色。

④【样例】预览窗口：显示当前选中的图案预览。

⑤【自定义图案】下拉列表框：采用【自定义】类型时该选项可用。

2. 【角度和比例】选项组

①【角度】下拉列表框：用于设置填充图案的旋转角度，默认旋转角度均为零。

②【比例】下拉列表框：用于设置图案填充时的比例值。默认比例为 1，可以根据需要改变比例值，调整图案的疏密程度，比例越大越稀疏。当在【类型】下拉列表框中选择【用户定义】选项时，该选项不可用。

③【双向】复选框：用于构成交叉线。仅在【类型】下拉列表框中选择【用户定义】选项时，该复选框可用。

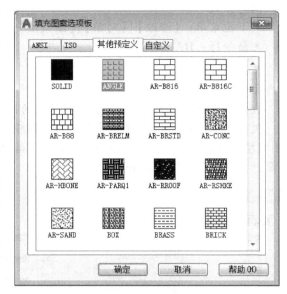

图 6-18 【填充图案选项板】对话框

④【相对图纸空间】复选框：用于改变布局窗口的图案填充比例。

⑤【间距】文本框：用于设置填充平行线之间的距离。仅在【类型】下拉列表框中选择【用户定义】选项时，该文本框可用。

⑥【ISO 笔宽】下拉列表框：根据设定的笔宽值改变 ISO 图案的疏密程度。仅当填充图案采用 ISO 图案时，该选项可用。

3. 【图案填充原点】选项组

用于控制填充图案生成的起始位置，所有图案填充原点在默认情况下都对应于当前的 UCS 原点。也可以根据需要设置图案填充的起始位置与图案填充边界上的某一点对齐。

①【使用当前原点】单选按钮：设定图案填充的原点位置与存储在系统变量（HPORIGIN）中的数值相同。

②【指定的原点】单选按钮：指定图案填充新的原点位置。

● 【单击以设置新原点】按钮：直接指定图案填充新的原点位置。

● 【默认为边界范围】复选框：基于图案填充的边界范围计算出新原点位置，并将其存储在（HPORIGINMODE）系统变量中。

➢【左下】：将图案填充新原点的位置设定在填充边界的左下角。

➢【右下】：将图案填充新原点的位置设定在填充边界的右下角。

➢【右上】：将图案填充新原点的位置设定在填充边界的右上角。

➢【左上】：将图案填充新原点的位置设定在填充边界的左上角。

➢【正中】：将图案填充新原点的位置设定在填充边界的几何中心。

● 【存储为默认原点】复选框：将图案填充新原点的位置存储于系统变量

（HPORIGIN）中。

4．【边界】选项组

边界是图案填充的范围，作为边界的对象在当前屏幕上必须全部可见。直线、构造线、单向射线、多段线、样条曲线、圆、圆弧、椭圆、椭圆弧、面域等对象或用这些对象定义的块可以作为图案填充的边界。

①【添加：拾取点】按钮![]：将围绕指定点的封闭区域设定为填充范围。

②【添加：拾取对象】按钮![]：将构成封闭区域的选定对象设定为填充边界。

③【删除边界】按钮![]：从边界定义中删除已添加的对象。

④【重新创建边界】按钮![]：围绕选定的图案填充创建多段线或面域类型的边界。

⑤【查看选择集】按钮![]：暂时关闭对话框，并显示当前的图案填充的边界。如果未定义边界，则此选项不可用。

5．【孤岛】选项组

在进行图案填充时，AutoCAD 把填充区域内部闭合的边界称为"孤岛"，如图 6-10 所示。在执行图案填充操作时，如果以"拾取点"的方式确定填充范围，即在需要填充的区域内单击鼠标左键，AutoCAD 会自动确定出填充边界及该边界内的孤岛。如果以"选择对象"的方式确定填充的边界，则必须明确拾取这些孤岛，否则系统将忽略孤岛的存在。

①【孤岛检测】复选框：控制是否检测内部孤岛；勾选该复选框后，【孤岛显示样式】可用。

②【孤岛显示样式】：用于设置孤岛的填充方式，包括普通、外部和忽略三种方式，填充效果如图 6-10 所示。

普通：从外部边界向内填充，遇到内部孤岛，停止填充；再次遇到该孤岛内的其它孤岛时，继续填充。

外部：从外部边界向内填充，遇到内部孤岛时停止填充。

忽略：忽略边界内的孤岛，用填充图案覆盖全部填充区域。

6．【边界保留】选项组

①【保留边界】复选框：为图案填充创建边界对象，并将它们添加到图形中。勾选该复选框，对象类型下拉列表框可用。

②【对象类型】下拉列表框：用于控制新创建的边界对象的类型，可以将边界对象保存为面域或多段线。

7．【边界集】选项组

用于定义填充边界的对象集。默认情况下，使用【添加：拾取点】选项定义边界时，系统将当前视口范围内的所有对象视为边界集；通过【新建】按钮![]，可以创建指定对象的边界集。

①【当前视口】选项：在当前视口范围内的所有对象中选择作为边界的对象。

②【现有集合】选项：在使用【新建】按钮![]指定的对象中选择作为边界的对象。如果没有用【新建】按钮![]创建边界集，则【现有集合】选项不显示。

8．【允许的间隙】选项组

设置将选中的对象用作图案填充边界时可以忽略的最大间隙。默认值为 0，此时选定对象必须是封闭区域，没有间隙。

【公差】对话框：按图形单位输入数值（从 0 到 5000）。用于设置将对象用作图案填充边界时可以忽略的最大间隙。任何小于等于指定值的间隙都将被忽略，并将边界视为封闭。

9.【选项】选项组

①【注释性】复选框：指定图案填充为注释性对象。

②【关联】复选框：控制图案填充的关联性。具有关联性的图案填充在修改其边界时，填充将随之改变。

③【创建独立的图案填充】复选框：控制当指定了几个独立的闭合边界时，是创建一个关联的图案填充对象，还是创建多个独立的图案填充对象。

④【绘图次序】下拉列表框：为图案填充指定叠放次序。图案填充可以后置，即放在所有其他对象之后；图案填充可以前置，即放在所有其他对象之前；图案填充还可以置于图案填充边界之后或图案填充边界之前，如图 6-12 所示。

⑤【图层】下拉列表框：为图案填充指定图层。默认选项"使用当前项"即选择当前图层。

⑥【透明度】下拉列表框：为图案填充指定透明度。默认选项"使用当前项"即使用当前对象的透明度值。

10.【继承特性】按钮

【继承特性】按钮：将已有图案填充对象的设置用于将要执行的图案填充操作。

11.【继承选项】选项组

控制使用【继承特性】创建图案填充时，是否改变新图案填充原点的位置。

①【使用当前原点】单选按钮：将继承的图案填充对象的设置用于将要执行的填充操作，原点设置除外。

②【用源图案填充原点】单选按钮：将继承的图案填充对象的设置用于将要执行的填充操作，包括原点设置。

12.【预览】按钮

在 AutoCAD2014 及以前的低版本中，执行【图案填充】命令，只弹出【图案填充和渐变色】对话框。在完成填充设置，选择了填充区域后，单击【预览】按钮　预览　，即可查看填充效果，方便根据需要调整填充设置。

改变上述【图案填充编辑】对话框中各选项的设置，可以修改图案填充。

另外，单击需要编辑的图案填充对象，可以打开【图案填充编辑器】选项卡，如图6-19所示，根据需要修改图案填充，执行相应的修改编辑操作。

图 6-19　【图案填充编辑器】选项卡

6.2　面　　域

面域是封闭区形成的一个二维实体对象。从外观看，面域和一般的封闭线框没有区别，但实际上面域是一个平面实体，就像一张没有厚度的纸。

6.2.1　创建面域

面域是平面实体区域，具有质量特征（如质心、惯性矩、惯性积等），利用这些信息可以计算工程属性。可以对面域进行诸如复制、移动等编辑操作。

可以将由某些对象围成的封闭区域转换为面域，这些封闭区域可以是单个圆、椭圆、封闭的二维多段线和封闭的样条曲线等对象，也可以是由圆弧、直线、二维多段线、椭圆弧、样条曲线等多个对象构成的封闭区域。

1. 使用【REGION】命令创建面域

执行方式

- 下拉菜单：【绘图】|【面域】
- 命令行：REGION
- 功能区/工具栏：

使用【REGION】命令创建面域时要求构成面域的边界必须首尾相连，不能相交。

2. 使用【BOUNDARY】命令创建面域

执行方式

- 下拉菜单：【绘图】|【边界】
- 命令行：BOUNDARY
- 功能区：

执行命令后，打开【边界创建】对话框，如图6-20 所示。

在【对象类型】下拉列表框中选择"面域"，单击【拾取点】按钮，在需创建面域的区域内部拾取点，确认或单击鼠标右键确认。

图 6-20　【边界创建】对话框

使用【BOUNDARY】命令创建面域时允许构成封闭边界的线条相交。使用【BOUNDARY】命令既可创建面域又可以创建边界，即赋予选择区域的边界对象新的属性，此时在【对象类型】下拉列表框中应选择"多段线"。

6.2.2　从面域中提取数据

面域是实体对象，因此除了具有一般图形对象的属性外，还有作为实体对象所具备的一个重要属性：质量特性。

执行方式

- 下拉菜单：【工具】|【查询】|【面域/质量特性】
- 命令行：MASSPROP

系统将自动切换到【AutoCAD 文本窗口】，显示选择的面域对象的质量特性。

6.2.3　面域间的布尔运算

布尔运算是一种数学逻辑运算，特别是在绘制复杂图形时对提高绘图效率具有很大作用。布尔运算的对象只是实体或共面的面域，而普通的线条图形对象不能进行布尔运算。通常的布尔运算包括并集、交集和差集三种。

执行方式

- 下拉菜单：【修改】|【实体编辑】|【并集】/【交集】/【差集】
- 命令行：UNION（并集）/INTERSECT（交集）/SUBTRACT（差集）

① 并集：合并两个或多个实体，构成一个实体对象。

② 差集：从一个实体中删除与其他实体重叠的公共部分，并将其剩余部分创建为新的实体对象。

③ 交集：用两个或多个重叠实体的公共部分创建实体对象。

布尔运算的结果如图 6-21 所示。

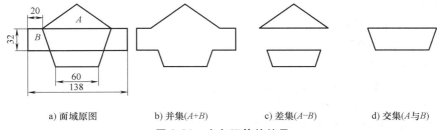

a) 面域原图　　　b) 并集(A+B)　　　c) 差集(A−B)　　　d) 交集(A与B)

图 6-21　布尔运算的结果

执行实体的布尔运算时，并集、交集命令可以同时选择所有需要编辑的实体对象；而差集命令必须先选择有剩余的实体对象，确定后再指定与其有公共部分的其它实体对象。

【例 6-1】　绘制如图 6-22 所示图形（中间阴影部分），并将其创建为面域。图中 A 点坐标（100，100）。

① 打开正交模式。

② 执行【矩形】命令。

命令:_rectang

指定第一个角点或［倒角(C)/标高(E)/圆角(F)/厚度(T)/宽度(W)］:‖输入(100,100)，确认

指定另一个角点或［面积(A)/尺寸(D)/旋转(R)］:‖输入 d，确认

指定矩形的长度 <10.0000>:‖输入 100，确认

指定矩形的宽度 <10.0000>:‖输入 50，确认

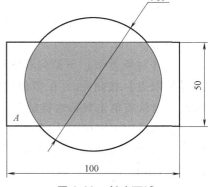

图 6-22　创建面域

指定另一个角点或［面积(A)/尺寸(D)/旋转(R)］:‖向右上方拖动鼠标，单击鼠标左键，确认

③ 执行【ZOOM】命令，将图形显示在视口中心位置。

指定窗口的角点，输入比例因子（nX 或 nXP），或者

［全部(A)/中心(C)/动态(D)/范围(E)/上一个(P)/比例(S)/窗口(W)/对象(O)］<实时>:‖输入 e，确认并结束命令

④ 执行【圆】命令。

指定圆的圆心或［三点(3P)/两点(2P)/切点、切点、半径(T)］:‖按住<Shift>键的同时单击鼠标右键，在弹出的快捷菜单中选择"两点之间的中点"

指定圆的圆心或［三点(3P)/两点(2P)/切点、切点、半径(T)］:_m2p 中点的第一点:‖抓取 A 点

指定圆的圆心或［三点（3P）/两点（2P）/切点、切点、半径（T）］：_m2p 中点的第二点：‖ 抓取 A 点的对角点

指定圆的半径或［直径（D）］：‖ 输入 40，确认

此时已经绘制出如图 6-23 所示图形，下面分别使用【面域】和【边界】命令来创建面域。

⑤ 执行【面域】命令。

选择对象：‖ 拾取矩形

选择对象：找到 1 个 ‖ 拾取圆

选择对象：找到 1 个，总计 2 个 ‖ 按<Space>键，结束命令

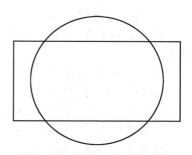

图 6-23　创建面域的图形对象

⑥ 执行【交集】命令，将阴影部分创建为面域，命令结束后的图形如图 6-24 所示。

命令：_intersect

选择对象：‖ 拾取矩形

选择对象：找到 1 个 ‖ 拾取圆

选择对象：找到 1 个，总计 2 个 ‖ 按<Space>键，结束命令

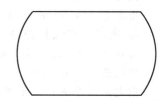

图 6-24　交集运算后的面域

⑦ 重复①~④步骤绘制图 6-23 所示图形。

⑧ 执行【边界】命令，打开【边界创建】对话框，在【对象类型】下拉列表框中选择"面域"，如图 6-20 所示。

⑨ 单击【拾取点】按钮，将返回到绘图区，在如图 6-22 所示的阴影部分区域内部单击鼠标左键，按<Space>键确认并结束命令。

6.3　实　　例

绘制如图 6-25 所示齿轮泵的传动齿轮。

1）创建图层，并将"中心线"层置为当前。

2）打开正交模式。

3）绘制中心线及分度线。

① 执行【直线】命令。

指定第一个点：‖ 输入起点坐标（100,100），确认

指定下一点或［放弃（U）］：‖ 向右拖动鼠标，显示预期路径时输入 24，确认并结束命令

> 注：中心线的线型不明显时，可在命令行输入【LTSCALE】命令，根据提示信息输入合适的新线型比例因子，即可显示为点画线。

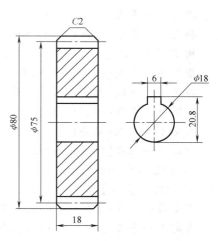

图 6-25　齿轮泵传动齿轮

② 在【对象捕捉】列表中选择"端点""中点"和"交点"，打开对象捕捉和对象追踪功能。

③ 执行【直线】命令。

指定第一个点：‖ 追踪刚绘制的中心线右端点，向右拖动鼠标，显示预期路径时输入 10，确认

指定下一点或［放弃（U）］：‖ 向右拖动鼠标，显示预期路径时输入 24，确认并结束命令

④ 执行【直线】命令。

指定第一个点:‖ 追踪刚绘制的中心线中点,向上拖动鼠标,显示预期路径时输入 15,确认

指定下一点或[放弃(U)]:‖ 向下拖动鼠标,显示预期路径时输入 28,确认并结束命令

⑤ 执行【直线】命令。

指定第一个点:‖ 按住<Shift>键的同时单击鼠标右键,在弹出的快捷菜单中选择"自"

指定第一个点:_from 基点:‖ 抓取主视图中心线左端点

指定第一个点:_from 基点:<偏移>:‖ 输入@0,37.5,确认

指定下一点或[放弃(U)]:‖ 向右拖动鼠标,输入 24,确认

指定下一点或[放弃(U)]:‖ 确认结束命令

⑥ 执行【直线】命令。

指定第一个点:‖ 按住<Shift>键的同时单击鼠标右键,在弹出的快捷菜单中选择"自"

指定第一个点:_from 基点:‖ 抓取主视图中心线左端点

指定第一个点:_from 基点:<偏移>:‖ 输入@0,-37.5,确认

指定下一点或[放弃(U)]:‖ 向右拖动鼠标,输入 24,确认

指定下一点或[放弃(U)]:‖ 确认结束命令

4) 绘制主视图轮廓线。

① 将"粗实线"层置为当前。

② 执行【直线】命令。

指定第一个点:‖ 按住<Shift>键的同时单击鼠标右键,在弹出的快捷菜单中选择"自"

指定第一个点:_from 基点:‖ 抓取主视图中心线左端点

指定第一个点:_from 基点:<偏移>:‖ 输入@3,0,确认

指定下一点或[放弃(U)]:‖ 向上拖动鼠标,显示预期路径时输入 38,确认

指定下一点或[放弃(U)]:‖ 输入@2,2,确认

指定下一点或[放弃(U)]:‖ 向右拖动鼠标,显示预期路径时输入 14,确认

指定下一点或[放弃(U)]:‖ 输入@2,-2,确认

指定下一点或[闭合(C)/放弃(U)]:‖ 向下拖动鼠标,显示预期路径时输入 76,确认

指定下一点或[放弃(U)]:‖ 输入@-2,-2,确认

指定下一点或[闭合(C)/放弃(U)]:‖ 向左拖动鼠标,显示预期路径时输入 14,确认

指定下一点或[放弃(U)]:‖ 输入@-2,2,确认

指定下一点或[闭合(C)/放弃(U)]:‖ 输入 c,结束命令

5) 绘制齿轮齿根线。

① 执行【直线】命令。

指定第一个点:‖ 按住<Shift>键的同时单击鼠标右键,在弹出的快捷菜单中选择"自"

指定第一个点:_from 基点:‖ 抓取主视图中心线左端点

指定第一个点:_from 基点:<偏移>:‖ 输入@3,34.375,确认

指定下一点或[放弃(U)]:‖ 向右拖动鼠标输入 18,确认并结束命令

② 执行【直线】命令。

指定第一个点:‖ 按住<Shift>键的同时单击鼠标右键,在弹出的快捷菜单中选择"自"

指定第一个点:_from 基点:‖ 抓取主视图中心线左端点

指定第一个点:_from 基点:<偏移>:‖ 输入@3,-34.375,确认

指定下一点或[放弃(U)]：‖向右拖动鼠标输入 18,确认并结束命令

6）绘制齿轮轮毂孔的左视局部视图。

① 执行【圆】命令。

指定圆的圆心或[三点(3P)/两点(2P)/切点、切点、半径(T)]：‖拾取左视图中心线的交点

指定圆的半径或[直径(D)]：‖输入 9,确认并结束命令

② 执行【矩形】命令,绘制与圆相交的矩形,如图 6-26 所示。

指定第一个角点或[倒角(C)/标高(E)/圆角(F)/厚度(T)/宽度(W)]：按下<Shift>键的同时按下鼠标左键,在弹出的快捷菜单中,选择"自"

_from 基点：‖单击直径为 φ18 的圆与铅垂中心线的上交点

<偏移>：‖输入@ -3,2,8,确认

指定另一个角点或[面积(A)/尺寸(D)/旋转(R)]：‖输入 d,确认

指定矩形的长度<10.0000>：‖输入 6,确认

指定矩形的宽度<10.0000>：‖输入 4,确认

指定另一个角点或[面积(A)/尺寸(D)/旋转(R)]：‖向右下拖动鼠标,单击确定矩形右下角点,结束命令

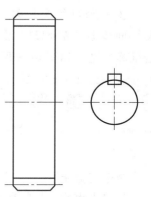

图 6-26　【矩形】命令
绘制键槽

> 注：宽度值选择稍大些,保证矩形两个顶点在圆内。

③ 执行【面域】命令。

_region

选择对象：‖选择 φ18 的圆及与其相交的矩形,确认并结束命令

④ 执行【并集】命令,进行布尔运算,完成键槽局部视图,如图 6-27 所示。

_union

选择对象：‖选择 φ18 的圆及与其相交的矩形,确认并结束命令

7）绘制主视图齿轮轮毂孔。

① 执行【直线】命令。

指定第一个点：‖追踪图 6-27 中的点 A,向左拖动鼠标,显示的追踪路径与直线 1 相交时(出现"×"),单击鼠标左键

指定下一点或[放弃(U)]：‖向左拖动鼠标,输入 18,确认

指定下一点或[放弃(U)]：‖确认结束命令

② 执行【直线】命令。

指定第一个点：‖追踪图 6-27 中的点 B,向左拖动鼠标,显示的追踪路径与直线 1 相交时(出现"×"),单击鼠标左键

指定下一点或[放弃(U)]：‖向左拖动鼠标,输入 18,确认

指定下一点或[放弃(U)]：‖确认结束命令

③ 执行【直线】命令。

指定第一个点：‖追踪图 6-29 中的点 C,向左拖动鼠标,显

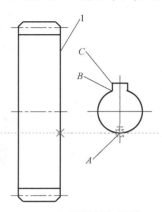

图 6-27　键槽局部视图
及追踪相交

示的追踪路径与直线 1 相交时(出现"×"),单击鼠标左键

指定下一点或[放弃(U)]:‖向左拖动鼠标,输入 18,确认

指定下一点或[放弃(U)]:‖确认结束命令

8)填充剖面线,完成传动齿轮图形的绘制。

① 将"细实线"层置为当前层,关闭正交模式。

② 执行【绘图】菜单下的【图案填充】命令,打开【图案填充创建】选项卡,在【图案】面板上"ANSI31"图案处单击鼠标左键,并在【选项】面板上的【关联】按钮上单击鼠标左键,如图 6-28 所示。

图 6-28 【图案填充创建】选项卡

命令行显示:

拾取内部点或[选择对象(S)/放弃(U)/设置(T)]:‖在需要填充剖面线的图形内部单击鼠标左键,确认结束命令

6.4 本章小结

本章主要介绍了图案填充的创建与编辑、面域的创建及实体的编辑运算。其中,对图案填充操作各选项功能的介绍,以【图案填充创建】选项卡为主,并在图案填充编辑中介绍了【图案填充和渐变色】对话框的功能。面域的创建可以通过两个命令实现,其中【面域】命令要求拟创建为面域的图线首尾相连,不相交;【边界】命令允许拟创建为面域的图线相交。有交集的面域可以通过实体的布尔运算实现对重叠区域的编辑操作。

习 题

1. 绘制如图 6-29 所示轴(不标注尺寸)。

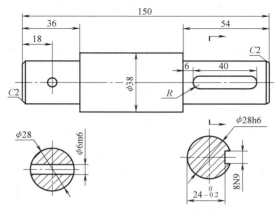

图 6-29 齿轮轴

2. 绘制如图 6-30 所示销钉(不标注尺寸及技术要求)。

3. 绘制如图 6-31 所示轴套的主、俯视图。（不标注尺寸）

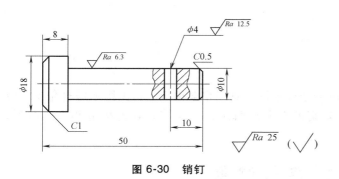

图 6-30　销钉

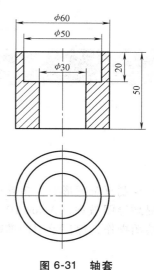

图 6-31　轴套

第7章

图形编辑

在绘制复杂图形时，单纯使用绘图命令或绘图工具效率会很低，借助图形编辑命令将极大地提高绘图效率。AutoCAD 提供了丰富的对象编辑工具，能够合理地构造和组织图形，简化绘图操作，保证绘图的准确性。

7.1 选择对象

AutoCAD 提供了多种选择对象的方法，如单击选择对象、用选择窗口选择对象、用选择线选择对象等。AutoCAD 还可以把选择的多个对象组成整体（如编组），进行整体编辑与修改。

7.1.1 选择对象的方法

选择对象时除了单击拾取对象的方式外，AutoCAD 还提供了很多其他选择对象的方式。
执行方式

● 命令行：SELECT

【SELECT】命令可以单独使用，也可以在执行其他编辑命令（如【偏移】，【修剪】等）时由系统自动调用【SELECT】命令，此时光标的形状由十字光标变为拾取框，命令行提示：

选择对象：‖ 用拾取框选取对象，选择结束后结束命令；或在命令行输入"?"

命令行提示：

需要点或窗口（W）/上一个（L）/窗交（C）/框（BOX）/全部（ALL）/栏选（F）/圈围（WP）/圈交（CP）/编组（G）/添加（A）/删除（R）/多个（M）/前一个（P）/放弃（U）/自动（AU）/单个（SI）/子对象（SU）/对象（O）

根据提示信息，输入相应的字母即可以指定对象选择模式。

①【窗口】选项：自左向右绘制一个矩形区域（由两点确定）来选择对象，以实线方式显示矩形边框。整体均位于这个矩形窗口内的对象将被选中，不在该窗口内或者只有部分在该窗口内的对象则不被选中，如图 7-1 所示。

②【上一个】选项：选择最近一次创建的可见对象。对象必须在当前空间（模型空间或图纸空间）中，并且对象所在的图层不为冻结或关闭状态。

③【窗交】选项：自右向左绘制一个矩形区域（由两点确定）来选择对象，以虚线方式显示矩形边框。位于窗口之内或者与窗口边界相交的对象都将被选中，如图 7-2 所示。

④【框】选项：由窗口和窗交两种模式组合的一个单独选项。从左到右设置拾取框的两角点，则执行窗口选择模式；从右到左设置拾取框的两角点，则执行窗交选择模式。

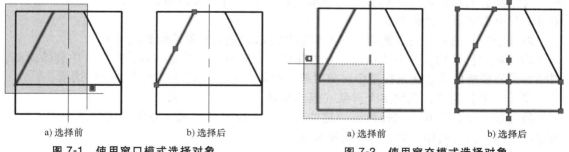

图 7-1　使用窗口模式选择对象　　　　　图 7-2　使用窗交模式选择对象

⑤【全部】选项：选取图形中没有被锁定、关闭或冻结的层上的所有对象。

⑥【栏选】选项：通过待选对象周围的点定义一条开放的多点栅栏（多段直线并可以自身相交）来选择对象。所有与栅栏线相接触的对象均会被选中，如图 7-3 所示。

⑦【圈围】选项：通过在待选对象周围指定点来定义一个不规则的封闭多边形作为窗口来选取对象。完全包围在多边形中的对象将被选中，如图 7-4 所示。多边形可以是任何形状，但不能自身相交或相切。

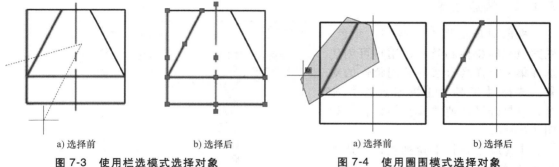

图 7-3　使用栏选模式选择对象　　　　　图 7-4　使用圈围模式选择对象

⑧【圈交】选项：通过在待选对象周围指定点来定义一个不规则的封闭多边形作为窗交方式的窗口来选取对象。所有在多边形内或与多边形相交的对象都将被选中，如图 7-5 所示。

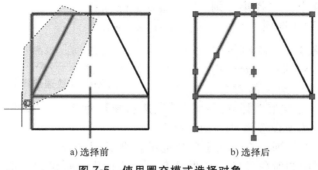

图 7-5　使用圈交模式选择对象

⑨【编组】选项：在一个或多个命名或未命名的编组中选择所有对象。当含有未命名编组时，输入星号"＊"代替名称。也可以使用【LIST】命令显示编组的名称。

如果用【Group】命令将对象进行了编组，在选择对象时应用该选项可以快速将定义的组选择出来。对象成组后，单击选取组中任何一个对象，编组中所有对象将都会被选中。如果在【选项】对话框的【选择集】选项卡中取消选中【对象编组】选项，即使编了组，单击组中对象也不会选择整个组。

⑩【添加】选项：可以使用任何对象选择方法将选定对象添加到选择集。

⑪【删除】选项：可以使用任何对象选择方法从当前选择集（不是图中）中删除对象。删除模式的替换模式是在选择单个对象时按下<Shift>键，或者是使用【自动】选项。

⑫【多个】选项：选取多个对象（但不亮显）从而加速对象选取。

⑬【前一个】选项：选择最近创建的选择集。从图形中删除对象后则该选项失效。如果在两个图形文件间切换时，则该选项失效。

⑭【放弃】选项：取消最近的对象选择操作。

⑮【自动】选项：指向一个对象即可选择该对象。指向对象内部或外部的空白区，将形成框选方法定义的选择框的第一个角点。

⑯【单个】选项：选择指定的第一个或第一组对象而不继续提示进一步选择。

⑰【子对象】选项：允许逐一选择复合实体的组成部分（如多边形的边）或三维实体上的顶点、边和面。

⑱【对象】选项：结束选择子对象的功能。

7.1.2 快速选择

根据对象的图层、线型、颜色、图案填充等特性和类型，用户可创建选择集来选择具有某些共同特性的对象。选择【工具】|【快速选择】命令，可打开【快速选择】对话框，如图 7-6 所示。

①【应用到】下拉列表框：选择过滤条件的应用范围。可应用于整个图形，也可应用到当前选择集中。若有当前选择集，则"当前选择"选项为默认选项；若没有当前选择集，则"整个图形"选项为默认选项。

单击【选择对象】 ⊕ 按钮将临时关闭【快速选择】对话框，允许用户选择要对其应用过滤条件的对象。

图 7-6 【快速选择】对话框

选择完毕后按<Enter>键结束选择并返回到【快速选择】对话框，同时 AutoCAD 会将【应用到】下拉列表框中的选项设置为"当前选择"。

②【对象类型】下拉列表框：指定要过滤的对象类型。若当前没有选择集，在该下拉列表框中将包含所有可用的对象类型；如果已有一个选择集，则包含所选对象的对象类型。

③【特性】列表框：用于指定作为过滤条件的对象特性。

④【运算符】下拉列表框：用于控制过滤的范围。【运算符】选项包括："＝""＜＞""＞""＜""＊""全部选择"等。其中"＞"和"＜"操作符对某些对象特性是不可用的，"＊"操作符仅对可编辑的文本起作用。

⑤【值】下拉列表框：用于设置过滤的特性值。

⑥【如何应用】选项组：选择其中的【包括在新选择集中】单选按钮，则由满足过滤条件的对象构成选择集；选择【排除在新选择集之外】单选按钮，则由不满足过滤条件的对象构成选择集。

⑦【附加到当前选择集】复选框：用于指定由【QSELECT】命令所创建的选择集是追加到当前选择集中，还是替代当前选择集。

只有在选择了【如何应用】选项组中的【包括在新选择集中】单选按钮，并且【附加到当前选择集】复选框未被选中时，【选择对象】按钮才可用。

7.2　删除与恢复对象

1. 放弃与重做对象

执行方式

- 下拉菜单：【编辑】|【放弃】/【重做】
- 命令行：UNDO/REDO
- 工具栏：

【UNDO】命令对一些命令和系统变量无效，包括用以打开、关闭或保存窗口或图形、显示信息、更改图形显示、重生成图形或以不同格式输出图形的命令及系统变量。【REDO】命令可恢复单个【UNDO】或【U】命令放弃的效果。【REDO】命令必须紧跟随在【U】或【UNDO】命令之后执行才有效。

2. 删除与恢复对象

执行方式

- 下拉菜单：【修改】|【删除】
- 命令行：ERASE
- 功能区/工具栏：

命令行提示：

选择对象： ‖ 使用对象选择方法选取要删除的对象，选择完成后按<Enter>键确认

若在【选项】对话框【选择集】选项卡中，选中【选择集模式】选项组中的【先选后执行】复选框，则允许先选择对象，再单击【删除】按钮将所选对象删除。

使用【OOPS】命令，可以恢复最后一次使用【打断】、【块定义】和【删除】等命令删除的对象。

7.3　复　制　对　象

7.3.1　【编辑】菜单模式

（1）【剪切】命令

执行方式

- 下拉菜单：【编辑】|【剪切】
- 命令行：CUTCLIP
- 快捷键：<Ctrl+X>
- 工具栏：

　　●快捷菜单：当前无命令执行时在绘图区单击鼠标右键，打开快捷菜单选择【剪贴板】|【剪切】

　　所选择对象被复制到剪贴板上，并从原图形中删除。

　　（2）【复制】命令

　　执行方式

　　●下拉菜单：【编辑】|【复制】

　　●命令行：COPYCLIP

　　●快捷键：<Ctrl+C>

　　●工具栏： ▯

　　●快捷菜单：当前无命令执行时在绘图区单击鼠标右键，打开快捷菜单选择【剪贴板】|【复制】

　　所选择对象被复制到剪贴板上，原图形保持不变。

　　（3）【带基点复制】命令

　　执行方式

　　●下拉菜单：【编辑】|【带基点复制】

　　●命令行：COPYBASE

　　●快捷键：<Ctrl+Shift+C>

　　●快捷菜单：当前无命令执行时在绘图区单击鼠标右键，打开快捷菜单选择【剪贴板】|【带基点复制】

　　（4）【粘贴】命令

　　执行方式

　　●下拉菜单：【编辑】|【粘贴】

　　●命令行：PASTECLIP

　　●快捷键：<Ctrl+V>

　　●工具栏： ▯

　　●快捷菜单：当前无命令执行时在绘图区单击鼠标右键，打开快捷菜单选择【剪贴板】|【粘贴】

　　执行上述命令后，保存在剪贴板上的对象被粘贴到当前图形中。

　　（5）粘贴为块

　　执行方式

　　●下拉菜单：【编辑】|【粘贴为块】

　　●命令行：PASTEBLOCK

　　●快捷键：<Ctrl+Shift+V>

　　●快捷菜单：当前无命令执行时在绘图区单击鼠标右键，在弹出的快捷菜单中选择【剪贴板】|【粘贴为块】

　　将复制到剪贴板的对象作为块粘贴到图形中指定的插入点。

　　（6）粘贴到原坐标

　　执行方式

　　●下拉菜单：【编辑】|【粘贴到原坐标】

　　●命令行：PASTEORIG

　　●快捷菜单：当前无命令执行时在绘图区单击鼠标右键，在弹出的快捷菜单中选择

【剪贴板】|【粘贴到原坐标】

　　将剪贴板中的对象粘贴到另一个打开文件的当前图形中，被粘贴对象的坐标与原图形相同。

　　仅当剪贴板中包含来自另一个文件的对象时，此命令处于活动状态。

7.3.2　使用【修改】菜单复制对象

执行方式

- 下拉菜单：【修改】|【复制】
- 命令行：COPY
- 功能区/工具栏：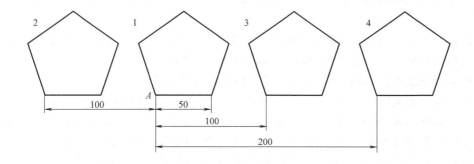

执行命令后命令行提示：

选择对象:‖使用对象选择方法选取要复制的对象,选择完成后按<Enter>键确认

命令行提示：

当前设置:复制模式=多个

指定基点或[位移(D)/模式(O)]<位移>:

　　①【基点】默认选项：指定复制对象的参考点。

　　②【位移】选项：复制对象到指定坐标点，还可以在正交模式和极轴追踪功能打开的同时直接输入目标位置与被复制对象间的距离。

　　③【模式】选项：设置复制模式："单个"和"多个"。

- 【单个】选项：复制一个对象或按指定模式复制多个对象后自动结束命令。
- 【多个】选项：复制多个对象或按指定模式复制多个对象后不会自动结束命令。

【例 7-1】　绘制图 7-7 所示的正五边形（编号除外）。图中 A 点坐标（100，100）。

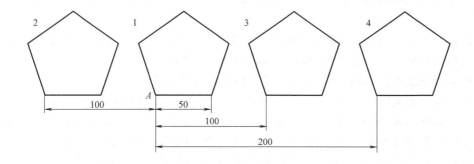

图 7-7　绘制五边形

　　1）"单个"复制模式绘制如图 7-7 所示编号为 2 的五边形。

　　① 执行【多边形】命令，打开正交模式，绘制编号为 1 的五边形。

输入侧面数 <5>:‖输入边数 5,按<Enter>键确认

指定正多边形的中心点或[边(E)]:‖输入 e,按<Enter>键确认

指定边的第一个端点:‖输入(100,100),按<Enter>键确认

指定边的第二个端点:‖向右拖动鼠标,输入 50,按<Enter>键确认

② 执行【Copy】命令，复制编号为 2 的五边形。

选择对象：‖拾取编号为 1 的五边形

当前设置：复制模式＝多个

指定基点或［位移（D）/模式（O）/多个（M）］＜位移＞：o 输入复制模式选项［单个（S）/多个（M）］＜单个＞：‖输入 s,确认

指定基点或［位移（D）/模式（O）/多个（M）］＜位移＞：‖抓取"1"号五边形左下角 A 点

指定第二个点或［阵列（A）］＜使用第一个点作为位移＞：‖向左拖动鼠标,输入 100,确认

2）利用"单个"复制模式下"多个"选项方式绘制如图 7-7 所示编号为 3、4 的五边形。

① 执行【Copy】命令，以"阵列"方式绘图。

选择对象：‖拾取编号为"1"的五边形

当前设置：复制模式＝单个

指定基点或［位移（D）/模式（O）/多个（M）］＜位移＞：‖在编号为 1 的五边形左下角 A 点处单击鼠标左键

指定第二个点或［阵列（A）］＜使用第一个点作为位移＞：‖输入 a,按＜Enter＞键确认

输入要进行阵列的项目数：‖输入 3,按＜Enter＞键确认

指定第二个点或［布满（F）］：‖向右拖动鼠标,输入 100,按＜Enter＞键确认,命令结束

② 执行【Copy】命令，以"布满"方式绘图。

选择对象：‖拾取编号为"1"的五边形

当前设置：复制模式＝单个

指定基点或［位移（D）/模式（O）/多个（M）］＜位移＞：‖输入 m,按＜Enter＞键确认

指定基点或［位移（D）/模式（O）/多个（M）］＜位移＞：‖抓取编号为"1"的五边形左下角 A 点

指定第二个点或［阵列（A）］＜使用第一个点作为位移＞：‖输入 a, 按＜Enter＞键确认

输入要进行阵列的项目数：‖输入 3,按＜Enter＞键确认

指定第二个点或［布满（F）］：‖输入 f, 按＜Enter＞键确认

指定第二个点或［阵列（A）］：‖向右拖动鼠标,输入 200,按＜Enter＞键确认

指定第二个点或［阵列（A）/退出（E）/放弃（U）］＜退出＞：‖按＜Enter＞键确认结束命令

在【Copy】命令执行过程中输入"M"仅改变当前的复制模式，再次启动【Copy】命令时，仍为"单个"模式。若要在启动命令时即改变复制模式，须在【Copy】命令执行时通过【模式】选项来改变。

7.4　使用夹点编辑图形

当前无命令执行时，以任意模式选择对象，被选定的对象均显示出若干个小方框，这些小方框用来标记被选中对象的特征点，也就是对象上的控制点，称之为夹点，如图 7-8 所示。

对不同的对象来说，用以控制其特征的夹点的位置和数量也不相同。AutoCAD 中常见对象的夹点特征见表 7-1。

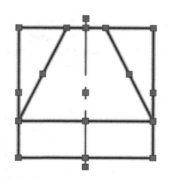

图 7-8 显示对象夹点

表 7-1 常见对象的夹点特征

对象类型	夹 点 特 征
直线	两个端点和中点
多段线	直线段的两端点和中点、圆弧段的中点和两端点
构造线	控制点以及线上的邻近两点
射线	起点及射线上的一个点
多线	控制线上的两个端点
圆弧	两个端点、中点和圆心
圆	4 个象限点和圆心
椭圆	4 个顶点和中心
椭圆弧	端点、中点和中心点
区域填充	各个顶点
文字	插入点和第 2 个对齐点（如果有的话）
段落文字	各顶点
属性	插入点
形	插入点
三维网格	网格上的各个顶点
三维面	周边点
线性标注、对齐标注	尺寸线和尺寸界线的端点，尺寸文字的中心点
角度标注	尺寸线端点和指定尺寸标注弧的端点，尺寸文字的中心点
半径标注、直径标注	半径或直径标注的端点，尺寸文字的中心点
坐标标注	被标注点，用户指定的引出线端点和尺寸文字的中心点

7.4.1 控制夹点的显示

单击【工具】菜单下【选项】命令，打开【选项】对话框，单击【选择集】标签，打开如图 7-9 所示【选择集】选项卡。在【夹点】选项组中可以设置是否显示夹点，也可以对夹点的颜色、显示提示等进行设置。在【夹点尺寸】选项中可以设置显示夹点的大小。系统变量 GRIPS 可以控制是否打开夹点功能，"1"代表打开，"0"代表关闭。

7.4.2 使用夹点编辑对象

夹点编辑是一种集成的编辑模式，使用夹点可以对选中的对象进行拉伸、移动、旋转、缩放及镜像等编辑修改，操作方便快捷。

执行方式：

单击选中对象的某一夹点，将其激活，在激活的夹点上单击鼠标右键，弹出如图 7-10

图 7-9 【选择集】选项卡

所示的快捷菜单，从中选择所需编辑命令。

1. 使用夹点拉伸对象

在如图 7-10 所示快捷菜单中选择"拉伸"，命令行显示：

＊＊拉伸＊＊

指定拉伸点或［基点（B）/复制（C）/放弃（U）/退出（X）］：

①【基点】选项：重新指定对象拉伸时的参考点。

②【复制】选项：复制拉伸对象到指定拉伸位置。

③【放弃】选项：取消上一次操作。

④【退出】选项：退出当前的操作。

通过输入点的坐标或者用鼠标拾取点来

图 7-10 夹点编辑

指定拉伸位置。文字、块、直线中点、圆心、椭圆中心和点对象上的夹点不能实现对象的拉伸操作，只能移动对象。

2. 使用夹点移动对象

在如图 7-10 所示快捷菜单中选择"移动"，命令行显示：

＊＊MOVE＊＊

指定移动点或［基点（B）/复制（C）/放弃（U）/退出（X）］：

①【基点】选项：重新指定对象移动时的参考点。

②【复制】选项：移动对象到指定位置，并保留原对象。

③【放弃】选项：取消上一次操作。

④【退出】选项：退出当前的操作。

移动对象不会改变对象的方向和大小，仅仅是位置上的平移，可使用坐标和对象捕捉模式精确地移动对象。

3. 使用夹点旋转对象

在如图 7-10 所示快捷菜单中选择"旋转"，命令行显示：

＊＊旋转＊＊

指定旋转角度或［基点(B)/复制(C)/放弃(U)/参照(R)/退出(X)］：

①【基点】选项：重新指定对象旋转时的参考点。

②【复制】选项：旋转对象到指定位置，并保留原对象。

③【放弃】选项：取消上一次操作。

④【参照】选项：指定旋转参照角度值。

⑤【退出】选项：退出当前的操作。

输入旋转的角度值后或通过拖动方式确定了旋转角度后，即可将对象绕基点旋转指定的角度。

4. 使用夹点缩放对象

在如图 7-10 所示快捷菜单中选择"缩放"，命令行显示：

＊＊比例缩放＊＊

指定比例因子或［基点(B)/复制(C)/放弃(U)/参照(R)/退出(X)］：

①【基点】选项：重新指定对象缩放时的参考点。

②【复制】选项：缩放对象到指定位置，并保留原对象。

③【放弃】选项：取消上一次操作。

④【参照】选项：指定缩放参照长度值。

⑤【退出】选项：退出当前的操作。

确定缩放的比例因子后将相对于基点进行缩放对象操作，比例因子>1 则放大对象；比例因子介于 0~1 之间则缩小对象。

5. 使用夹点镜像对象

在如图 7-10 所示快捷菜单中选择"镜像"，命令行显示：

＊＊镜像＊＊

指定第二点或［基点(B)/复制(C)/放弃(U)/退出(X)］：

①【基点】选项：重新指定对象镜像时的参考点。

②【复制】选项：镜像对象到指定位置，并保留原对象。

③【放弃】选项：取消上一次操作。

④【退出】选项：退出当前的操作。

在夹点编辑模式下确定基点后，将以基点作为镜像线上的第 1 点，新指定的点为镜像线上的第 2 个点。

7.4.3　多功能夹点

对于直线、多段线、圆弧、椭圆弧、样条曲线和图案填充对象等二维对象，当光标悬停在其夹点上时，将显示该选定对象（有时为选定对象夹点）的编辑选项菜单，如图 7-11 所示。单击其中某一选项，可执行相应的操作。

锁定图层上的对象不显示夹点。选择多个共享重合夹点的对象时，可以使用夹点模式编辑这些对象。

【例 7-2】 使用夹点编辑绘制如图 7-12 所示组合正六边形。

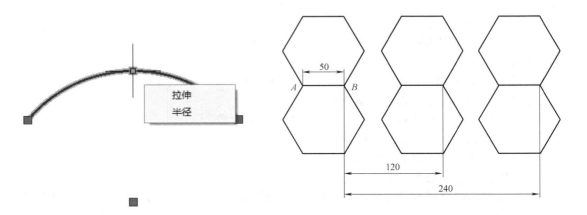

图 7-11 多功能夹点　　　　　　　　图 7-12 组合正六边形

① 绘制正六边形。执行【多边形】命令，打开正交模式。

输入侧面数 <4>：‖ 输入 6，按<Enter>键确认

指定正多边形的中心点或［边（E）］：‖ 输入 e，按<Enter>键确认

指定边的第一个端点：‖ 输入（100，100），按<Enter>键确认

指定边的第二个端点：‖ 向右拖动鼠标，显示预期路径时输入 50，按<Enter>键确认

② 镜像正六边形。选中正六边形，激活右下角点 B，单击鼠标右键，在弹出的快捷菜单中选择"镜像"，如图 7-13 所示。

＊＊镜像＊＊

指定第二点或［基点（B）/复制（C）/放弃（U）/退出（X）］：‖ 输入 C，按<Enter>键确认

＊＊镜像（多重）＊＊

指定第二点或［基点（B）/复制（C）/放弃（U）/退出（X）］：‖ 向左拖动鼠标，达到预期效果时单击鼠标左键，结束命令

③ 移动并复制绘制的两个六边形。

激活两个正六边形共有点 B，单击鼠标右键，在弹出的快捷菜单中选择"移动"，如图 7-14 所示。

＊＊ MOVE ＊＊

指定移动点 或［基点（B）/复制（C）/放弃（U）/退出（X）］：‖ 输入 C，确认

＊＊ MOVE（多个）＊＊

指定移动点 或［基点（B）/复制（C）/放弃（U）/退出（X）］：‖ 向右拖动鼠标，输入 120

＊＊ MOVE（多个）＊＊

指定移动点 或［基点（B）/复制（C）/放弃（U）/退出（X）］：‖ 向右拖动鼠标，输入 240，确认并结束命令

图 7-13 选择"镜像"

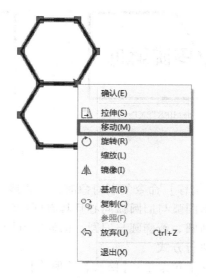

图 7-14 选择"移动"

7.5 使用【修改】菜单命令编辑图形

在 AutoCAD【修改】菜单中提供了多种实用的编辑命令，下面具体介绍各命令的执行方式及功能。

7.5.1 镜像对象

将对象以镜像线为对称中心进行复制。

执行方式

• 下拉菜单：【修改】|【镜像】

• 命令行：MIRROR

• 功能区/工具栏：

执行命令后命令行显示：

选择对象：‖ 选取要镜像的对象,选择完成后按<Enter>键确认

或者先选择要进行镜像的对象再执行命令，命令行显示：

指定镜像线的第一点：‖ 拾取指定点

指定镜像线的第二点：‖ 拾取指定点

要删除源对象吗？［是（Y）/否（N）］<N>：‖ 根据需要进行选择

文字对象的镜像方向有两种，可以使用系统变量 MIRRTEXT 控制。系统变量 MIRRTEXT 的值为"1"，则文字对象完全镜像，镜像出来的文字变得不可读，如图 7-15a 所示；系统变量 MIRRTEXT 的值为"0"，则文字对象不镜像，镜像出来的文字是可读的，如图 7-15c 所示。

7.5.2 偏移对象

对指定的直线、圆弧、圆等对象进行偏移复制，创建平行线或等距离分布图形。

a) MIRRTEXT=1

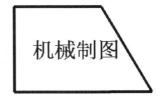

b) 原图

c) MIRRTEXT=0

图 7-15　文字对象的镜像方向

【偏移】命令复制对象时，对直线段、构造线、射线做偏移是平行复制；对圆弧做偏移后，新圆弧与旧圆弧同心且具有同样的包角，但新圆弧的长度发生改变；对圆或椭圆做偏移后，新圆、新椭圆与旧圆、旧椭圆有同样的圆心，但新圆的半径或新椭圆的轴长发生变化。

执行方式

- 下拉菜单：【修改】|【偏移】
- 命令行：OFFSET
- 功能区/工具栏：

执行命令后命令行显示：

当前设置：删除源＝否　图层＝源　　OFFSETGAPTYPE＝0

指定偏移距离或［通过(T)/删除(E)/图层(L)］<通过>：

①【指定偏移距离】选项：在距现有对象指定距离处复制出对象。

②【通过】选项：指定一个通过点，经过通过点复制对象。

③【删除】选项：偏移复制对象后将源对象删除。

④【图层】选项：确定将偏移对象创建在当前图层上还是源对象所在的图层上。

系统变量 OFFSETGAPTYPE 用以控制偏移多段线时处理线段之间的连接方式。系统变量 OFFSETGAPTYPE 为"0"时，将线段延伸到投影交点，如图 7-16a 所示；系统变量 OFFSETGAPTYPE 为"1"时，将线段在其投影交点处进行圆角，每个圆弧段的半径等于偏移距离，如图 7-16b 所示；系统变量 OFFSETGAPTYPE 为"2"时，将线段在其投影交点处进行倒角，在原始对象上从每个倒角到其相应顶点的垂直距离等于偏移距离，如图 7-16c 所示。

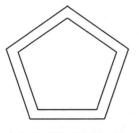

a) OFFSETGAPTYPE = 0

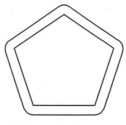

b) OFFSETGAPTYPE = 1

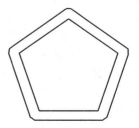

c) OFFSETGAPTYPE = 2

图 7-16　偏移对象

7.5.3　阵列对象

创建以阵列模式排列的复制对象，有矩形阵列、路径阵列和环形阵列三种类型。

1. 矩形阵列

将阵列项目按设定的行、列和距离均匀分布。

执行方式

- 下拉菜单：【修改】|【阵列】|【矩形阵列】

- 命令行：ARRAYRECT

- 功能区/工具栏：

1）执行命令后命令行显示：

选择对象：‖选取要阵列的对象,选择完成后确认

类型=矩形　关联=是

选择夹点以编辑阵列或［关联(AS)/基点(B)/计数(COU)/间距(S)/列数(COL)/行数(R)/层数(L)/退出(X)]<退出>：

①【关联】选项：指定阵列复制的对象是关联的还是独立的。

②【基点】选项：定义阵列基点的位置。

③【计数】选项：指定行数和列数，移动光标时可以动态观察阵列结果。

选择该选项后命令行显示：

选择夹点以编辑阵列或［关联(AS)/基点(B)/计数(COU)/间距(S)/列数(COL)/行数(R)/层数(L)/退出(X)]<退出>：‖输入 cou ,确认

输入列数数或［表达式(E)]<4>：‖输入列数值,确认

输入行数数或［表达式(E)]<3>：‖输入行数值,确认

- 【表达式】选项：是基于数学公式或方程式的计算值。

④【间距】选项：指定行间距和列间距，移动光标时可以动态观察结果。

选择该选项后命令行显示：

选择夹点以编辑阵列或［关联(AS)/基点(B)/计数(COU)/间距(S)/列数(COL)/行数(R)/层数(L)/退出(X)]<退出>：‖输入 S,确认；

指定列之间的距离或［单位单元(U)]<150>：‖输入列间距值,确认

指定行之间的距离或［单位单元(U)]<150>：‖输入行间距值,确认

- 【单位单元】选项：通过设置矩形区域的两个对角点来同时指定行间距和列间距。

⑤【列数】选项：用于编辑列数和列间距。

选择该选项后命令行显示：

选择夹点以编辑阵列或［关联(AS)/基点(B)/计数(COU)/间距(S)/列数(COL)/行数(R)/层数(L)/退出(X)]<退出>：‖输入 COL,确认

输入列数数或［表达式(E)]<5>：‖输入列数值,确认

指定列数之间的距离或［总计(T)/表达式(E)]<433.4076>：

- 【总计】选项：用于指定起始列和结束列之间的总距离。

⑥【行数】选项：用于指定阵列中的行数、行间距以及行之间的标高增量。

选择该选项后命令行显示：

选择夹点以编辑阵列或［关联(AS)/基点(B)/计数(COU)/间距(S)/列数(COL)/行数(R)/层数(L)/退出(X)]<退出>：‖输入 R,确认

输入行数值或［表达式(E)]<5>：‖输入行数值,确认

指定行数之间的距离或［总计(T)/表达式(E)]<433.4076>：‖输入 T,确认

输入起点和端点行数之间的总距离 <600>：‖输入总距离值,确认

指定行数之间的标高增量或［表达式(E)］<0>：
- 【总计】选项：用于指定起始行和行之间的总距离。
- 【标高增量】选项：用于设置每个后续行的增大或减小的高度。

⑦【层数】选项：指定三维阵列的层数、层间距及总层距。

选择该选项后命令行显示：

选择夹点以编辑阵列或［关联(AS)/基点(B)/计数(COU)/间距(S)/列数(COL)/行数(R)/层数(L)/退出(X)］<退出>：‖输入 L，确认

输入层数或［表达式(E)］<5>：‖输入层数值，确认

指定层之间的距离或［总计(T)/表达式(E)］<20>：‖输入 T，确认

输入起点和端点层之间的总距离 <80>：‖输入总层距值，确认

⑧【退出】选项：退出【矩形阵列】命令。

2）执行【矩形阵列】命令后，功能区显示【矩形阵列】选项卡，如图 7-17 所示。

默认	插入	注释	参数化	视图	管理	输出	附加模块	A360	精选应用	阵列创建

矩形	列数:	4	行数:	3	级别:	1	关联	基点	关闭阵列
	介于:	69	介于:	1	介于:	1			
	总计:	207	总计:	2	总计:	1			
类型	列		行		层级		特性		关闭

图 7-17　【矩形阵列】选项卡

①【列】面板，如图 7-18 所示：指定阵列对象的列数、列间距及起始列和结束列之间的总距离。

- 【列数】文本框▯▯▯：指定阵列对象的列数。
- 【介于】文本框▯▯▯：指定阵列对象的列间距。
- 【总计】文本框▯▯▯：指定起始列和结束列之间的总距离。

②【行】面板，如图 7-19 所示：指定阵列对象的行数、行间距以及起始行和结束行之间的总距离和每个后续行增大或减小的高度。

图 7-18　【列】面板

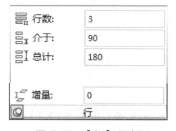

图 7-19　【行】面板

- 【行数】文本框☰☷：指定阵列对象的行数。
- 【介于】文本框☰☲：指定阵列对象的行间距。
- 【总计】文本框☰☷：指定起始行和结束行之间的总距离。
- 【增量】文本框：指定每个后续行增大或减小的高度。

③【层级】面板，如图 7-20 所示：指定三维矩形阵列的层数、层间距及总层距。

- 【级别】文本框：指定阵列对象的层数。

- 【介于】文本框：指定阵列对象的层间距。
- 【总计】文本框：指定起始层和结束层之间的总距离。

④【特性】面板，如图 7-21 所示：设定【矩形阵列】项目的特性。

图 7-20 【层级】面板

图 7-21 【特性】面板

- 【关联】按钮：指定阵列复制的对象是关联的还是独立的。
- 【基点】按钮：定义阵列基点的位置。

【特性】面板上的按钮显示灰色时为活动状态，无色为非活动状态。

⑤【关闭】面板，如图 7-22 所示：关闭功能区选项卡并结束命令。

2. 路径阵列

沿路径或部分路径均匀地分布复制对象。路径可以是直线、多段线、三维多段线、样条曲线、螺旋线、圆弧、圆或椭圆。

- 下拉菜单：【修改】|【阵列】|【路径阵列】
- 命令行：ARRAYPATH

图 7-22 【关闭】面板

- 功能区/工具栏：

与【矩形阵列】相同功能的选项、面板、对话框和按钮不再介绍了。

1）执行命令后命令行显示：

选择对象：‖ 选取要阵列的对象,选择完成后确认

类型=路径 关联=是

选择路径曲线：‖ 指定用于阵列路径的对象

选择夹点以编辑阵列或[关联(AS)/方法(M)/基点(B)/切向(T)/项目(I)/行(R)/层(L)/对齐项目(A)/Z 方向(Z)/退出(X)]<退出>：

①【方法】选项：用于控制沿路径分布复制对象的方法。

选择该选项后，命令行显示：

选择夹点以编辑阵列或[关联(AS)/方法(M)/基点(B)/切向(T)/项目(I)/行(R)/层(L)/对齐项目(A)/Z 方向(Z)/退出(X)]<退出>：‖ 输入 m 确认

输入路径方法[定数等分(D)/定距等分(M)]<定距等分>：

- 【定数等分】选项：沿路径曲线均匀分布指定数量的复制对象。
- 【定距等分】选项：以指定的间距沿路径曲线分布复制对象。

②【基点】选项：将选定基点的复制对象置于阵列路径的起点。

③【切向】选项：用于指定阵列中的项目如何与路径的起始方向对齐。

④【项目】选项：根据【方法】选项的设置，指定项目数或项目之间的距离。

⑤【对齐项目】选项：控制阵列项目时是否是阵列项目相对路径曲线的切线方向。

⑥【方向】选项：用于控制是否保持项目的原始 Z 方向或沿三维路径自然倾斜项目。

2）执行命令后功能区显示【路径阵列】选项卡，如图 7-23 所示。

图 7-23   【路径阵列】选项卡

①【项目】面板，如图 7-24 所示：根据【特性】面板设定的路径等分方式，指定阵列项目数或项目之间的距离。

- 【项目数】文本框：【特性】面板设定为【定数等分】时，设置阵列项目数。
- 【介于】文本框：【特性】面板设定为【定距等分】时，设置阵列项目间距。

图 7-24   【项目】面板

- 【总计】文本框：【特性】面板设定为【定距等分】时，设置起始项目到端点项目之间的总距离。

②【特性】面板如图 7-25 所示。可以设定【路径阵列】项目的特性，如是否"关联""基点"位置和"等分方法"等。

- 【基点】按钮：将选定基点的复制对象置于阵列路径的起点。
- 【切线方向】按钮：用于指定阵列中的项目如何相对于路径的起始方向对齐。
- 【等分方法】按钮，单击按钮"　"展开"等分方法"，如图 7-26 所示。

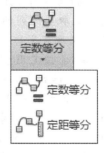

图 7-26   【等分方法】按钮

图 7-25   【特性】面板

➢ 【定数等分】选项：沿路径曲线均匀分布指定数量的复制对象。

➢ 【定距等分】选项：以指定的间距沿路径曲线分布复制对象。

- 【对齐项目】按钮：控制阵列项目时是否是阵列项目的方向。

- 【方向】按钮：用于控制是否保持项目的原始 Z 方向或沿三维路径自然倾斜项目。

3. 环形阵列

围绕以中心点或旋转轴为圆心，以基点到中心点或旋转轴的距离为半径的圆周，均匀分布阵列对象。

- 下拉菜单：【修改】|【阵列】|【环形阵列】
- 命令行：ARRAYPOLAR
- 功能区/工具栏：

与矩形阵列、路径阵列相同功能的选项、面板、对话框和按钮不再介绍了。

1）执行命令后命令行显示：

选择对象：‖选取要阵列的对象,选择完成后确认

类型=极轴 关联=是

指定阵列的中心点或[基点（B）/旋转轴（A）]：‖单击鼠标左键,选择阵列的中心点,确认

选择夹点以编辑阵列或[关联（AS）/基点（B）/项目（I）/项目间角度（A）/填充角度（F）/行（ROW）/层（L）/旋转项目（ROT）/退出（X）]<退出>：

① 【阵列的中心点】选项：是指分布阵列项目所围绕的点，旋转轴过此点且垂直于当前坐标系。

② 【旋转轴】选项：由两个指定点确定的自定义旋转轴。

③ 【项目】选项：使用数值或表达式指定阵列中的项目数。当用表达式定义填充角度时，如果表达式的值包含数学符号（"+"或"−"）不影响阵列的方向。

④ 【项目间角度】选项：使用数值或表达式指定项目之间的角度。

⑤ 【填充角度】选项：使用数值或表达式指定阵列中第一个和最后一个项目之间的角度。

⑥ 【旋转项目】选项：控制排列阵列对象项目时是否旋转项目。

2）执行命令后功能区显示【环形阵列】选项卡，如图 7-27 所示。

默认	插入	注释	参数化	视图	管理	输出	附加模块	A360	精选应用	阵列创建	

	项目数：	6	行数：	1	级别：	1				
极轴	介于：	60	介于：	23.0826	介于：	1	关联	基点	旋转项目	方向	关闭阵列
	填充：	360	总计：	23.0826	总计：	1				
类型	项目		行 ▼		层级		特性			关闭

图 7-27 【环形阵列】选项卡

① 【项目】面板：如图 7-28 所示，设置阵列项目数，项目间角度及起始项目与结束项目间的角度。

- 【项目数】文本框：指定环形阵列的项目数。

- 【介于】文本框：指定环形阵列项目间角度。

- 【填充】文本框：指定环形阵列起始项目与结束项目间的角度。

② 【特性】面板，如图 7-29 所示：设定环形阵列项目的特性，如是否 "关联" "基点" 位置、"旋转项目" 和 "方向" 等。

- 【旋转项目】按钮：控制排列阵列对象项目时是否旋转项目。

项目数：	6
介于：	60
填充：	360

项目

图 7-28 【项目】面板

● 【方向】按钮 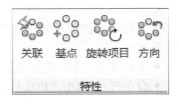：控制阵列项目排列时按顺时针旋转还是逆时针旋转。

【例 7-3】　使用【环形阵列】命令绘制如图 7-30 所示正五边形。

1）执行【圆】命令，绘制阵列路径 φ60 的圆。

指定圆的圆心或[三点(3P)/两点(2P)/切点、切点、半径(T)]：‖输入 100,100,确认

图 7-29　【特性】面板

指定圆的半径或[直径(D)]<70.0000>：‖输入 30,确认并结束命令

2）执行【多边形】命令，打开【对象捕捉】设置对话框，选中"象限点""圆心"，打开正交模式，绘制正五边形，如图 7-31 所示。

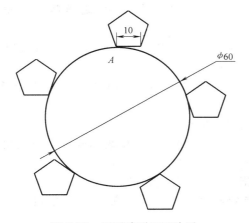

图 7-30　环形阵列正五边形

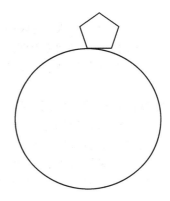

图7-31　阵列对象与阵列路径

输入侧面数 <4>：‖输入 5,确认

指定正多边形的中心点或[边(E)]：‖输入 e,确认

指定边的第一个端点：‖拾取 φ60 圆的最上象限点 A

指定边的第二个端点：‖向右拖动鼠标输入 10,确认命令结束

3）执行【环形阵列】命令，阵列复制其他正五边形。

① 命令行操作方式。

选择对象：‖抓取已绘制的五边形,确认

类型=极轴　关联=否

指定阵列的中心点或[基点(B)/旋转轴(A)]：‖拾取 φ60 圆的圆心

选择夹点以编辑阵列或[关联(AS)/基点(B)/项目(I)/项目间角度(A)/填充角度(F)/行(ROW)/层(L)/旋转项目(ROT)/退出(X)]<退出>：‖输入 I,确认

选择夹点以编辑阵列或[关联(AS)/基点(B)/项目(I)/项目间角度(A)/填充角度(F)/行(ROW)/层(L)/旋转项目(ROT)/退出(X)]<退出>：‖输入 5,确认并结束命令

② 功能区选项卡操作方式。

选择对象：‖抓取已绘制的正五边形,确认

类型=极轴　关联=否

指定阵列的中心点或[基点(B)/旋转轴(A)]：‖拾取 φ60 圆的圆心

功能区面板【项目】文本框：‖输入 5

功能区面板【关闭】阵列按钮：‖单击结束命令

7.5.4 移动对象

移动对象是将对象重新定位，对象的位置发生了改变，但方向和大小均未改变。

执行方式

- 下拉菜单：【修改】|【移动】
- 命令行：MOVE
- 功能区/工具栏：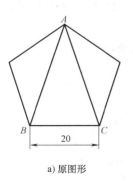

执行命令后命令行显示：

选择对象：‖选取要移动的对象,确认

指定基点或[位移(D)]<位移>：‖指定移动参考基点

指定第二个点或<使用第一个点作为位移>：‖指定移动的目标点

【位移】选项是使用坐标指定相对距离和方向。若选择【使用第一个点作为位移】选项，那么所给出的基点坐标值就被作为偏移量。

7.5.5 旋转对象

将对象绕基点旋转指定的角度。

执行方式

- 下拉菜单：【修改】|【旋转】
- 命令行：ROTATE
- 功能区/工具栏：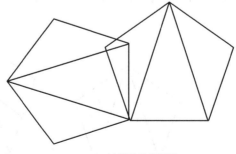

执行命令后命令行显示：

UCS 当前的正角方向：ANGDIR＝逆时针　ANGBASE＝0

选择对象：‖选择拟旋转的对象,确认

指定基点：‖指定基点(也就是旋转中心)

指定旋转角度,或[复制(C)/参照(R)]<0>：‖根据需要进行操作

【例7-4】 使用【旋转】命令将图 7-32a 所示图形变换为图 7-32b 所示图形。

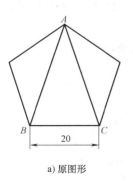
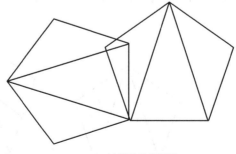

a) 原图形　　　　　　　　　　　　b) 旋转后的图形

图 7-32　旋转对象

① 执行【多边形】命令，打开正交模式，绘制五边形。

输入侧面数 <4>：‖输入 5,确认

指定正多边形的中心点或[边(E)]：‖输入 e,确认

指定边的第一个端点：‖输入 100,100,确认

指定边的第二个端点：‖向右拖动鼠标输入 20 ,命令结束

② 执行【直线】命令,关闭正交模式。

指定第一个点：‖拾取 B 点

指定下一点或[放弃(U)]：‖拾取 A 点

指定下一点或[放弃(U)]：‖拾取 C 点,确认结束命令

③ 执行【旋转】命令。

UCS 当前的正角方向：ANGDIR = 逆时针　　ANGBASE = 0

选择对象：‖选择全部对象,确认

指定基点：‖抓取图形左下角点 B

指定旋转角度,或[复制(C)/参照(R)]<0>：　　‖输入 C,确认

旋转一组选定对象

指定旋转角度,或[复制(C)/参照(R)]<0>：　　‖输入 90,确认

7.5.6　缩放对象

将对象按指定的比例因子相对于基点进行尺寸缩放。

执行方式

- 下拉菜单：【修改】|【缩放】
- 命令行：SCALE
- 功能区/工具栏：

执行命令后命令行显示：

选择对象：‖选取要缩放的对象,选择完成后确认

指定基点：‖指定基点(也就是缩放中心)

指定比例因子或[复制(C)/参照(R)]：‖根据需要进行操作

缩放对象时的【参照（R）】选项,需要依次输入参照长度的值和新的长度值,系统根据参照长度与新长度的值自动计算比例因子（比例因子=新长度值/参照长度值）,然后进行缩放。

【例 7-5】　使用【缩放】命令将图 7-33a 所示图形放大为图 7-33b 所示图形,并保留原图形。

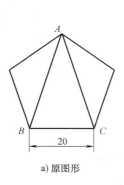
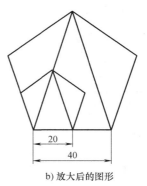

a) 原图形　　　　　　　　　　b) 放大后的图形

图 7-33　缩放对象

使用例7-4所绘图7-32a所示图形,执行【缩放】命令。

选择对象:‖ 选择全部对象,确认

指定基点:‖ 抓取图形左下角点 *B*

指定比例因子或[复制(C)/参照(R)]:‖ 输入 C,确认

缩放一组选定对象

指定比例因子或[复制(C)/参照(R)]:‖ 输入 2,确认结束命令

7.5.7 拉伸对象

拉伸窗交选择窗口经过的对象,移动完全包含在窗交选择窗口内的对象或单独选定的其他对象。

执行方式

• 下拉菜单:【修改】|【拉伸】

• 命令行:STRETCH

• 功能区/工具栏:

执行命令后命令行显示:

以交叉窗口或交叉多边形选择要拉伸的对象……

选择对象:‖ 以窗交方式选择要拉伸的对象,确认

指定基点或[位移(D)]<位移>:‖ 指定基点(也就是拉伸点)

指定第二个点或 <使用第一个点作为位移>:‖ 根据需要进行操作

在命令行提示"选择对象"时,输入"C"(窗交方式)或者"CP"(圈交方式)也可以实现拉伸对象的选择操作。

对于被选择的对象,若其所有部分均在选择窗口内,那么它们将被移动,如果只有一部分在选择窗口内,则遵循以下拉伸规则:

1)位于窗口外的直线端点不动,位于窗口内的直线端点移动。

2)位于窗口外的填充对象不动,位于窗口内的填充对象移动。

【例7-6】 使用【拉伸】命令将图7-34a所示图形变换为图7-34b所示图形。(图中虚线显示的矩形框为辅助线,表示窗交选择窗口的选择范围。)

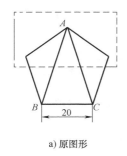
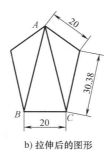

a) 原图形　　　　　　　　　　b) 拉伸后的图形

图 7-34　拉伸对象

使用例 7-4 所绘图 7-32a 所示图形,打开正交模式,执行【拉伸】命令。

命令:_ stretch

以交叉窗口或交叉多边形选择要拉伸的对象……

选择对象:‖ 以矩形框所在位置作为窗交选择窗口的选择范围,选取图形对象,确认

指定基点或［位移（D）］<位移>：‖ 抓取图形上顶点 A

指定第二个点或 <使用第一个点作为位移>：‖ 向上拖动鼠标,输入 10 确认

7.5.8　拉长对象

修改线段或者圆弧的长度。

执行方式

- 下拉菜单：【修改】|【拉长】
- 命令行：LENGTHEN
- 功能区：

执行命令后命令行显示：

选择要测量的对象或［增量（DE）/百分数（P）/总计（T）/动态（DY）］<总计（T）>：‖ 根据需要输入选项,确认,根据命令行提示进行相应操作

选择要修改的对象或［放弃（U）］：

选择要修改的对象或［放弃（U）］：‖ 单击对象的修改端

①【增量】选项：以增量方式修改对象的长度。长度增量为正值时拉长,长度增量为负值时缩短。

选择要测量的对象或［增量（DE）/百分数（P）/总计（T）/动态（DY）］<总计（T）>：‖ 输入de,确认

输入长度增量或［角度（A）］<0.0000>：

- 【角度】选项：用指定圆弧包角增量修改圆弧的长度。

②【百分数】选项：以相对于原长度的百分比来修改直线或者圆弧的长度。

③【总计】选项：以给定直线新的总长度或圆弧的新包含角来改变长度,为默认选项。

④【动态】选项：允许用户动态地改变圆弧或者直线的长度。

【例 7-7】　使用【拉长】命令将图 7-35a 所示图形变换为图 7-35b 所示图形。

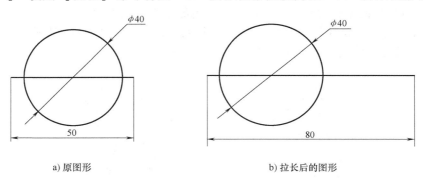

a) 原图形　　　　　　　　　　　　b) 拉长后的图形

图 7-35　拉长对象

命令：_lengthen

选择要测量的对象或［增量（DE）/百分数（P）/总计（T）/动态（DY）］<总计（T）>：‖ 选择直线

当前长度：50.0000

选择要测量的对象或［增量（DE）/百分数（P）/总计（T）/动态（DY）］<总计（T）>：‖ 确认

指定总长度或［角度（A）］<100.0000>：　‖输入 80,确认

选择要修改的对象或［放弃（U）］：　‖单击直线靠近右端点处

选择要修改的对象或［放弃（U）］：　‖确认结束命令

7.5.9　修剪对象

执行方式

- 下拉菜单：【修改】|【修剪】
- 命令行：TRIM
- 功能区/工具栏：⌐/⁻⁻⁻

执行命令后命令行显示：

当前设置：投影＝UCS,边＝延伸

选择剪切边……

选择对象或 <全部选择>：　‖选择要修剪的对象以及与其相交的修剪边界对象,确认

选择要修剪的对象,或按住<Shift>键选择要延伸的对象,或［栏选（F）/窗交（C）/投影（P）/边（E）/删除（R）/放弃（U）］：

直线、圆弧、圆、椭圆或椭圆弧、多段线、样条曲线、构造线、射线以及文字等对象可以作为剪切边界,而且剪切边界也可以同时作为被剪边。默认情况下,选择要修剪的对象,系统将选定的相交对象互为边界,拾取拟修剪对象,则删除选中对象位于拾取点一侧的部分。

①【投影】选项：指定执行修剪的空间。修剪三维空间中的两个对象,可将对象投影到某一平面上执行修剪操作。

②【边】选项：确定对象是在另一对象的延长边处进行修剪,还是仅在三维空间中与该对象相交的对象处进行修剪。

选择对象或 <全部选择>：　‖选择要修剪的对象以及与其相交的修剪边界对象,确认

选择要修剪的对象,或按住<Shift>键选择要延伸的对象,或［栏选（F）/窗交（C）/投影（P）/边（E）/删除（R）/放弃（U）］：　‖输入 E,确认

输入隐含边延伸模式［延伸（E）/不延伸（N）］<不延伸>：

- 【延伸】选项：沿自身自然路径延伸剪切边使它与三维空间中的对象相交。
- 【不延伸】选项：指定对象只在三维空间中与其相交的剪切边处修剪。

③【删除】选项：在【修剪】命令执行过程中,删除选定的对象。

7.5.10　延伸对象

执行方式

- 下拉菜单：【修改】|【延伸】
- 命令行：EXTEND
- 功能区/工具栏：⁻⁻/

【延伸】命令的操作方法和【修剪】命令的操作方法相似,可以延长指定的对象与另一对象相交或外观相交。

【修剪】和【延伸】命令可以相互调用,【延伸】命令活动时,如果在按下<Shift>键的同时选择对象,则执行【修剪】命令；同理,【修剪】命令活动时,如果在按下<Shift>键的

同时选择对象，则执行【延伸】命令。

7.5.11　打断

1. 打断于点

在一点处打断选定对象。

执行方式

- 功能区/工具栏：

执行命令后命令行显示：

选择对象：‖选择要打断的对象

指定第二个打断点或［第一点(F)］：_f

指定第一个打断点：‖选择打断位置点

【打断于点】命令适用的对象包括直线、开放的多段线和圆弧，不能在一点打断闭合对象，如圆。

2. 打断对象

在两点之间打断选定对象。

执行方式

- 下拉菜单：【修改】|【打断】
- 命令行：BREAK
- 功能区/工具栏：

执行命令后命令行显示：

选择对象：‖选择要打断的对象

指定第二个打断点 或［第一点(F)］：‖输入 F,重新确定第一个打断点,(若以选择对象时的拾取点作为第一点;此处拾取第二个打断点)

指定第一个打断点：‖拾取第一个打断点

指定第二个打断点：‖拾取第二个打断点

对圆使用【打断】命令时，将按逆时针方向删除圆上第一个打断点到第二个打断点之间的部分，从而将圆转换成圆弧。

【例 7-8】　使用【打断】命令将 7-36a 所示图形变换成 7-36b 所示图形。

1）设置图层。

2）切换至中心线层，打开正交模式，绘制中心线。

① 执行【直线】命令。

指定第一个点：‖输入(100,100),确认

指定下一点或［放弃(U)］：‖向右拖动鼠标输入 90,确认

指定下一点或［放弃(U)］：‖确认结束命令

② 执行【直线】命令。

指定第一个点：‖追踪刚绘制的中心线的中点,向下拖动鼠标,显示预期路径时输入 45,确认

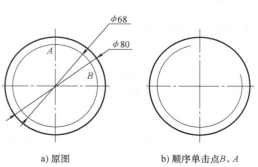

a) 原图　　　　b) 顺序单击点 B、A

图 7-36　打断图形

指定下一点或[放弃(U)]：‖向上拖动鼠标输入 90,确认结束命令

3）切换至粗实线层，绘制 φ80 的圆。执行【圆】命令。

指定圆的圆心或[三点(3P)/两点(2P)/切点、切点、半径(T)]：‖拾取中心线的交点

指定圆的半径或[直径(D)]：‖输入 40,确认并结束命令

4）切换至细实线层，绘制 φ68 的圆。执行【圆】命令。

指定圆的圆心或[三点(3P)/两点(2P)/切点、切点、半径(T)]：‖拾取中心线的交点

指定圆的半径或[直径(D)]<40.0000>：‖输入 34,确认并结束命令

5）执行【打断】命令，修剪 φ68 的圆成如 7-36b 所示图形。

选择对象：‖拾取 B 点

指定第二个打断点或[第一点(F)]：‖拾取 A 点,命令结束

7.5.12　合并对象

在重合端点处将对象合并，形成一个完整的对象。构造线、射线和闭合的对象无法合并。

执行方式

- 下拉菜单：【修改】|【合并】
- 命令行：JOIN
- 功能区/工具栏：⊷

执行命令后命令行显示：

选择源对象或要一次合并的多个对象：‖选择单个源对象,选择完成后按<Enter>键

> 注：单个源对象只能够选择一条直线、开放的多段线、圆弧、椭圆弧或开放的样条曲线等。

选择要合并到源的对象：‖选择要合并的对象

7.5.13　倒角

【倒角】命令用于为对象绘制倒角。

执行方式

- 下拉菜单：【修改】|【倒角】
- 命令行：CHAMFER
- 功能区/工具栏：◿

执行命令后命令行显示：

(修剪模式) 当前倒角距离 1＝2，距离 2＝5

选择第一条直线或[放弃(U)/多段线(P)/距离(D)/角度(A)/修剪(T)/方式(E)/多个(M)]：

选择第二条直线,或按住<Shift>键选择直线以应用角点或[距离(D)/角度(A)/方法(M)]：

不改变参数时，将按当前的倒角大小对所选择的两条直线进行倒角。所选择的两条直线必须相邻。选项功能如下：

①【放弃】选项：恢复在命令中执行的上一个操作。

②【多段线】选项：对整条二维多段线倒角。在相交多段线的每个顶点处倒角，倒角将成为多段线的新线段。如果多段线包含的线段过短以至于无法容纳倒角距离，则不对这些线段倒角。

③【距离】选项：设置倒角至选定边端点的距离。如果将两个距离均设定为零，将会延伸或修剪两条直线，以使它们终止于同一点。

④【角度】选项：用第一条线的倒角距离和相对第一条线的角度设定第二条直线的倒角距离。

【例 7-9】 使用【倒角】命令将图 7-37a 所示图形变换成图 7-37b 所示图形或图 7-37c 所示图形。

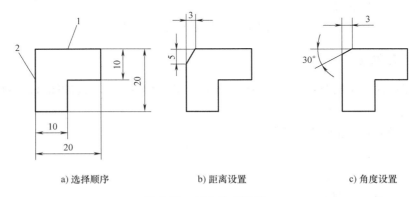

a) 选择顺序　　　　　　　b) 距离设置　　　　　　　c) 角度设置

图 7-37　倒角选项设置

切换至粗实线层，打开正交模式，绘制如图 7-37a 所示图形。

① 执行【直线】命令。

指定第一个点：‖输入 100,100,确认

指定下一点或［放弃（U）］：‖向右拖动鼠标输入 20,确认

指定下一点或［放弃（U）］：‖向下拖动鼠标输入 10,确认

指定下一点或［闭合（C）/放弃（U）］：‖向左拖动鼠标输入 10,确认

指定下一点或［闭合（C）/放弃（U）］：‖向下拖动鼠标输入 10,确认

指定下一点或［闭合（C）/放弃（U）］：‖向左拖动鼠标输入 10,确认

指定下一点或［闭合（C）/放弃（U）］：‖输入 c,确认结束命令

② 执行【倒角】命令，绘制如图 7-37b 所示倒角。

（修剪模式）当前倒角距离 1=0.0000,距离 2=0.0000

选择第一条直线或［放弃（U）/多段线（P）/距离（D）/角度（A）/修剪（T）/方式（E）/多个（M）］：‖输入 d

指定 第一个倒角距离 <0.0000>：‖输入 3,确认

指定 第二个倒角距离 <3.0000>：‖输入 5,确认

选择第一条直线或［放弃（U）/多段线（P）/距离（D）/角度（A）/修剪（T）/方式（E）/多个（M）］：‖拾取直线 1

选择第二条直线,或按住<Shift>键选择直线以应用角点或［距离（D）/角度（A）/方法（M）］：‖拾取直线 2,命令结束

③ 执行【倒角】命令，绘制如图 7-37c 所示倒角。

（修剪模式）当前倒角距离 1 = 3.0000，距离 2 = 5.0000

选择第一条直线或［放弃（U）/多段线（P）/距离（D）/角度（A）/修剪（T）/方式（E）/多个（M）］：‖ 输入 a

指定第一条直线的倒角长度 <3.0000>：‖ 输入 3，确认

指定第一条直线的倒角角度 <30>：‖ 输入 30，确认

选择第一条直线或［放弃（U）/多段线（P）/距离（D）/角度（A）/修剪（T）/方式（E）/多个（M）］：‖ 拾取直线 1

选择第二条直线，或按住 <Shift> 键选择直线以应用角点或［距离（D）/角度（A）/方法（M）］：‖ 拾取直线 2，命令结束

- 【修剪】选项：控制是否将选定的边修剪到倒角直线的端点，如图 7-38 所示。

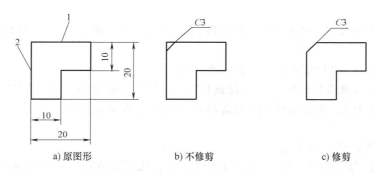

a) 原图形　　　　　　　　b) 不修剪　　　　　　　　c) 修剪

图 7-38　【修剪】选项对比

- 【方式】选项：在【距离】选项和【角度】选项间选择创建倒角的方式。
- 【多个】选项：连续为多组对象以相同倒角距离倒角。

7.5.14　圆角

可以对圆弧、圆、椭圆、椭圆弧、直线、多段线、射线、样条曲线和构造线执行圆角操作，还可以对三维实体和曲面执行圆角操作，如果选择网格对象执行圆角操作，可以选择在继续进行操作之前将网格转换为实体或曲面。

执行方式

- 下拉菜单：【修改】|【圆角】
- 命令行：FILLET
- 功能区/工具栏：

执行命令后命令行显示：

当前设置：模式 = 不修剪，半径 = 0.0000

选择第一个对象或［放弃（U）/多段线（P）/半径（R）/修剪（T）/多个（M）］：

与【倒角】命令相同的操作不再重复介绍。

【半径】选项：设置圆角的圆弧半径。

【例 7-10】　使用【圆角】命令将图 7-39a 所示图形变换成 7-39b 所示图形。

1）沿用例 7-9 中如图 7-37a 所示平面图形。

2）执行【圆角】命令，绘制如图 7-39b 所示圆角。

当前设置：模式 = 修剪，半径 = 20.0000

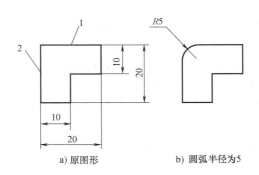

a) 原图形   b) 圆弧半径为5

图 7-39   【圆角】命令

选择第一个对象或［放弃（U）/多段线（P）/半径（R）/修剪（T）/多个（M）］：‖输入 r，确认

指定圆角半径 <20.0000>：‖输入 5，确认

选择第一个对象或［放弃（U）/多段线（P）/半径（R）/修剪（T）/多个（M）］：‖拾取直线 1

选择第二个对象，或按住<Shift>键选择对象以应用角点或［半径（R）］：‖拾取直线 2，命令结束

使用【圆角】命令应注意：

1）【圆角】命令对单一圆无效，但该命令可实现用圆角圆弧平滑连接两圆。

2）如果圆角圆弧半径超过对象的长度，则不能进行修圆角。

3）对两条平行线修圆角时，自动将圆角的半径定为两条平行线间距的一半。

4）如果指定半径为 0，则不产生圆角，只是将两个对象延长相交。

5）如果修圆角的两个对象具有相同的图层、线型和颜色，则圆角对象也与其相同；否则圆角对象采用当前图层、线型和颜色。

7.5.15   光顺曲线

在两条选定直线或曲线之间的间隙中创建样条曲线，有效操作对象包括直线、圆弧、椭圆弧、螺旋、开放的多段线和开放的样条曲线。

执行方式

• 下拉菜单：【修改】｜【光顺曲线】

• 命令行：BLEND

• 功能区/工具栏：

执行命令后命令行显示：

连续性=相切

选择第一个对象或［连续性（CON）］：‖选择插入光顺曲线的对象

选择第二个点：‖选择插入光顺曲线的第二个对象

【例 7-11】   使用【光顺曲线】命令将图 7-40a 所示图形变换成图 7-40b 或图 7-40c 所示图形（夹点显示区别）。

① 沿用例 7-9 中图 7-37a 所示平面图形。

② 切换至细实线层，执行【光顺曲线】命令，绘制如图 7-40b 所示光顺曲线。

连续性＝平滑

选择第一个对象或[连续性(CON)]：‖拾取直线 1 靠左端点处

选择第二个点：‖拾取直线 3 靠左端点处,命令结束

③ 执行：【光顺曲线】命令，绘制图 7-40c 所示光顺曲线。

连续性＝平滑

选择第一个对象或[连续性(CON)]：‖输入 con ,确认

输入连续性[相切(T)/平滑(S)]<平滑>：‖输入 t,确认

选择第一个对象或[连续性(CON)]：‖拾取直线 1 靠左端点处

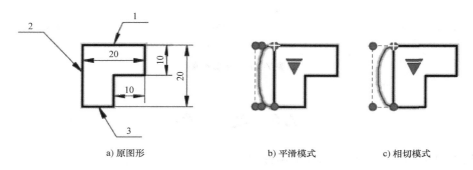

a) 原图形　　　　　b) 平滑模式　　　　　c) 相切模式

图 7-40　光顺曲线

选择第二个点：‖拾取直线 3 靠左端点处,命令结束

注：单击显示夹点"▼"，可选择样条曲线的拟合方式。

7.5.16　分解对象

多段线、块、图案填充和尺寸等对象，是由多个对象组成的组合对象。如需对单个成员进行编辑，就要先将其分解开。

执行方式

- 下拉菜单：【修改】|【分解】
- 命令行：EXPLODE
- 功能区/工具栏：

【例 7-12】　使用【分解】命令，将图 7-41a 所示矩形变换成图 7-41c 所示图形（夹点显示区别）。

① 执行【矩形】命令，绘制图形。

指定第一个角点或[倒角(C)/标高(E)/圆角(F)/厚度(T)/宽度(W)]：‖输入 100,100,确认

指定另一个角点或[面积(A)/尺寸(D)/旋转(R)]：‖输入 d,确认

指定矩形的长度 <10.0000>：‖输入 50,确认

指定矩形的宽度 <10.0000>：‖输入 30,确认

指定另一个角点或[面积(A)/尺寸(D)/旋转(R)]：‖向右上拖动鼠标,单击左键确认结束命令

② 执行【分解】命令。

选择对象：‖ 拾取矩形，命令结束

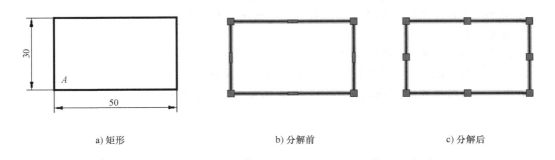

a) 矩形　　　　　　　　　b) 分解前　　　　　　　　　c) 分解后

图 7-41　分解对象

7.6　实　　例

绘制如图 7-42 所示齿轮泵泵体的零件图。

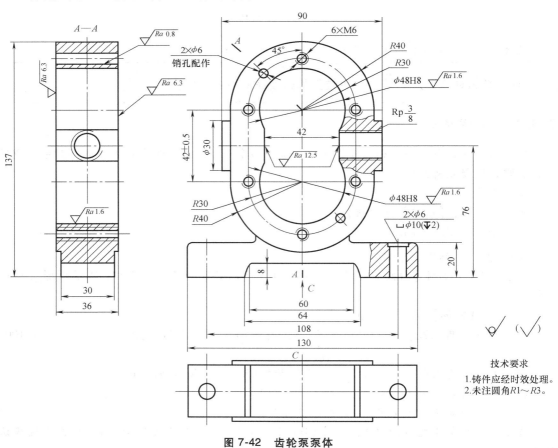

图 7-42　齿轮泵泵体

（1）设置图层　创建图层，并将中心线层置为当前图层。

（2）绘制泵体主视图中心线　主视图中心线绘制结束后如图 7-43 所示。

1）执行【直线】命令，打开正交功能。

指定第一个点：‖ 输入(70,195)，确认

指定下一点或[放弃(U)]：‖ 向右拖动鼠标，输入 46，按<Enter>键结束命令

2）执行【直线】命令，在【对象捕捉】选项卡（见图 4-28）中勾选"端点""中点""圆心""交点""切点"，并打开对象捕捉与对象追踪功能。

指定第一个点：‖ 追踪中心线 1 的中点，向上拖动鼠标，显示预期路径时输入 66，确认

指定下一点或[放弃(U)]：‖ 向下拖动鼠标，输入 147，确认并结束命令

3）执行【偏移】命令，绘制中心线 3、4。

当前设置：删除源＝否　图层＝源　OFFSETGAPTYPE＝0

指定偏移距离或[通过(T)/删除(E)/图层(L)]

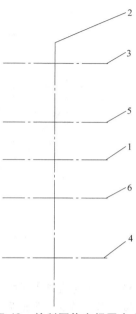

图 7-43　绘制泵体主视图中心线

<21.0000>：‖ 输入 51，确认

选择要偏移的对象，或[退出(E)/放弃(U)]<退出>：‖ 选择中心线 1

指定要偏移的那一侧上的点，或[退出(E)/多个(M)/放弃(U)]<退出>：‖ 在中心线 1 的上方单击鼠标左键

选择要偏移的对象，或[退出(E)/放弃(U)]<退出>：‖ 选择中心线 1

指定要偏移的那一侧上的点，或[退出(E)/多个(M)/放弃(U)]<退出>：‖ 在中心线 1 的下方单击鼠标左键

选择要偏移的对象，或[退出(E)/放弃(U)]<退出>：‖ 确认并结束命令

4）执行【偏移】命令，以中心线 1 为源对象，偏移距离为 21，绘制中心线 5、6。

（3）绘制泵体左视图中心线　绘图结束后如图 7-44b 所示，编辑前如图 7-44a 所示。

1）执行【直线】命令，绘制出中心线 7。

指定第一个点：‖ 追踪主视图中心线 1 的右端点，向右拖动鼠标，显示预期路径时，输入 50，确认

指定下一点或[放弃(U)]：‖ 向右拖动鼠标，输入 100，按<Enter>键并结束命令

2）执行【偏移】命令，以中心线 7 为源对象，偏移距离为 21，绘制中心线 8、9。

3）执行【直线】命令，绘制中心线 10。

指定第一个点：‖ 追踪左视图中心线 8 的中点，向上拖动鼠标，显示预期路径时，输入 66，确认

指定下一点或[放弃(U)]：‖ 向下拖动鼠标，显示预期路径时输入 147，确认键并结束命令

4）执行【圆】命令，以 O_1 为圆心，30 为半径，绘制点画圆 11。

指定圆的圆心或[三点(3P)/两点(2P)/切点、切点、半径(T)]：‖ 选择圆心 O_1

指定圆的半径或[直径(D)]<30.0000>：‖ 输入 30，按<Enter>键并结束命令

5）执行【圆】命令，以 O_2 为圆心，30 为半径，绘制点画圆 12。

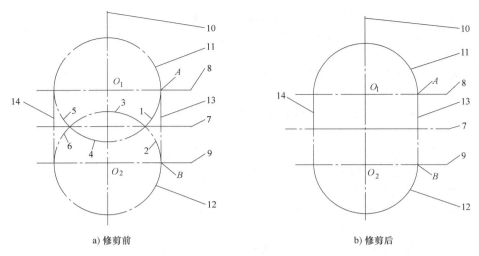

a) 修剪前　　　　　　　　　　　b) 修剪后

图 7-44　绘制泵体左视图中心线

6）执行【直线】命令，绘制点画圆 11、12 的外公切线 13。

指定第一个点：‖拾取图 7-44a 中 A 点

指定下一点或［放弃（U）］：‖拾取图 7-44a 中 B 点

指定下一点或［放弃（U）］：‖确认结束命令

7）执行【直线】命令，参考 6）操作，绘制点画圆 11、12 的外公切线 14。

8）执行【修剪】命令，将图 7-44a 编辑为图 7-44b。

当前设置：投影＝UCS，边＝无

选择剪切边 …

选择对象或＜全部选择＞：‖拾取图 7-44a 中序号为 11、12、13、14 的图线，确认

指定对角点：找到 4 个

选择对象：‖顺序单击图 7-44a）中 1、2、3、4、5、6 位置处，确认结束命令

（4）绘制泵体左视图主要轮廓线　切换至粗实线层，绘制图 7-45b 所示图形，编辑前如图 7-45a 所示。

1）绘制左视图 $R40$ 的圆弧及其切线。

参考上述步骤（3）中的 4）、5）、6）、7）、8）操作，绘制半径为 40 的圆（编辑后即图线 15、16）及其切线 17、18，如图 7-45a 所示。

2）绘制左视图 $\phi48$ 的圆。

参考上述步骤（3）中的 4）、5）、8）操作，绘制 $\phi48$ 的圆（编辑后即图线 19、20）如图 7-45a 所示，中心线 7 断开为 7 和 7′。

3）绘制左视图底座。

① 执行【直线】命令，绘制底座轮廓线 21、22、23、24、25。

指定第一个点：‖追踪图 7-45a 中 A 点，向下拖动鼠标显示预期路径时输入 7，确认

指定下一点或［放弃（U）］：‖向右拖动鼠标，输入 30，确认

指定下一点或［放弃（U）］：‖输入@（2，-8），确认

指定下一点或［闭合（C）/放弃（U）］：‖向右拖动鼠标，输入 33，确认

指定下一点或［闭合（C）/放弃（U）］：‖向上拖动鼠标，输入 20，确认

指定下一点或［闭合（C）/放弃（U）］：‖向左拖动鼠标，输入 65，确认并结束命令

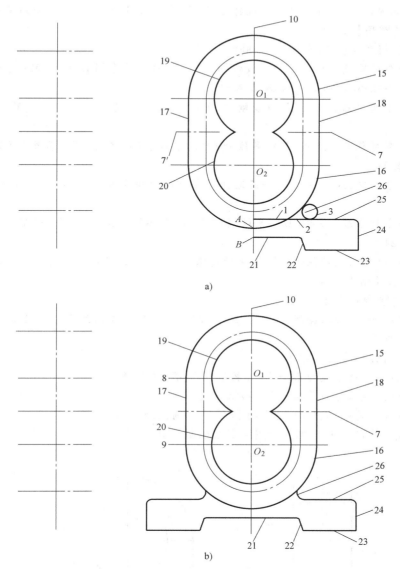

图 7-45 绘制泵体左视图主要轮廓线

② 执行【圆】命令，绘制图线 26。

指定圆的圆心或[三点(3P)/两点(2P)/切点、切点、半径(T)]：‖输入 t，确认

指定对象与圆的第一个切点：‖拾取图 7-45a 中的图线 16

指定对象与圆的第二个切点：‖拾取图 7-45a 中的图线 25

指定圆的半径<3.0000>：‖输入 3，确认并结束命令

③ 执行【修剪】命令。

当前设置：投影＝UCS，边＝无

选择剪切边……

选择对象或<全部选择>：‖拾取图 7-45a 中序号为 16、25、26 的图线

选择要修剪的对象，或按住<Shift>键选择要延伸的对象，或[栏选(F)/窗交(C)/投影

（P）/边（E）/删除（R）/放弃（U）：‖选择图 7-45a 中 1、2、3 位置处，确认并结束命令

④ 执行【圆角】命令。

当前设置：模式＝修剪，半径＝0.0000

选择第一个对象或［放弃（U）/多段线（P）/半径（R）/修剪（T）/多个（M）］：‖输入 r，确认

指定圆角半径＜0.0000＞：‖输入 2，确认

选择第一个对象或［放弃（U）/多段线（P）/半径（R）/修剪（T）/多个（M）］：‖输入 m，确认

选择第一个对象或［放弃（U）/多段线（P）/半径（R）/修剪（T）/多个（M）］：‖拾取图 7-45a 中的图线 21

选择第二个对象，或按住＜Shift＞键选择对象以应用角点或［半径（R）］：‖拾取图 7-45a 中的图线 22

选择第一个对象或［放弃（U）/多段线（P）/半径（R）/修剪（T）/多个（M）］：‖拾取图 7-45a 中的图线 24

选择第二个对象，或按住＜Shift＞键选择对象以应用角点或［半径（R）］：‖拾取图 7-45a 中的图线 25；确认并结束命令

⑤ 执行【镜像】命令。

选择对象：‖依次拾取图线 21、22、23、24、25、26，以及连接图线 21、22 的圆弧和连接图线 24、25 的圆弧，确认

选择对象：找到 1 个，总计 8 个

选择对象：指定镜像线的第一点：‖拾取图 7-45a 中的 A 点

指定镜像线的第二点：‖拾取图 7-45a 中的 B 点

要删除源对象吗？［是（Y）/否（N）］＜否＞：‖确认，结束命令

（5）绘制主视图主要轮廓　绘图结束后如图 7-46 所示。

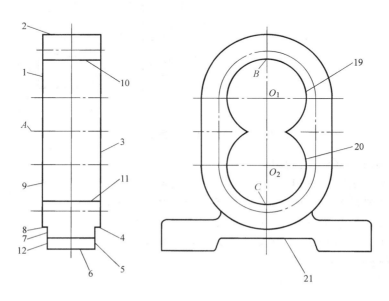

图 7-46　绘制泵体主视图主要轮廓

1）执行【直线】命令，绘制图线 1、2、3、4、5、6、7、8、9。

指定第一个点：‖追踪图 7-46 中 A 点，向右拖动鼠标，显示预期路径时输入 5，确认

指定下一点或［放弃（U）］：‖向上拖动鼠标，输入 61

指定下一点或［放弃（U）］：‖向右拖动鼠标，输入 36

指定下一点或［放弃（U）］：‖向下拖动鼠标，输入 122

指定下一点或［放弃（U）］：‖向左拖动鼠标，输入 3

指定下一点或［放弃（U）］：‖向下拖动鼠标，输入 15

指定下一点或［放弃（U）］：‖向左拖动鼠标，输入 30

指定下一点或［放弃（U）］：‖向上拖动鼠标，输入 15

指定下一点或［放弃（U）］：‖向左拖动鼠标，输入 3

指定下一点或［放弃（U）］：‖输入 c，确认，结束命令

2）执行【直线】命令，绘制图线 10。

指定第一个点：‖追踪图 7-46 中 B 点，向左拖动鼠标，显示预期路径与主视图图线 3 相交时（出现"×"），单击鼠标左键

指定下一点或［放弃（U）］：‖向左拖动鼠标，输入 36，确认

指定下一点或［放弃（U）］：‖确认并结束命令

3）执行【直线】命令，追踪图 7-46 中 C 点，绘制长度为 36 的图线 11。

4）执行【直线】命令，追踪图 7-46 中 D 点，绘制长度为 30 的图线 12。

（6）绘制主、左视图的螺纹孔　绘图结束后如 7-47b 所示，编辑前如图 7-47a 所示。

1）执行【圆】命令，绘制图 7-47a 中的图线 1。

指定圆的圆心或［三点（3P）/两点（2P）/切点、切点、半径（T）］：‖拾取图 7-47a 中 A 点

指定圆的半径或［直径（D）］：‖输入 d，确认

指定圆的直径：‖输入 5.1，确认并结束命令

> 注：内螺纹小径为 0.85d，d 为螺纹公称直径。

2）切换至细实线层，执行【圆】命令，绘制图线 2，直径为 6。

3）执行【打断】命令。

选择对象：‖拾取图 7-47a 中的图线 2

指定第二个打断点或［第一点（F）］：‖输入 f，确认

指定第一个打断点：‖拾取该图线上 B 位置处

指定第二个打断点：‖拾取该图线上 C 位置处

> 注：删除图线 2 上 B 点与 C 点之间的圆弧，约为整圆的 3/4。

4）执行【环形阵列】命令，绘制图线 3、4；5、6；7、8。

选择对象：‖拾取图 7-47a 中的图线 1、2

类型＝极轴　关联＝否

指定阵列的中心点或［基点（B）/旋转轴（A）］：‖拾取圆心 O_1

选择夹点以编辑阵列或［关联（AS）/基点（B）/项目（I）/项目间角度（A）/填充角度（F）/行（ROW）/层（L）旋转项目（ROT）/退出（X）］＜退出＞：‖输入 i，确认

输入阵列中的项目数或［表达式（E）］＜6＞：‖输入 4，确认

选择夹点以编辑阵列或［关联（AS）/基点（B）/项目（I）/项目间角度（A）/填充角度（F）/行（ROW）/层（L）旋转项目（ROT）/退出（X）］＜退出＞：‖确认结束命令

5）执行【删除】命令。

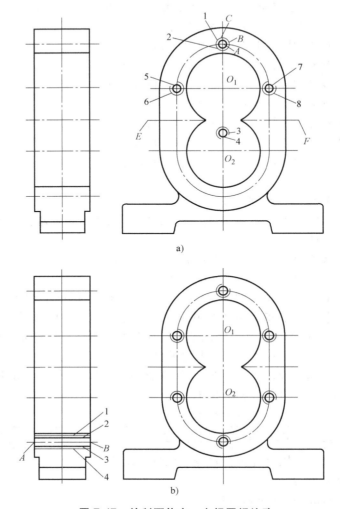

图 7-47   绘制泵体主、左视图螺纹孔

选择对象: ‖ 拾取图 7-47a 中的图线 3、4, 确认结束命令

6) 执行【镜像】命令。

选择对象: ‖ 拾取图 7-47a 中的图线 1、2、5、6、7、8, 确认

指定镜像线的第一点: ‖ 拾取图中 E 点

指定镜像线的第二点: ‖ 拾取图中 F 点

要删除源对象吗? [是(Y)/否(N)]<否>: ‖ 确认并结束命令

7) 绘制主视图螺纹孔。

① 执行【直线】命令, 绘制图线 1。

指定第一个点: ‖ 追踪图 7-47b 中 A 点向上拖动鼠标, 输入 3, 确认

指定下一点或[放弃(U)]: ‖ 向右拖动鼠标, 输入 36, 确认

指定下一点或[放弃(U)]: ‖ 确认结束命令

② 切换至粗实线层, 执行【直线】命令, 绘制图线 2。

指定第一个点: ‖ 追踪图 7-47b 中 A 点, 向上拖动鼠标, 输入 2.55, 确认

指定下一点或［放弃（U）］:‖向右拖动鼠标,输入36,确认

指定下一点或［放弃（U）］:‖确认结束命令

③ 执行【镜像】命令,以直线 AB 为镜像线,绘制图线 3、4。

（7）绘制主、左视图销孔　绘图结束后如图 7-48 所示。

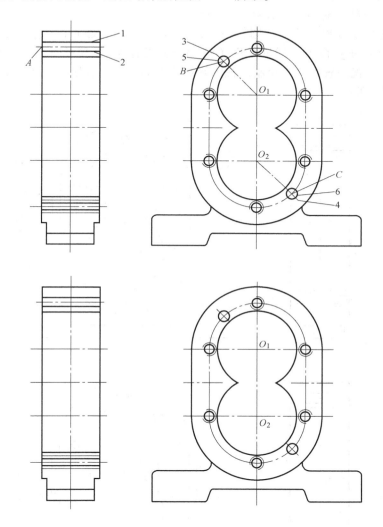

图 7-48　绘制泵体主、左视图销孔

1）绘制主视图销孔。

① 执行【直线】命令,绘制图线 1。

指定第一个点:‖追踪图 7-48 中 A 点,向上拖动鼠标,输入3,确认

指定下一点或［放弃（U）］:‖向右拖动鼠标,输入36,确认

指定下一点或［放弃（U）］:‖确认结束命令

② 执行【直线】命令,绘制图线 2。

2）绘制左视图销孔。

① 切换至中心线层,打开极轴功能,选择 45° 极轴角（见图 4-26）,执行【直线】命

令，绘制销孔中心线 3。

指定第一个点：‖ 拾取图 7-48 中圆心 O_1

指定下一点或 [放弃(U)]：‖ 向左上方拖动鼠标，出现 45° 极轴追踪路径时，输入 36，确认

指定下一点或 [放弃(U)]：‖ 确认并结束命令

② 执行【直线】命令，绘制销孔中心线 4。

③ 切换至粗实线层，执行【圆】命令，分别以 B、C 为圆心，3 为半径画圆 5、6。

④ 执行【打断】命令（详见步骤（6）中 3）的操作），参考图 7-42 编辑图线 3、4。

（8）绘制左视图管螺纹　绘制左视图管螺纹图形，编辑前如图 7-49a 所示，主要部分编辑后如图 7-49b 所示。

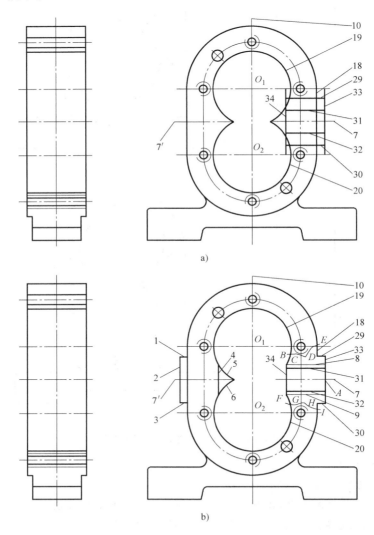

图 7-49　绘制泵体左视图管螺纹

1）打开正交功能，执行【直线】命令，绘制辅助线。

指定第一个点：‖ 追踪图线 7 的右端点，向左拖动鼠标，显示预期路径时输入 5，确认

指定下一点或[放弃(U)]：‖向左拖动鼠标，输入 24，确认并结束命令

2）执行【偏移】命令，选择第 1）步绘制的辅助线，偏移距离为 15，绘制图线 29、30。

3）执行【偏移】命令，选择第 1）步绘制的辅助线，偏移距离为 7.475，绘制图线 31、32。

4）执行【删除】命令，删除辅助线。

选择对象：‖选择第 1)步绘制的直线，确认并结束命令

5）执行【偏移】命令，选择图 7-49a 中的图线 18，向左偏移 5mm，绘制图线 33。

6）执行【偏移】命令，选择图线 18，向右偏移 19mm，绘制图线 34。

7）执行【修剪】命令，参考图 7-49b，编辑图线 18、29、30、33、34。

8）执行【镜像】命令，选择图 7-49b 中的图线 29、30、33、34，以中心线 O_1O_2 为镜像线，绘制图线 1、2、3、4。

9）执行【修剪】命令，参考图 7-42，删除多余图线 5、6。

10）切换至细实线层，执行【直线】命令，绘制图线 8。

指定第一个点：‖追踪图 7-49b 中 A 点，向上拖动鼠标，输入 8.330，确认

指定下一点或[放弃(U)]：‖向左拖动鼠标，输入 24，确认并结束命令

11）执行【直线】命令，绘制图线 9。

12）关闭正交功能，执行【样条曲线】命令，参考图 7-42，绘制波浪线。

当前设置：方式＝拟合　节点＝弦

指定第一个点或[方式(M)/节点(K)/对象(O)]：‖在图 7-49b 中 B 点附近单击鼠标左键

输入下一个点或[起点切向(T)/公差(L)]：‖在图 7-49b 中 C 点附近单击鼠标左键

输入下一个点或[端点相切(T)/公差(L)/放弃(U)]：‖在图 7-49b 中 D 点附近单击鼠标左键

输入下一个点或[端点相切(T)/公差(L)/放弃(U)/闭合(C)]：‖在图 7-49b 中 E 点附近单击鼠标左键，确认并结束命令

13）执行【样条曲线】命令，在图 7-49b 中点 F、G、H、I 附近单击鼠标左键，绘制另一条波浪线。

14）执行【修剪】命令，删除图 7-49b 中 B、E、F、I 处的波浪线。

（9）填充主、左视图剖面线　执行【图案填充】命令（详见第六章），参考图 7-42 填充主、左视图剖面线，填充结束后如图 7-50 所示。

拾取内部点或[选择对象(S)/放弃(U)/设置(T)]：‖选择剖面线图案 ANSI31，单击【拾取点】按钮，在图 7-50 中 A、B、C、D、E、F、G、H、I、J、K、L、M、N、P、Q、R、S、T、U 处逐一单击鼠标左键

拾取内部点或[选择对象(S)/放弃(U)/设置(T)]：‖确认并结束命令

（10）绘制主视图泵体管螺纹　绘图结束后如图 7-51 所示。

1）打开正交功能，切换至粗实线层，执行【直线】命令，参考步骤（5）中 2）的操作，追踪图 7-51 中的 A 点，绘制图线 1。

2）执行【直线】命令，参考步骤（5）中 2）的操作，追踪图 7-51 中的 B 点，绘制图线 2。

3）参考步骤（6）中 1）、2）、3）的操作，以图 7-51 中的点 O_3 为圆心，以 14.950mm

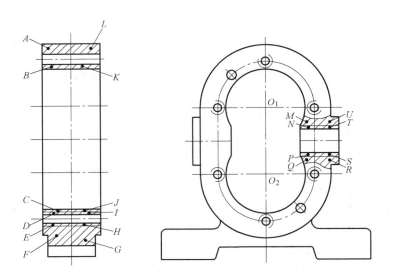

图 7-50 填充泵体主、左视图剖面线

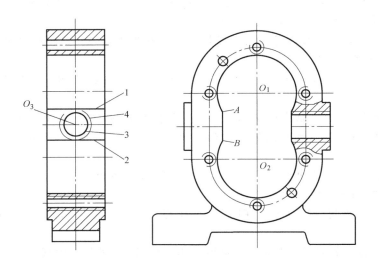

图 7-51 绘制主视图泵体管螺纹

为直径，绘制图线 3，以 16.660mm 为直径，绘制并编辑图线 4。

（11）绘制左视图泵体底座螺栓孔 绘图结束后如图 7-52 所示。

1）切换至中心线层，执行【直线】命令，绘制图线 1。

指定第一个点：‖追踪图 7-52 中 A 点，向右拖动鼠标，显示预期路径时输入 54，确认

指定下一点或［放弃（U）］：‖向上拖动鼠标，输入 30，确认

指定下一点或［放弃（U）］：‖确认并结束命令

2）执行【偏移】命令，以图线 1 为源对象，偏移距离为 108mm，绘制图线 2。

3）切换至粗实线层，执行【直线】命令，绘制图线 3。

指定第一个点：‖追踪图 7-52 中 B 点，向右拖动鼠标，显示预期路径时输入 3，确认

指定下一点或［放弃（U）］：‖向上拖动鼠标，输入 18，确认

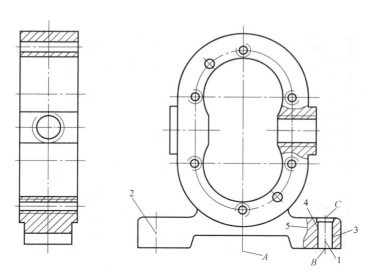

图 7-52 绘制左视图泵体底座螺栓孔

指定下一点或［放弃（U）］：‖确认结束命令

4）执行【直线】命令，绘制图线 4。

5）执行【直线】命令。

指定第一个点：‖追踪图 7-52 中的 C 点，向左拖动鼠标，显示预期路径时，输入 5，确认

指定下一点或［放弃（U）］：‖向下拖动鼠标，输入 2，确认

指定下一点或［放弃（U）］：‖向右拖动鼠标，输入 10，确认

指定下一点或［放弃（U）］：‖向上拖动鼠标，输入 2，确认并结束命令

6）切换至细实线层，关闭正交功能，参考步骤（8）中的 11）和 13）操作，绘制波浪线 5。

7）切换至图案填充层，执行【图案填充】命令（参考步骤（9）中的操作），参考图 7-42，填充左视图底座螺栓孔的剖面线。

（12）绘制泵体底座向视图　绘图结束后如图 7-53 所示。

1）切换至中心线层，打开正交功能，执行【直线】命令，绘制图线 1。

指定第一个点：‖追踪图 7-53 中 A 点，向下拖动鼠标，显示预期路径时，输入 40，确认

指定下一点或［放弃（U）］：‖向下拖动鼠标输入 46，确认并结束命令

2）执行【直线】命令。

指定第一个点：‖追踪图线 1 的中点，向左拖动鼠标，显示预期路径时，输入 70，确认

指定下一点或［放弃（U）］：‖向右拖动鼠标输入 140，确认并结束命令

3）执行【偏移】命令，以图线 1 为源对象，偏移距离 54mm，绘制图线 2、3。

4）切换至粗实线层，执行【直线】命令。

指定第一个点：‖追踪图 7-53 中 B 点，向右拖动鼠标，显示预期路径时，输入 5，确认

指定下一点或［放弃（U）］：‖向上拖动鼠标，输入 15，确认

指定下一点或［放弃（U）］：‖向右拖动鼠标，输入 130，确认

指定下一点或［闭合（C）/放弃（U）］：‖向下拖动鼠标，输入 30，确认

指定下一点或［闭合（C）/放弃（U）］：‖向右拖动鼠标，输入 130，确认

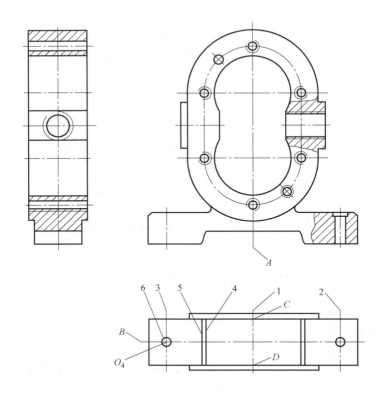

图 7-53　绘制泵体底座向视图

指定下一点或［闭合（C）/放弃（U）］：‖输入 C,确认并结束命令

5）执行【直线】命令，追踪 C 点向左拖动鼠标，指定距离为 30mm，绘制长度为 30mm 的图线 4。

6）执行【直线】命令，追踪 C 点向左拖动鼠标，指定距离为 32mm，绘制长度为 30mm 的图线 5。

7）执行【圆】命令。

指定圆的圆心或［三点（3P）/两点（2P）/切点、切点、半径（T）］：‖拾取图 7-53 中圆心 O_4

指定圆的半径或［直径（D）］：‖输入 3,确认结束命令

8）执行【镜像】命令，以图线 1 为镜像中心线，将图线 4、5、6 镜像到右侧，并保留源对象。

9）执行【直线】命令。

指定第一个点：‖追踪图 7-54 中 C 点,向左拖动鼠标,显示预期路径时输入 40,确认

指定下一点或［放弃（U）］：‖向上拖动鼠标输入 3,确认

指定下一点或［放弃（U）］：‖向右拖动鼠标输入 80,确认

指定下一点或［放弃（U）］：‖向下拖动鼠标输入 3,确认并结束命令

10）执行【直线】命令，追踪图中 D 点，参考 9）的操作，完成泵体底座向视图的绘制。

至此，完整的泵体零件图绘制完毕。

7.7　本章小结

本章介绍了用于图形编辑的命令，在操作过程中要随时注意命令行提示。对象选取的顺序也要注意，选取顺序不同将会出现不同的结果。例如，打断命令，是按逆时针方向删除圆上第一个打断点到第二个打断点之间的部分，从而将圆转换成圆弧。

习　　题

1. 绘制如图 7-54 所示齿轮轴（不标注尺寸及技术要求）。

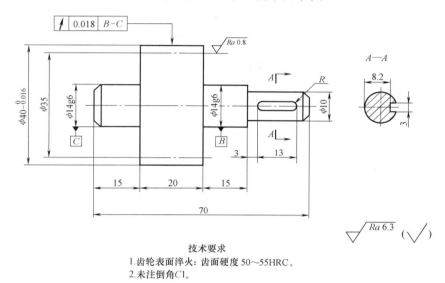

技术要求
1.齿轮表面淬火：齿面硬度 50～55HRC。
2.未注倒角C1。

图 7-54　齿轮轴

2. 绘制如图 7-55 所示盖板。（不标注尺寸）

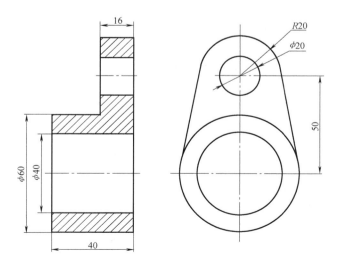

图 7-55　盖板

3. 绘制如图 7-56 所示凸轮。（不标注尺寸）

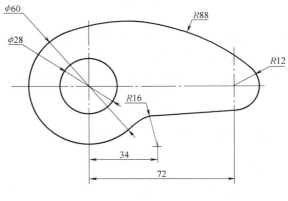

图 7-56　凸轮

第8章

视图操作

在绘图过程中，为了便于绘图操作，需要对绘图窗口进行调整。例如，可以根据需要进行重画、重新生成、缩放视图、实时缩放、窗口缩放、显示上一个视图、动态缩放、按比例缩放、重设视图中心点、根据绘图范围或实际图形显示、平移视图等操作。

8.1 重画与重新生成图形

8.1.1 重画

执行方式：

- 下拉菜单：【视图】|【重画】
- 命令行：REDRAWALL（透明命令）

> 注：许多命令可以透明使用，即可以在某一命令执行过程中，同时执行另外一个命令。

在绘图和编辑过程中，屏幕上常常留些临时标记，会使当前图形画面显得混乱，这时就可以使用【重画】命令来清除这些临时标记。

8.1.2 重生成

1. 重生成

执行方式：

- 下拉菜单：【视图】|【重生成】
- 命令行：REGEN（透明命令）

【重生成】与【重画】在本质上是不同的。利用【重生成】命令可重新生成屏幕，此时系统从磁盘中调用当前图形的数据。

在绘制较大的图形文件时，通过改变某些对象的显示性能，可以提高图形的缓冲运行速度，如隐藏图案填充或隐藏文字仅显示边框等。再次调整其显示性能后，需执行【重生成】命令更新显示效果。

【例8-1】 执行【重生成】命令，显示图案填充效果。

1）取消图案填充的显示效果。

执行方式：

- 下拉菜单：【工具】|【选项】
- 功能区：【视图】|【界面】|【选项】按钮 ↘

在【选项】对话框【显示】选项卡上，取消选中【显示性能】选项组中的【应用实体填充】复选框（图 8-1），单击【确定】按钮关闭【选项】对话框。

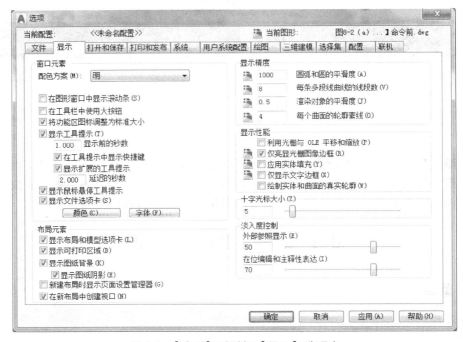

图 8-1 【选项】对话框【显示】选项卡

2）绘制直径为 50 的圆，并进行图案填充，如图 8-2a 所示。

① 执行【圆】命令。

指定圆的圆心或［三点(3P)／两点(2P)／切点、切点、半径(T)］：‖ 输入 100,100,确认

指定圆的半径或［直径(D)］<0.5000>：‖ 输入 25,确认结束命令

② 执行【图案填充】命令。

拾取内部点或［选择对象(S)／放弃(U)／设置(T)］：‖ 在圆内单击鼠标左键,确认结束命令

3）恢复选中【应用实体填充】复选框。

打开【选项】对话框【显示】选项卡，选中如图 8-1 中所示【显示性能】选项组中的【应用实体填充】复选框，单击【确定】按钮关闭【选项】对话框。此时仍不显示填充效果，与图 8-2a 所示相同。

4）执行【重生成】命令，显示图案填充效果。

单击【视图】｜【重生成】命令，效果如图 8-2b 所示。

2. 全部重生成

执行方式：

• 下拉菜单：【视图】｜【全部重生成】

• 命令行：REGENALL（透明命令）

执行【全部重生成】命令可以同时更新多个视口显示。执行【全部重生成】命令效果如图 8-3 所示。

【例 8-2】 执行【全部重生成】命令。

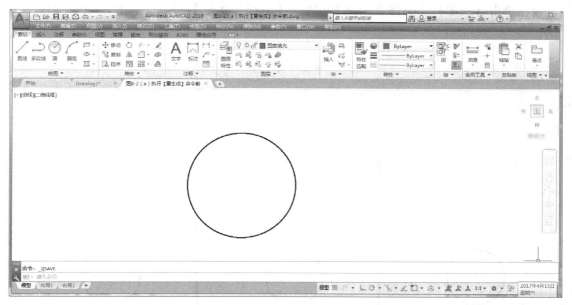

a) 执行【重生成】命令前

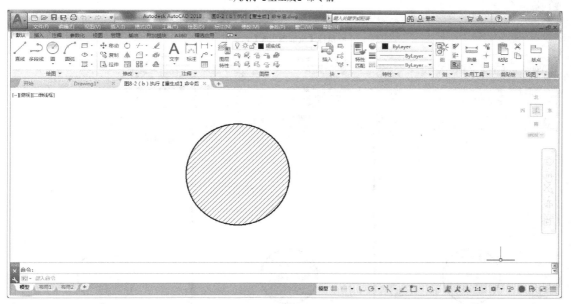

b) 执行【重生成】命令后

图 8-2 执行【重生成】命令前后效果比较

1) 重复【例 8-1】中的第 1) 和第 2) 步操作。

2) 调整视口为三列。

执行方式：

• 下拉菜单：【视图】|【视口】|【三个视口】

• 功能区：【视图】|【视口配置】|三个垂直： ▯▯▯

3) 重复例 8-1 中的第 3) 步操作，显示效果如图 8-3a 所示。

4）单击【视图】|【全部重生成】，执行【全部重生成】命令后，显示效果如图 8-3b 所示。

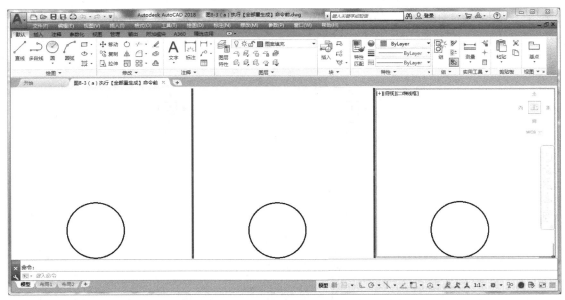

a) 执行【全部重生成】命令前

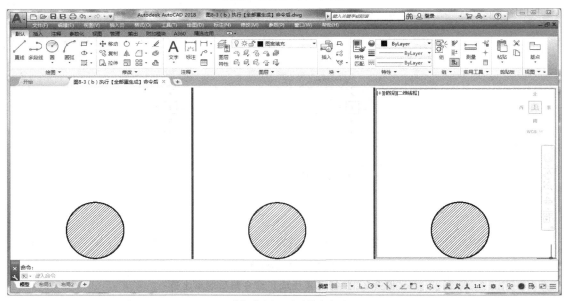

b) 执行【全部重生成】命令后

图 8-3　执行【全部重生成】命令前后效果比较

8.2　缩　放　视　图

在绘图过程中，有时会遇到图形含有微小结构。为了清楚地显示这些微小结构，需要改变图形的显示比例。

执行方式：

- 下拉菜单：【视图】|【缩放】
- 命令行：ZOOM
- 导航栏：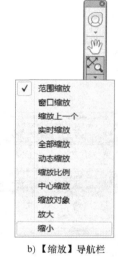

【缩放】子菜单与【缩放】导航栏如图 8-4 所示。

下面分别以【实时】、【窗口】、【上一个】、【动态】、【比例】、【圆心】、【全部】命令为例，介绍视图的缩放操作。

8.2.1　实时缩放

执行方式：

- 下拉菜单：【视图】|【缩放】|【实时】
- 命令行：ZOOM（透明命令）
- 导航栏/工具栏：

执行【实时】缩放命令后，按住鼠标左键，拖动鼠标，可以进行放大或缩小图形的操作。单击"Esc"键或<Enter>键可结束实时缩放操作。也可以利用快捷菜单中的【退出】命令结束实时缩放操作。

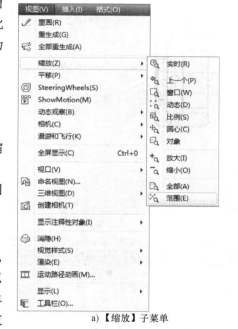

a)【缩放】子菜单　　　　b)【缩放】导航栏

图 8-4　【缩放】子菜单与【缩放】导航栏

8.2.2　窗口缩放

执行方式：

- 下拉菜单：【视图】|【缩放】|【窗口】
- 命令行：ZOOM|W（透明命令）
- 导航栏/工具栏：

执行【窗口】命令后，命令行显示：

指定窗口的角点,输入比例因子(nX 或 nXP),或者[全部(A)/中心(C)/动态(D)/范围(E)/上一个(P)/比例(S)/窗口(W)/对象(O)]<实时>:‖输入 w,确认

指定第一个角点:‖在要放大区域单击鼠标左键,选择矩形窗口的第一角点位置

指定对角点:‖拖动鼠标,使拾取框包含放大区域后按下左键,选择矩形窗口的第二个角点位置

此时将对选定的两个对角点所确定的矩形窗口区域进行放大，充满视口。窗口放大前后的效果如图 8-5 所示。

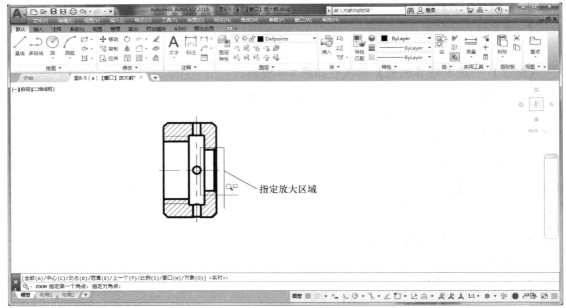

a) 窗口放大前

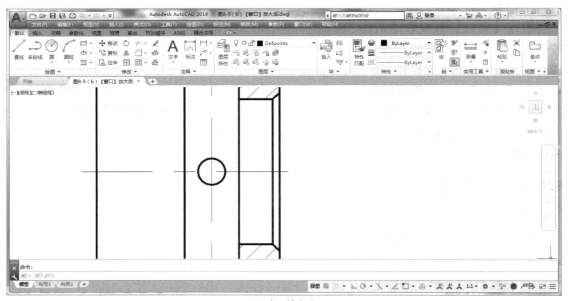

b) 窗口放大后

图 8-5　执行【窗口】放大命令前后效果比较

8.2.3　显示上一个视图

执行方式：

- 下拉菜单：【视图】|【缩放】|【上一个】

- 命令行：ZOOM｜P（透明命令）
- 导航栏/工具栏：

连续执行【上一个】命令将依次返回当前操作的上一个视图。

8.2.4　动态缩放

执行方式：
- 下拉菜单：【视图】｜【缩放】｜【动态】
- 命令行：ZOOM｜D（透明命令）
- 导航栏/工具栏：

【动态】命令通过拾取框来确定要显示的图形区域。执行该命令后屏幕显示动态缩放模式，如图 8-6 所示。屏幕显示的各方框的作用如下：

1）黑色实线框是视图选取框，用于选取需要放大显示的视图区域。

2）绿色虚线框表示当前屏幕显示的视图区域。

3）蓝色虚线框表示图纸的范围，该范围是用【LIMITS】命令设置的图纸边界。

图 8-6　动态缩放屏幕模式

8.2.5　按比例缩放

执行方式：
- 下拉菜单：【视图】｜【缩放】｜【比例】
- 命令行：ZOOM｜S（透明命令）
- 导航栏/工具栏：

执行【比例】命令后，命令行提示：

指定窗口的角点，输入比例因子(nX 或 nXP)，或者［全部(A)/中心(C)/动态(D)/范围(E)/上一个(P)/比例(S)/窗口(W)/对象(O)］<实时>：‖ 输入 s，确认

输入比例因子(nX 或 nXP)：‖ 输入比例因子，确认

比例因子有三种输入模式：①具体数值，将图形按照实际尺寸放大或缩小输入值所确定的倍

数；②nX，即在具体数值 n 后面输入 X，则按照图形当前显示的尺寸放大或缩小 n 倍；③nXP，即在输入的具体数值 n 后面加 XP，则将图形及其图纸空间按照当前显示尺寸放大或缩小 n 倍。

8.2.6　重设视图中心点

执行方式：

- 下拉菜单：【视图】|【缩放】|【圆心】
- 命令行：ZOOM│C（透明命令）
- 导航栏/工具栏：

执行【圆心】命令时，要求在绘图屏幕上指定一点作为显示中心点，此时命令行提示：

指定窗口的角点，输入比例因子（nX 或 nXP），或者 ［全部（A）/中心（C）/动态（D）/范围（E）/上一个（P）/比例（S）/窗口（W）/对象（O）］＜实时＞：‖ 输入 c，确认

指定中心点：‖ 输入中心点的坐标，确认

输入比例或高度＜135.3961＞：‖ 输入比例因子，确认

> 注：如果输入的比例或指定的高度大于当前图形的高度，则图形将放大；反之图形将缩小。

8.2.7　根据绘图范围或实际图形显示

执行方式：

- 下拉菜单：【视图】|【缩放】|【全部】
- 命令行：ZOOM│A（透明命令）
- 导航栏/工具栏：

执行【全部】命令，将调整放大绘图区域，以适应当前视口所有可见对象的范围或视觉辅助工具设定的范围（如用栅格界限【LIMITS】命令），并取当前可见对象范围与栅格界限范围中较大的作为执行结果，如图 8-7 所示。

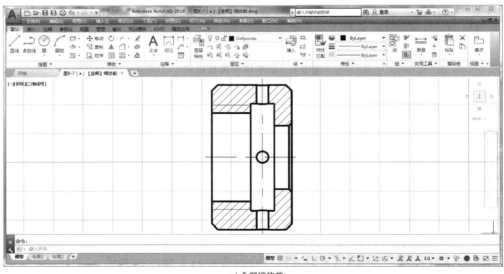

a) 全部缩放前

图 8-7　执行【全部】缩放命令前后效果比较

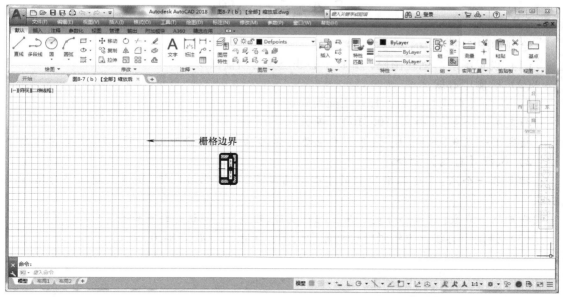

b）全部缩放后

图 8-7　执行【全部】缩放命令前后效果比较（续）

8.2.8　在视口中心区域缩放图形

执行方式：

* 下拉菜单：【视图】|【缩放】|【范围】
* 命令行：ZOOM | E（透明命令）
* 导航栏/工具栏：

执行【范围】命令，可将图形显示到视口中心区域，并充满视口范围。

8.3　平移视图

在绘图过程中，移动视图可以使图形的特定部分位于屏幕中央。

执行方式：

* 下拉菜单：【视图】|【平移】|【实时】
* 命令行：PAN（透明命令）
* 导航栏/工具栏：

【平移】子菜单和导航栏如图 8-8 所示。

> 注：【PAN】命令只改变视图的显示位置，不改变视图中图形的位置和比例。

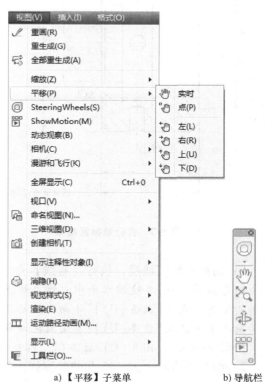

a）【平移】子菜单　　　　b）导航栏

图 8-8　【平移】子菜单和导航栏

8.4　实　　例

绘制如图 8-9 所示的齿轮泵锁紧螺母。

（1）设置图层　创建图层，并将中心线层置为当前图层。

（2）绘制中心线

1）执行【直线】命令，打开正交模式。

指定第一个点：‖输入（100,100），确认

指定下一点或［放弃（U）］：‖向右拖动鼠标，显示预期路径时输入 33，确认并结束命令

2）执行【直线】命令。

指定第一个点：‖追踪刚绘制的中心线右端点，向左拖动鼠标，显示预期路径时输入 13 确认

指定下一点或［放放（U）］：‖向上拖动鼠标，输入 28，确认并结束命令

（3）绘制中心线上方锁紧螺母外轮廓线的一半视图　如图 8-10 所示。

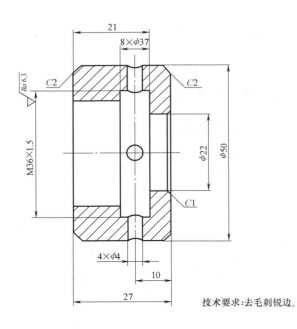

图 8-9　齿轮泵锁紧螺母

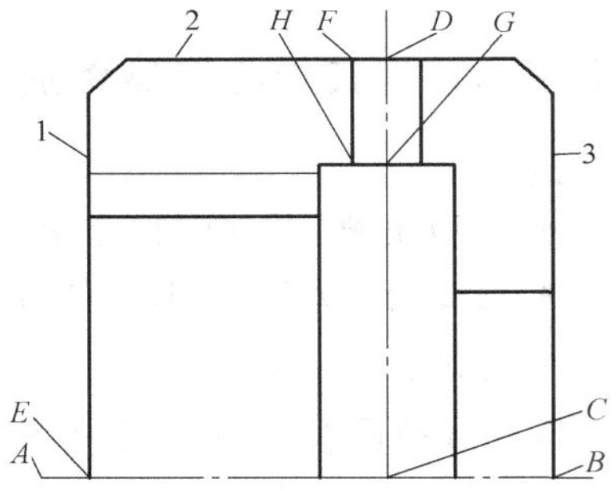

图 8-10　螺母外轮廓线一半视图

1）切换至粗实线层，执行【直线】命令。

指定第一个点：‖追踪水平中心线左端点，向右拖动鼠标，显示预期路径时输入 3，确认

指定下一点或［放弃（U）］：‖向上拖动鼠标，输入 25，确认

指定下一点或［放弃（U）］：‖向右拖动鼠标，输入 27，确认

指定下一点或［闭合（C）/放弃（U）］：‖向下拖动鼠标，输入 25 确认并结束命令

2）绘制中心线上方 ϕ22 孔的轮廓线。执行【直线】命令。

指定第一个点：‖追踪水平中心线与右端面的交点，向上拖动鼠标，显示预期路径时输入 11，确认

指定下一点或[放弃(U)]：‖向左拖动鼠标,输入 6,确认并结束命令

3）绘制中心线上方螺纹退刀槽的轮廓线。执行【直线】命令。

指定第一个点：‖追踪水平中心线与铅垂中心线的交点,向右拖动鼠标,显示预期路径时输入 4,确认

指定下一点或[放弃(U)]：‖向上拖动鼠标,显示预期路径时输入 18.5,确认

指定下一点或[放弃(U)]：‖向左拖动鼠标,显示预期路径时输入 8,确认

指定下一点或[闭合(C)/放弃(U)]：‖向下拖动鼠标,显示预期路径时输入 18.5,确认并结束命令

4）绘制中心线上方 $\phi 4$ 孔的轮廓线。

① 执行【直线】命令。

指定第一个点：‖追踪铅垂中心线与锁紧螺母 $\phi 50$ 的轮廓线的交点,向右拖动鼠标,显示预期路径时输入 2,确认

指定下一点或[放弃(U)]：‖向下拖动鼠标,显示预期路径时输入 6.5,确认并结束命令

② 执行【直线】命令。

指定第一个点：‖追踪铅垂中心线与锁紧螺母 $\phi 50$ 的轮廓线的交点,向左拖动鼠标,显示预期路径时输入 2,确认

指定下一点或[放弃(U)]：‖向下拖动鼠标,显示预期路径时输入 6.5,确认并结束命令

5）绘制内螺纹。

① 执行【直线】命令。

指定第一个点：‖追踪水平中心线与锁紧螺母左端面的交点,向上拖动鼠标,显示预期路径时输入 15.3,确认

指定下一点或[放弃(U)]：‖向右拖动鼠标,输入 13,确认并结束命令

② 切换至细实线层,执行【直线】命令。

指定第一个点：‖追踪水平中心线与锁紧螺母左端面的交点,向上拖动鼠标,显示预期路径时输入 18,确认

指定下一点或[放弃(U)]：‖向右拖动鼠标,输入 13,确认并结束命令

6）绘制倒角 C2。切换至粗实线层,执行【倒角】命令。

选择第一条直线或[放弃(U)/多段线(P)/距离(D)/角度(A)/修剪(T)/方式(E)/多个(M)]：‖输入"d"确认

指定第一个倒角距离<0.0000>：‖输入 2

指定第二个倒角距离<1.0000>：‖输入 2

选择第一条直线或[放弃(U)/多段线(P)/距离(D)/角度(A)/修剪(T)/方式(E)/多个(M)]：‖输入 m 确认

选择第一条直线或[放弃(U)/多段线(P)/距离(D)/角度(A)/修剪(T)/方式(E)/多个(M)]：‖拾取图 8-10 中图线 1

选择第二条直线,或按住<Shift>键选择直线以应用角点或[距离(D)/角度(A)/方法(M)]：‖拾取图 8-10 中图线 2

选择第一条直线或[放弃(U)/多段线(P)/距离(D)/角度(A)/修剪(T)/方式(E)/多个(M)]：‖拾取图 8-10 中图线 3

选择第二条直线,或按住<Shift>键选择直线以应用角点或[距离(D)/角度(A)/方法(M)]：‖拾取图 8-10 中图线 2,确认并结束命令

7) 绘制相贯线。

① 执行【圆】命令。

指定圆的圆心或[三点(3P)/两点(2P)/切点、切点、半径(T)]:‖追踪图 8-10 中的 D 点，向上拖动鼠标，显示预期路径时输入 25，确认

指定圆的半径或[直径(D)]:‖向上滚动滚轮，拾取 8-10 中 F 点，确认结束命令

② 执行【范围】命令，恢复视窗。

③ 执行【窗口】命令。选择如图 8-11a 所示拟放大区域。

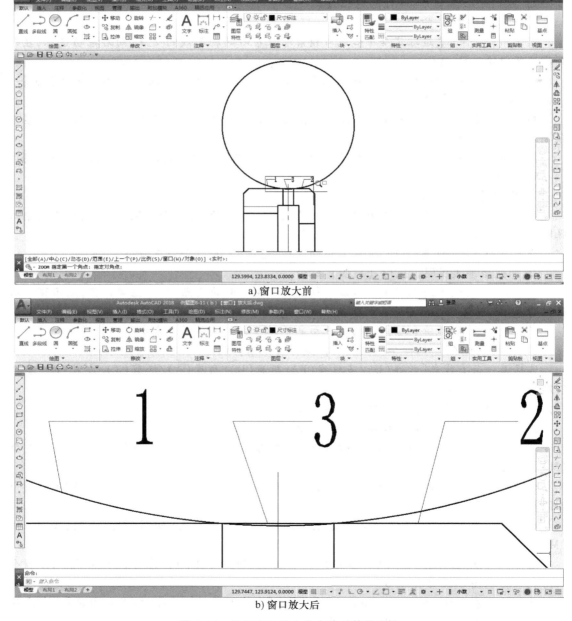

a) 窗口放大前

b) 窗口放大后

图 8-11　执行窗口放大命令前后效果比较

在拟放大区域左上角单击鼠标左键，向右下角拖动鼠标，至理想位置，单击鼠标左键确认。放大后如图 8-11b 所示。

④ 执行【修剪】命令。

当前设置：投影＝UCS，边＝无

选择剪切边……

选择对象或＜全部选择＞：‖拾取图 8-11b 中的图线 1、2，确认

选择要修剪的对象，或按住＜Shift＞键选择要延伸的对象，或［栏选（F）/窗交（C）/投影（P）/边（E）/删除（R）/放弃（U）］：‖拾取位置 1 处

选择要修剪的对象，或按住＜Shift＞键选择要延伸的对象，或［栏选（F）/窗交（C）/投影（P）/边（E）/删除（R）/放弃（U）］：‖拾取位置 3 处，确认并结束命令

修剪后的效果如图 8-12 所示。

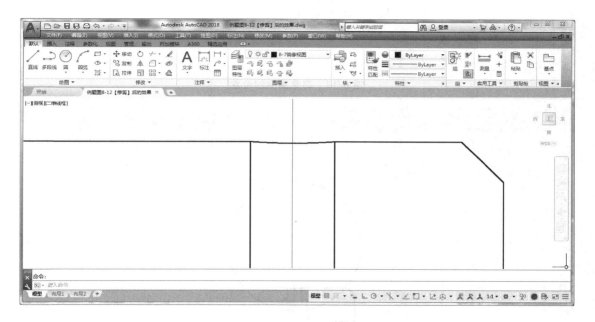

图 8-12　修剪后的效果

⑤ 执行【范围】命令，恢复视窗。

⑥ 执行【PAN】命令，将绘制图形移动至视口中心偏下位置，如图 8-13 所示。

⑦ 执行【圆】命令。

指定圆的圆心或［三点（3P）/两点（2P）/切点、切点、半径（T）］：‖追踪图 8-10 中的 G 点，向上拖动鼠标，显示预期路径时输入 18.5，确认

指定圆的半径或［直径（D）］：‖向上滚动鼠标滚轮，拾取图 8-10 中的 H 点，确认并结束命令

⑧ 执行【范围】命令，恢复视窗如图 8-14 所示。

⑨ 执行【动态】命令，调整拾取框如图 8-15a 所示，放大后如图 8-15b 所示。

调整好拾取框的选择范围，移动至拟放大区域，单击鼠标左键，确认并结束命令。

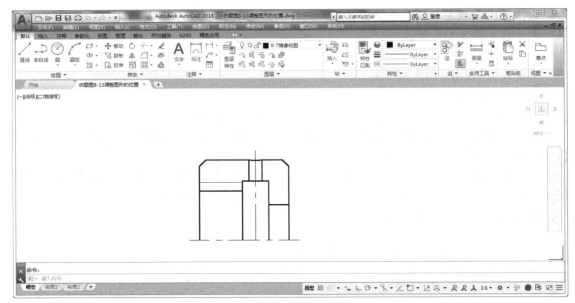

图 8-13　调整图形的位置

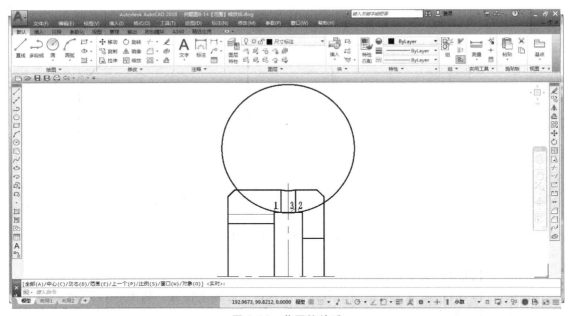

图 8-14　范围缩放后

⑩ 执行【修剪】命令。

当前设置：投影＝UCS，边＝无

选择剪切边……

选择对象或＜全部选择＞：‖图 8-15b 中的图线 1、2，确认

选择要修剪的对象，或按住＜Shift＞键选择要延伸的对象，或［栏选（F）/窗交（C）/投影（P）/边（E）/删除（R）/放弃（U）］：‖拾取位置 1 处

选择要修剪的对象，或按住＜Shift＞键选择要延伸的对象，或［栏选（F）/窗交（C）/投影

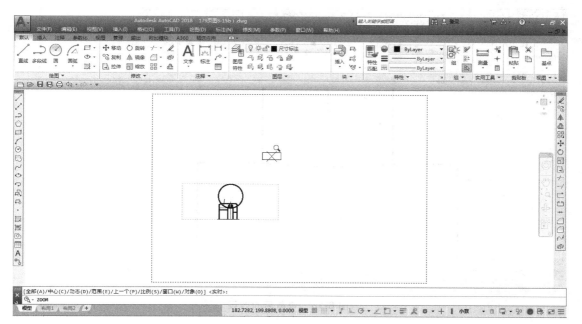

a) 调整动态缩放命令拾取框

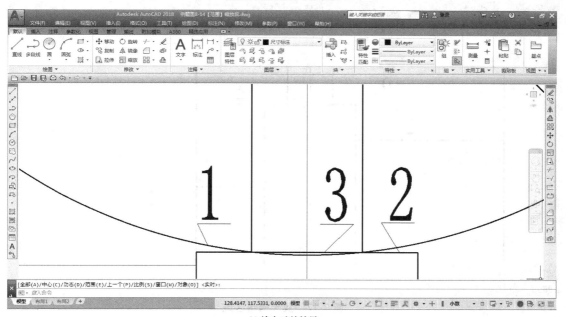

b) 放大后的效果

图 8-15 执行动态缩放前后效果比较

（P）/边（E）/删除（R）/放弃（U）]：‖选取位置 3 处，确认并结束命令

修剪后的效果如图 8-16 所示。

⑪ 执行【范围】命令，恢复视窗，移动十字光标至倒角 $C1$ 位置处，向上滚动鼠标滚轮，将该区域放大，如图 8-17 所示。

8）绘制倒角 $C1$。

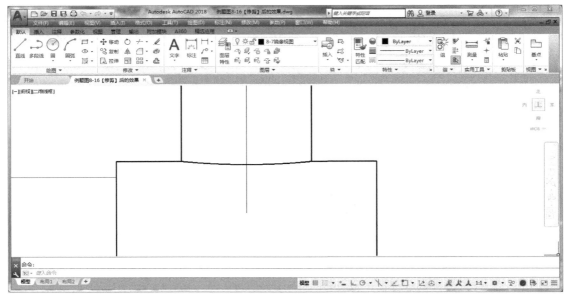

图 8-16　修剪后的效果

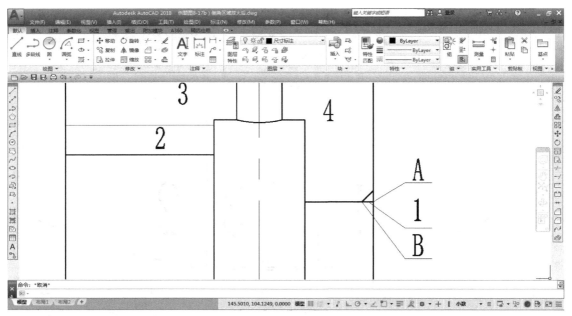

图 8-17　放大倒角区域

① 执行【直线】命令。

指定第一个点：‖ 追踪图 8-17 中的 A 点，向上拖动鼠标，显示预期路径时输入 1，按<Enter>键

指定下一点或［放弃（U）］：‖ 输入@ -1，-1，确认并结束命令

② 执行【修剪】命令。

当前设置：投影 = UCS，边 = 无

选择剪切边……

选择对象或 <全部选择>：‖ 拾取刚绘制的倒角线及图 8-17 中的图线 1，确认

选择要修剪的对象，或按住<Shift>键选择要延伸的对象，或［栏选（F）/窗交（C）/投影（P）/边（E）/删除（R）/放弃（U）］:‖拾取位置 1 处，确认并结束命令

③ 执行【直线】命令。

指定第一个点:‖拾取图 8-17 中的 *B* 点，确认

指定下一点或［放弃（U）］:‖向下拖动鼠标输入 11，确认并结束命令

（4）绘制剖面线　切换至图案填充层，执行【图案填充】命令。

拾取内部点或［选择对象（S）/放弃（U）/设置（T）］:‖选择剖面线图案后，单击【拾取点】按钮，顺序拾取图 8-17 中 2、3、4 位置处，确认并结束命令

注：螺纹大径、小径间需要填充。

（5）用镜像命令绘制锁紧螺母轮廓线的另一半视图　如图 8-18 所示。

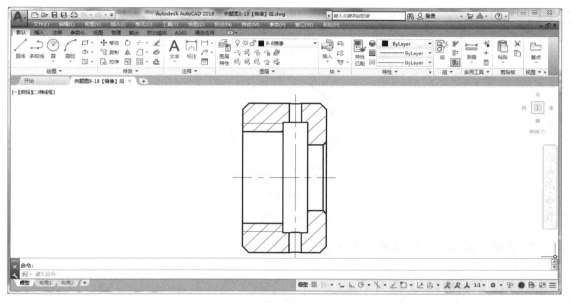

图 8-18　镜像后的视图

执行【镜像】命令。

选择对象:‖拾取水平中心线上方全部图形对象，确认

选择对象:‖指定镜像线的第一点:‖拾取图 8-10 中的 *A* 点

指定镜像线的第二点:‖拾取图 8-10 中的 *B* 点

要删除源对象吗？［是（Y）/否（N）］<否>:‖确认并结束命令

（6）执行【圆】命令补画漏线，完成锁紧螺母零件图。

指定圆的圆心或［三点（3P）/两点（2P）/切点、切点、半径（T）］:‖拾取图 8-10 中的 *C* 点

指定圆的半径或［直径（D）］:<18.5>‖输入 2，确认并结束命令

至此，锁紧螺母零件图绘制完毕。

8.5　本 章 小 结

本章主要介绍了 AutoCAD 2018 视图的操作，包括视图修改后改变显示质量的【重画】

与【重生成】命令；改变视图显示效果的【缩放】与【平移】命令。灵活应用视图的操作改变视口的显示范围和显示重点，能够提高绘图质量与效率。

习　　题

1. 绘制如图 8-19 所示图形。（不标注尺寸）

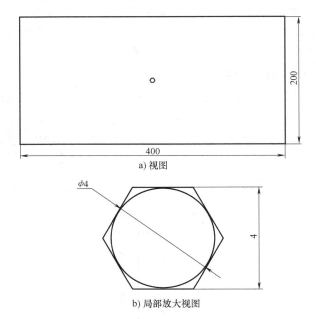

a) 视图

b) 局部放大视图

图 8-19　视图缩放

2. 绘制透盖视图，如图 8-20 所示。（不标注尺寸）

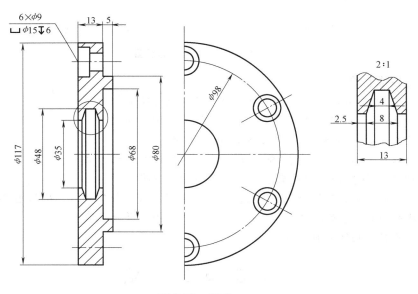

图 8-20　透盖

第9章

文本、尺寸标注与表格

当绘制完图形后，往往需要进行尺寸标注、表格设计及技术要求填写等工作。本章将进行文字样式及字体、单行文本、多行文本、尺寸标注概述、创建标注样式、表格的介绍。

9.1 文字样式及字体

9.1.1 文字样式

文字样式的设置包括字体、文字高度及特殊效果等，可以使用【文字样式】命令来创建或修改文字样式。

执行方式

- 下拉菜单：【格式】|【文字样式】
- 命令行：STYLE（ST）
- 功能区/工具栏：🅰️
执行该命令后，弹出如图 9-1 所示的【文字样式】对话框。

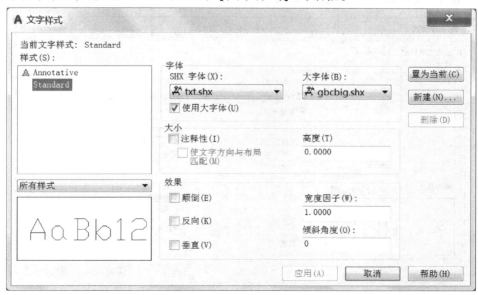

图 9-1 【文字样式】对话框

9.1.2　字体

　　（1）【样式】列表框　【样式】列表框显示所有已经定义的文字样式，如图 9-1 所示。创建新的文字样式时，可以单击【新建】按钮。

　　（2）【字体】下拉列表框　使用【字体】下拉列表框可以选择合适的字体，如图 9-2 所示。

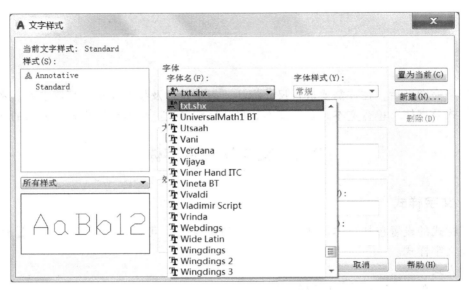

图 9-2　设置字体

　　当使用文字出现乱码时，一定要选中【使用大字体】复选框，同时在【大字体】下拉列表框中选择 "gbcbig. shx" 字体，如图 9-3 所示。

图 9-3　使用大字体

（3）【大小】选项组　在【大小】选项组的【高度】文本框中输入数值，可以定义文字的高度，如图 9-4 所示。如果此时为 0，则在输入文字时，命令行中会出现有关文字高度的提示。

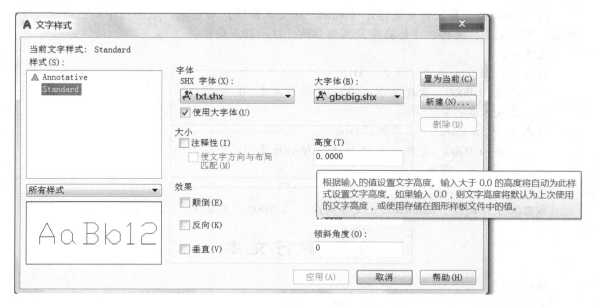

图 9-4　设置字体高度

9.2　单 行 文 本

执行方式

- 下拉菜单：【绘图】|【文字】|【单行文字】
- 命令行：TEXT
- 功能区/工具栏：

执行该命令后，命令行显示如下提示信息：

命令：_text

当前文字样式："Standard"文字高度:2.5000 注释性:否　对正:左

指定文字的起点或[对正(J)/样式(S)]:

指定高度 <2.5000>:

指定文字的旋转角度 <0>:

其中各项的含义如下：

①【对正】选项：确定标注文本的排列方式和排列方向。当在命令行中输入"J"后（不区分大小写），命令行显示如下提示信息：

输入选项[左(L)/居中(C)/右(R)/对齐(A)/中间(M)/布满(F)/左上(TL)/中上(TC)/右上(TR)/左中(ML)/正中(MC)/右中(MR)/左下(BL)/中下(BC)/右下(BR)]:

②【样式】选项：确定标注文字时所用的文字样式，文字样式决定文字符号的外观。当在命令行中输入"S"后，命令行显示如下提示信息：

输入样式名或［？］<Standard>：

输入"？"后，命令行显示：

输入要列出的文字样式 <＊>：

按<Enter>键，系统将自动打开【AutoCAD 文本窗口】对话框，对话框中列出当前文字样式、关联的字体文件、字体高度及其他参数，显示如下信息：

文字样式：

样式名："Annotative"　　字体：Arial

　　高度:0.0000　宽度因子:1.0000　倾斜角度：0

　　生成方式:常规

样式名："Standard"　　　字体：Arial

　　高度:0.0000　宽度因子:1.0000　倾斜角度：0

　　生成方式:常规

当前文字样式：Standard

当前文字样式："Standard"　文字高度：　2.5000　注释性：　否　对正：　左

9.3　多行文本

执行方式

- 下拉菜单：【绘图】|【文字】|【多行文字】
- 命令行：MTEXT（T）

- 功能区/工具栏：**A**

执行该命令后，命令行显示如下提示信息：

命令：_mtext

当前文字样式:Standard　文字高度：　2.5　注释性：　否

指定第一角点：

指定对角点或［高度(H)/对正(J)/行距(L)/旋转(R)/样式(S)/宽度(W)/栏(C)］：

> 注：在绘图区域中拾取另一点，以这两个对角点确定一个矩形区域，以后所标注的文本行宽度即为该矩形区域的宽度，且以第一个角点作为文本的起始点。

完成以上操作后，系统自动打开【文字编辑器】的选项卡。如果没有显示【文字格式】工具栏，可在【在位文字编辑器】的文字区域内单击鼠标右键，然后依次单击【编辑器设置】|【显示工具栏】。可以在【文字格式】选项卡中对文字的样式、字体、加粗以及颜色等属性进行设置，如图 9-5 所示。

多行文字对象具有新的文字加框特性，在【特性】选项板中可以选择打开和关闭。

图 9-5　【文字格式】选项卡和文本框

9.4 文 字 对 齐

在垂直、水平或倾斜等方向对多个文字对象进行对齐操作。允许将多个文字对象对齐到基础对象，并提供结果预览。

执行方式

- 命令行：TEXTALIGN

- 功能区/工具栏：

执行该命令后，命令行显示如下信息：

命令：_textalign

当前设置：对齐＝左对齐，间距模式＝当前垂直

选择要对齐的文字对象［对齐(I)/选项(O)］：

① 确定【选择要对齐的文字对象】，确认，命令行显示如下提示信息：

选择要对齐到的文字对象［点(P)］：

间距模式：当前垂直

拾取第二个点或［选项(O)］：

如果选择【点】选项，命令行显示如下提示信息：

选择要对齐到的文字对象［点(P)］：P

拾取第一个点

间距模式：当前垂直

拾取第二个点或［选项(O)］：

② 选择【对齐】选项（在命令行中输入"I"），命令行中显示如下提示信息：

选择对齐方向［左对齐(L)/居中(C)/右对齐(R)/左上(TL)/中上(TC)/右上(TR)/左中(ML)/正中(MC)/右中(MR)/左下(BL)/中下(BC)/右下(BR)］<左对齐>：

③ 选择【选项】选项（在命令行中输入"O"），命令行中显示如下提示信息：

输入选项［分布(D)/设置间距(S)/当前垂直(V)/当前水平(H)］<当前垂直>：

其中，【分布】选项是将对象在两个选定的点之间均匀隔开；【设置间距】选项是指定文字对象的范围之间的间距；【当前垂直】选项是将需要对齐的文字按照垂直对齐的方式与指定文字对齐；【当前水平】选项是将需要对齐的文字按照水平对齐的方式与指定文字对齐。

将未对齐放置的三行文字进行垂直对齐的结果如图 9-6 所示。

机械制图　　　　　　机械制图

计算机绘图　　　　　计算机绘图

AutoCAD2018　　　　AutoCAD2018

a) 文字垂直对齐前　　　　　　　b) 文字垂直对齐后

图 9-6　文字对齐

9.5　尺寸标注简介

9.5.1　组成

尺寸界线、尺寸线、尺寸箭头和尺寸文本 4 部分组成一个完整的尺寸标注，如图 9-7 所示。

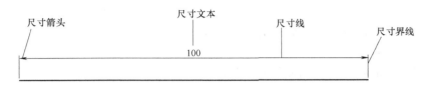

图 9-7　尺寸标注的组成

1）尺寸文本：是实际测量值。可附加公差、前缀和后缀等，也可以自行指定文字或取消文字。

2）尺寸线：表明标注的范围。

3）尺寸箭头：表明测量的开始和结束位置。

4）尺寸界线：从被标注的对象延伸到尺寸线。可以利用轮廓线、轴线或对称中心线作为尺寸界线。图 9-8a 所示为利用轮廓线作为尺寸界线示例，图 9-8b 所示为利用中心线作为尺寸界线示例。

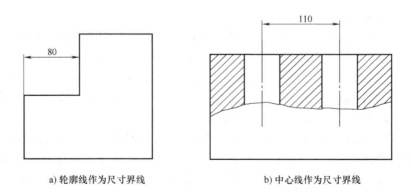

a) 轮廓线作为尺寸界线　　　　　　　b) 中心线作为尺寸界线

图 9-8　利用轮廓线或中心线作为尺寸界线

9.5.2　类型与步骤

尺寸标注的类型包括：线性、对齐、弧长、坐标、半径、折弯、直径、角度、基线、连续、多重引线、公差和圆心标记。【标注】面板如图 9-9 所示。

1. 线性标注和对齐标注

（1）线性标注　线性标注用于标注线性尺寸。

执行方式

● 下拉菜单：【标注】|【线性】

● 命 令 行： DIMLINEAR（DIMLIN）

● 功能区/工具栏：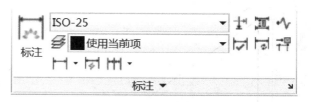

执行该命令后，命令行显示如下提示信息：

命令：_dimlinear

指定第一个尺寸界线原点或 <选择对象>：

指定第二条尺寸界线原点：

指定尺寸线位置或

[多行文字(M)/文字(T)/角度(A)/水平(H)/垂直(V)/旋转(R)]：

标注文字 =

标注结果如图 9-10 所示的三角形直角边尺寸 300 和 400。

（2）对齐标注　对齐标注用于斜线或斜面的尺寸标注。

执行方式

● 下拉菜单：【标注】|【对齐】

● 命令行：DIMALIGNED（DIMALI）

● 功能区/工具栏：

执行该命令后，命令行显示如下提示信息：

命令：_dimaligned

指定第一个尺寸界线原点或 <选择对象>：

指定第二条尺寸界线原点：

指定尺寸线位置或

[多行文字(M)/文字(T)/角度(A)]：

标注文字 =

标注结果如图 9-10 所示的三角形斜边尺寸 500。

2. 角度标注和弧长标注

（1）角度标注　角度标注用于标注选定几何对象或三个点之间的角度。

执行方式

● 下拉菜单：【标注】|【角度】

● 命令行：DIMANGULAR（DIMANG）

● 功能区/工具栏：

执行该命令后，命令行显示如下提示信息：

命令：_dimangular

选择圆弧、圆、直线或 <指定顶点>：

指定标注弧线位置或[多行文字(M)/文字(T)/角度(A)/象限点(Q)]：

标注文字 =

标注结果如图 9-11 所示。

（2）弧长标注　弧长标注用于标注圆弧的长度。

执行方式

图 9-9　【标注】面板

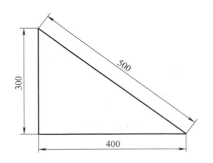

图 9-10　线性标注与对齐标注

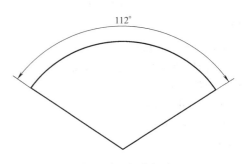

图 9-11　角度标注

- 下拉菜单：【标注】|【弧长】
- 命令行：DIMARC
- 功能区/工具栏：

执行该命令后，命令行显示如下提示信息：

命令：_dimarc

选择弧线段或多段线圆弧段：

指定弧长标注位置或［多行文字（M）/文字（T）/角度（A）/部分（P）/引线（L）］：

标注文字＝

标注结果如图 9-12 所示。

3. 基线标注和连续标注

（1）基线标注　基线标注用于从上一个标注或选定标注的基线处创建的线性标注、角度标注或坐标标注。

执行方式

- 下拉菜单：【标注】|【基线】
- 命令行：DIMBASELINE（DIMBASE）
- 功能区/工具栏：

执行该命令后，命令行显示如下提示信息：

命令：_dimbaseline

指定第二个尺寸界线原点或［选择（S）/放弃（U）］<选择>：

标注文字＝

标注结果如图 9-13 所示。

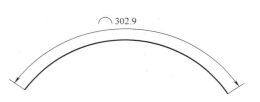

图 9-12　弧长标注

（2）连续标注　连续标注用于创建从上一个标注或选定标注的尺寸界线开始的标注。

执行方式

- 下拉菜单：【标注】|【连续】
- 命令行：DIMCONTINUE（DIMCONT）
- 功能区/工具栏：

执行该命令后，命令行显示如下提示信息：

命令：_dimcontinue

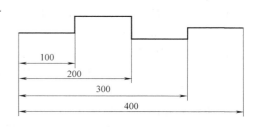

图 9-13　基线标注

指定第二个尺寸界线原点或［选择（S）/放弃（U）］<选择>：

标注文字 =

标注结果如图 9-14 所示。

> 注：在进行基线标注与连续标注时，一定要先进行线性标注。

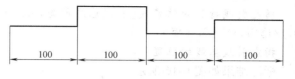

图 9-14　连续标注

4. 直径标注和半径标注

（1）直径标注　直径标注用于为圆或圆弧标注直径尺寸。

执行方式

- 下拉菜单：【标注】|【直径】
- 命令行：DIMDIAMETER（DIMDIA）
- 功能区/工具栏：

执行该命令后，命令行显示如下提示信息：

命令：_dimdiameter

选择圆弧或圆：

标注文字 =

指定尺寸线位置或［多行文字（M）/文字（T）/角度（A）］：

标注结果如图 9-15a 所示。

（2）半径标注　半径标注用于为圆或圆弧标注半径尺寸。

执行方式

- 下拉菜单：【标注】|【半径】
- 命令行：DIMRADIUS（DIMRAD）
- 功能区/工具栏：

执行该命令后，命令行显示如下提示信息：

命令：_dimradius

选择圆弧或圆：

标注文字 =

指定尺寸线位置或［多行文字（M）/文字（T）/角度（A）］：

标注结果如图 9-15b 所示。

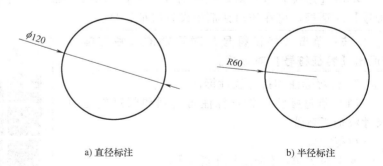

a) 直径标注　　　　b) 半径标注

图 9-15　直径标注与半径标注

5. 多重引线标注

多重引线标注就是画出一条引线，在引线末端添加多行旁注或说明来标注对象。

执行方式

- 下拉菜单：【标注】|【多重引线】
- 命令行：MLEADER（MLD）
- 功能区/工具栏：

执行该命令后，命令行显示如下提示信息：

命令：_mleader

指定引线箭头的位置或［引线基线优先（L）/内容优先

（C）/选项（O）］<选项>：

指定引线基线的位置：

标注结果如图 9-16 所示。

6. 公差标注

公差标注用于创建包含在特征控制框中的形位

公差[一]。

执行方式

● 下拉菜单：【标注】|【公差】

● 命令行：TOLERANCE（TOL）

● 功能区/工具栏：⌖

执行该命令之后，将弹出如图 9-17 所示的【形位公差】对话框。

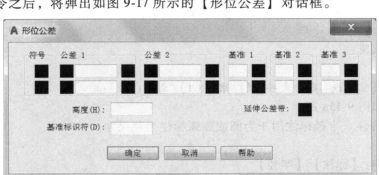

图 9-17　【形位公差】对话框

单击【形位公差】对话框中的【符号】选项中的黑框，将弹出如图 9-18 所示的【特征符号】对话框。可在该对话框中设置特征符号。

> 注：单击【特征符号】对话框的白色方框，退出【特征符号】对话框。

7. 折弯标注和折弯线性标注

（1）折弯标注　折弯标注可为圆和圆弧创建的尺寸添加折弯线。

执行方式

● 下拉菜单：【标注】|【折弯】

● 命令行：DIMJOGGED

● 功能区/工具栏：⛏

执行该命令后，命令行显示如下提示信息：

命令：_dimjogged

选择圆弧或圆：

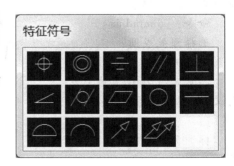

图 9-18　【特征符号】对话框

㊀　按照国家标准，形位公差应改为几何公差。由于本书所用软件中使用了形位公差，为保证正文与图统一，本书仍使用形位公差一词。

指定图示中心位置：

标注文字＝

指定尺寸线位置或［多行文字（M）/文字（T）/角度（A）］：

指定折弯位置：

标注结果如图 9-19 所示。

（2）折弯线性标注　折弯线性标注可在线性标注

或对齐标注中添加折弯线。

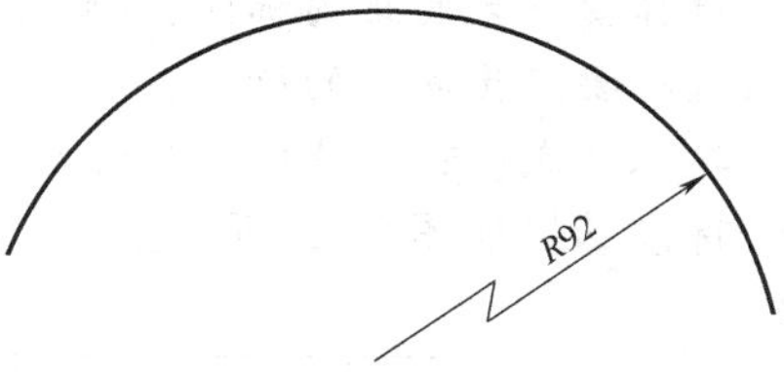

执行方式

● 下拉菜单：【标注】│【折弯线性】

● 命令行：DIMJOGLINE

● 功能区/工具栏：

执行该命令后，命令行显示如下提示信息：

命令：_DIMJOGLINE

选择要添加折弯的标注或［删除（R）］：

指定折弯位置（或确认）：

标注结果如图 9-20 所示。

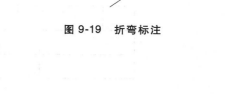

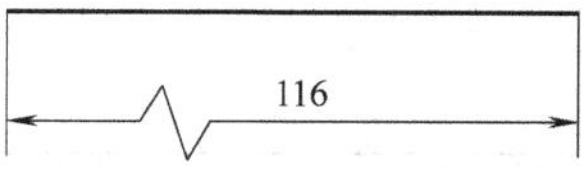

图 9-19　折弯标注

> **注：使用折弯线性标注前一定要先进行线性标注或者对齐标注。**

8. 快速标注与其他类型标注

（1）快速标注　快速标注能够为选定对象快速创建一系列

标注。

执行方式

● 下拉菜单：【标注】│【快速标注】

● 命令行：QDIM

● 功能区/工具栏：

执行该命令后，命令行显示如下提示信息：

命令：_qdim

关联标注优先级＝端点

选择要标注的几何图形：找到 1 个

选择要标注的几何图形：找到 1 个,总计 2 个

选择要标注的几何图形：找到 1 个,总计 3 个

选择要标注的几何图形：

指定尺寸线位置或［连续（C）/并列（S）/基线（B）/坐标（O）/半径（R）/直径（D）/基准点（P）/编辑（E）/设置（T）］＜连续＞：

标注结果如图 9-21 所示。

（2）标注间距　标注间距用于调整线性标注或角度标注之间的间距。

执行方式

● 下拉菜单：【标注】│【标注间距】

● 命令行：DIMSPACE

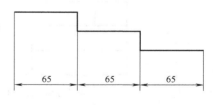

图 9-20　折弯线性标注

图 9-21　快速标注

- 功能区/工具栏：

执行该命令后，命令行显示如下提示信息：

命令：_DIMSPACE

选择基准标注：

选择要产生间距的标注：找到 1 个

选择要产生间距的标注：找到 1 个,总计 2 个

选择要产生间距的标注：

输入值或［自动（A）］＜自动＞：

标注结果如图 9-22 所示。

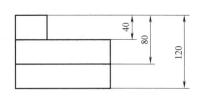
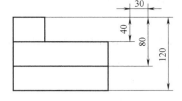

a) 使用标注间距前　　　　　　　　　　　b) 使用标注间距后

图 9-22　标注间距

> **注：如图 9-22b 所示，使用了标注间距，间距值为 30。**

（3）标注打断　标注打断用于标注处于尺寸界线与其他对象之间相交处打断或恢复标注和尺寸界线。

执行方式

- 下拉菜单：【标注】|【标注打断】
- 命令行：DIMBREAK
- 功能区/工具栏：

执行该命令后，命令行显示如下提示信息：

命令：_DIMBREAK

选择要添加/删除折断的标注或［多个（M）］：

选择要折断标注的对象或［自动（A）/手动（M）/删除（R）］＜自动＞：

输入"M"后，命令行显示：

指定第一个打断点：　＜对象捕捉 关＞

指定第二个打断点：

1 个对象已修改

标注结果如图 9-23 所示。

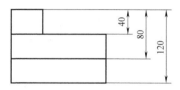
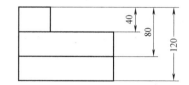

a) 执行标注打断前　　　　　　　　　　　b) 执行标注打断后

图 9-23　标注打断

注：进行标注打断时一定要先有标注。当命令行中出现"<选择要折断标注的对象或[自动（A）/手动（M）/删除（R）] <自动>:"提示，输入"M"后，选择要折断的尺寸。如图 9-23b 中所示尺寸 120 执行了标注打断操作。

（4）中心线　中心线用于选择两个线段来创建关联中心线。

执行方式

● 命令行：CENTERLINE

● 功能区/工具栏：

执行该命令后，命令行显示如下信息：

命令：_centerline

选择第一条直线：‖ 选择所需的两条直线中的第一条

选择第二条直线：‖ 选择所需的两条直线中的第二条

创建中心线的步骤与结果如图 9-24 所示。

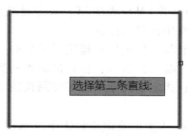
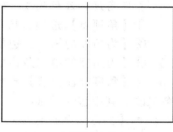

a) 选择第一条直线　　　　　b) 选择第二条直线　　　　　c) 创建中心线

图 9-24　创建中心线的步骤

（5）标注　【标注】命令用于在单个命令会话中创建多种类型的标注。

执行方式

● 命令行：DIM

● 功能区/工具栏：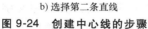

将光标悬停在标注对象上时，【DIM】命令将自动预览要使用的合适标注类型。支持的标注类型包括"垂直标注""水平标注""对齐标注""旋转的线性标注""角度标注""半径标注""直径标注""折弯半径标注""弧长标注""基线标注"和"连续标注"。可以利用命令行选项更改标注类型。

执行该命令后，命令行显示如下信息：

命令：_dim

选择对象或指定第一个尺寸界线原点或[角度（A）/基线（B）/连续（C）/坐标（O）/对齐（G）/分发（D）/图层（L）/放弃（U）]：

指定第一个尺寸界线原点或[角度（A）/基线（B）/继续（C）/坐标（O）/对齐（G）/分发（D）/图层（L）/放弃（U）]：

指定第二个尺寸界线原点或[放弃（U）]：

指定尺寸界线位置或第二条线的角度[多行文字（M）/文字（T）/文字角度（N）/放弃（U）]：

其中各选项的含义如下。

1）【选择对象】选项：自动为所选对象选择合适的标注类型，并显示与该标注类型相对应的提示，见表 9-1。

表 9-1 选定对象的默认标注

选定的对象类型	动作
圆弧	将标注类型默认为半径标注
圆	将标注类型默认为直径标注
直线	将标注类型默认为线性标注

2）【第一个尺寸界线原点】选项：选择两个点创建线性标注。

3）【角度】选项：创建一个角度标注来显示三个点或两条直线之间的角度。选择【角度】选项后，命令行显示如下信息：

选择圆弧、圆、直线或［顶点（V）］：

输入"V"后，命令行显示：

指定角顶点或［放弃（U）］：

为角度的第一条边指定端点或［放弃（U）］：

为角度的第二条边指定端点或［放弃（U）］：

指定角度标注位置或［多行文字（M）/文字（T）/文字角度（N）/放弃（U）］：

①【角顶点】选项：指定要用作角顶点的点。

②【为角度的第一条边指定端点】选项：指定形成角的一条直线。

③【为角度的第二条边指定端点】选项：指定形成角的另一条直线。

④【角度标注位置】选项：指定在何处放置标注圆弧线。根据标注位置，标注的象限点会更改。其中包含的选项有：

- 【多行文字】选项：显示【文字编辑器】上下文选项卡，用于编辑标注文字。
- 【文字】选项：在命令行提示下，自定义标注文字，生成的标注显示在尖括号中。
- 【文字角度】选项：指定标注文字的旋转角度。
- 【放弃】选项：返回到前一个提示。

⑤【放弃】选项：返回到前一个提示。

4）【基线】选项：从上一个或选定标准的第一条尺寸界线创建线性、角度或坐标标注。选择【基线】选项后，命令行显示如下信息：

当前设置：偏移（DIMDLI）= 3.750000

指定作为基线的第一个尺寸界线原点或［偏移（O）］：

指定第二个尺寸界线原点或［选择（S）/偏移（O）/放弃（U）］＜选择＞：

标注文字 =

①【第一条尺寸界线原点】选项：指定基准标注的第一条尺寸界线作为基线标注的尺寸界线原点。

②【第二条尺寸界线原点】选项：指定要标注的下一条边或角度。

③【选择】选项：提示选择一个线性标注、坐标标注或角度标注作为基线标注的基准。

④【偏移】选项：指定与所创建基线相距的偏移距离。

⑤【放弃】选项：撤销上一次创建基线标注。

注：默认情况下，最近创建的标注将用作基准标注。

5）【连续】选项：从选定标注的第二条尺寸界线创建线性、角度或坐标标注。选择【连续】选项后，命令行显示如下信息：

指定第一个尺寸界线原点以继续：

指定第二个尺寸界线原点或［选择（S）/放弃（U）］＜选择＞：

标注文字=

①【第一个尺寸界线原点】选项：指定基准标注的第一条尺寸界线作为连续标注的尺寸界线原点。

②【第二个尺寸界线原点】选项：指定要标注的下一条边或角度。

③【选择】选项：提示选择一个线性标注、坐标标注或角度标注作为连续标注的基准。

④【放弃】选项：撤消上一次创建的基线标注。

6)【坐标】选项：创建坐标标注。选择【坐标】选项后，命令行显示如下信息：

指定点坐标或[放弃(U)]：

指定引线端点或[X 基准(X)/Y 基准(Y)/多行文字(M)/文字(T)/角度(A)/放弃(U)]：

标注文字=

①【点坐标】选项：提示部件上的点，例如，端点、交点或对象的中心点。

②【引线端点】选项：使用点坐标和引线端点的坐标差可确定它是 x 坐标标注还是 y 坐标标注，如果 y 坐标的坐标差较大，标注就测量 x 坐标。否则就测量 y 坐标。

③【X 基准】选项：测量 x 坐标并确定引线和标注文字的方向。

④【Y 基准】选项：测量 y 坐标并确定引线和标注文字的方向。

⑤【多行文字】选项：显示【文字编辑器】上下文选项卡，用于编辑标注文字。

⑥【文字】选项：在命令提示下，自定义标注文字。生成的标注显示在尖括号中。

⑦【角度】选项：指定标注文字的旋转角度。

⑧【放弃】选项：返回到前一个提示。

7)【对齐】选项：将多个平行、同心或同基准标注对齐到选定的基准标注。选择【对齐】选项后，命令行显示如下信息：

选择基准标注：

选择要对齐的标注：

①【基准标注】选项：用来指定要用作标注对齐基础的标注。

②【要对齐的标注】选项：选择标注以对齐到选定的基准尺寸。

8)【分发】选项：指定可用于分发一组选定的孤立线性标注或坐标标注的方法。选择【分发】选项后，命令行显示如下信息：

当前设置：偏移（DIMDLI）=3.750000

指定用于分发标注的方法[相等(E)/偏移(O)]<相等>：

选择要分发的标注：

①【相等】选项：均匀分发所有选定的标注。此方法要求至少三条标注线。

②【偏移】选项：按指定的偏移距离分发所有选定的标注。

9)【图层】选项：为指定的图层指定新标注，以替代当前图层。选择【图层】选项后，命令行显示如下信息：

输入图层名称或选择对象来指定图层以放置标注或输入,以使用当前设置[?/退出(X)]<"使用当前设置">：

10)【放弃】选项：撤消上一个标注操作。

9.6　创建标注样式

进行标注前一定要进行标注样式的创建，使得后续标注符合图样的要求。

执行方式

- 下拉菜单：【格式】|【标注样式】或【标注】|【标注样式】
- 命令行：DIMSTYLE（DIMSTY）/DDIM
- 功能区/工具栏：

执行该命令后，弹出如图 9-25 所示的【标注样式管理器】对话框。

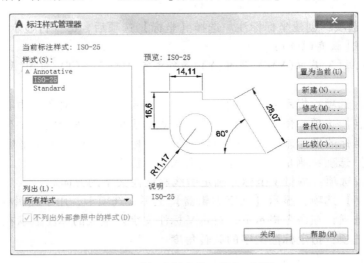

图 9-25　【标注样式管理器】对话框

1. 新建标注样式

1）单击【标注样式管理器】对话框中的【新建】按钮，弹出【创建新标注样式】对话框，如图 9-26 所示。用户可在【新样式名】文本框中输入自己的标注样式名称。

2）单击【继续】按钮，用于对新样式进行符合自己要求的设置。完成设置后，单击【确定】按钮，就可以得到一个自定义的标注样式。

3）在【标注样式管理器】对话框的【样式】列表框中选择新创建的样式，然后单击【置为当前】按钮使其成为当前样式。

2. 修改标注样式

单击【修改】按钮，将弹出如图 9-27 所示的【修改标注样式】对话框，该对话框包括【线】、【符号和箭头】、【文字】、【调整】、【主单位】、【换算单位】和【公差】7 个选项卡。

图 9-26　【创建新标注样式】对话框

（1）【线】选项卡　【线】选项卡用于对尺寸线、尺寸界线进行设置。

1）【尺寸线】选项组：可设置尺寸线的颜色、线型、线宽等属性。

①【超出标记】微调框：指定当箭头使用倾斜、建筑标记、积分和无标记时尺寸线超过尺寸界线的距离。

②【基线间距】微调框：设置基线标注中各个尺寸线之间的距离。

③【隐藏】区域：两个复选框分别指定第一、二条尺寸线是否被隐藏。

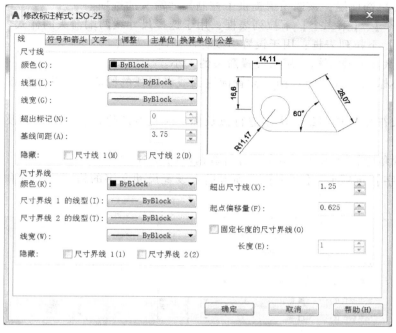

图 9-27　【修改标注样式】对话框

2)【尺寸界线】选项组：主要是对尺寸界线的颜色、线型和线宽进行设置。

①【超出尺寸线】微调框：指定尺寸界线在尺寸线上方伸出的距离。

②【起点偏移量】微调框：指定尺寸界线到定义该标注的原点的偏移距离。

（2）【符号和箭头】选项卡（图 9-28）

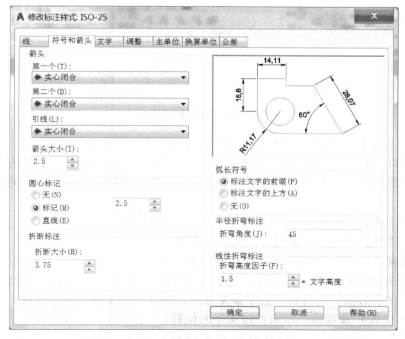

图 9-28　【符号和箭头】选项卡

1）【箭头】选项组：该选项组提供了控制尺寸箭头的选项。

①【第一个】、【第二个】下拉列表框：用于选择尺寸线两端箭头的样式。

②【引线】下拉列表框：用于设置引线标注的箭头样式。

③【箭头大小】微调框：用来设置箭头的大小。

2）【圆心标记】选项组：用于设置标注圆或者圆弧的圆心标记是否出现，以及中心线的出现与否。

3）【弧长符号】选项组：决定进行弧长标注时是否产生弧长符号，以及在什么位置放置弧长符号。

4）【折弯角度】文本框：用来设置折弯角度的大小。

（3）【文字】选项卡 【文字】选项卡用来设置尺寸文字的格式、放置和对齐方式，如图 9-29 所示。

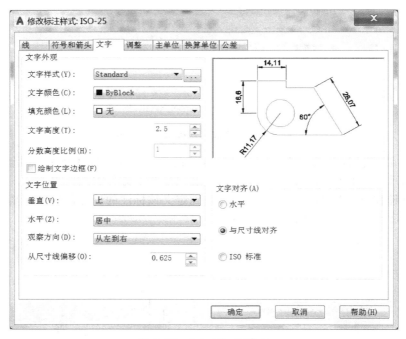

图 9-29 【文字】选项卡

1）【文字外观】选项组：用来调整尺寸文本的外观，主要选项如下。

①【文字样式】下拉列表框：包含 Standard 文字样式以及用户自己定义的文字样式。

②【文字颜色】下拉列表框：在下拉列表框中，用户可以选择自己喜欢的颜色作为文字的颜色。

③【填充颜色】下拉列表框：决定标注文字的填充底色。

④【文字高度】微调框：决定标注文字的高度。

⑤【分数高度比例】微调框：设置与标注文字相关部分的比例。只有当选择了【主单位】选项卡中支持分数的标注格式时（【单位格式】设为分数），该选项才可用。

⑥【绘制文字边框】复选框：选中该复选框，会在尺寸文本的周围绘制一个边框。

2）【文字位置】选项组：用来控制文字的位置。

①【垂直】下拉列表框：用来设置文字相对尺寸线的垂直位置。可以在【居中】、

【上】、【外部】、【JIS】、【下】选项之间选择。其中【JIS】选项是按照日本工业标准放置标注文本。

②【水平】下拉列表框：设置文字相对于尺寸线和尺寸界线的水平位置。

③【从尺寸线偏移】微调框：设置文字与尺寸线之间的距离。

3）【文字对齐】选项组：用来设置文字的对齐方式。

①【水平】单选按钮：标注文字水平放置。

②【与尺寸线对齐】单选按钮：文字角度与尺寸线角度保持一致。

③【ISO 标准】单选按钮：当文字在尺寸界线内时，文字与尺寸线对齐；当文字在尺寸界线外时，文字水平排列。

不同选项时的标注效果实例，如图 9-30 所示。

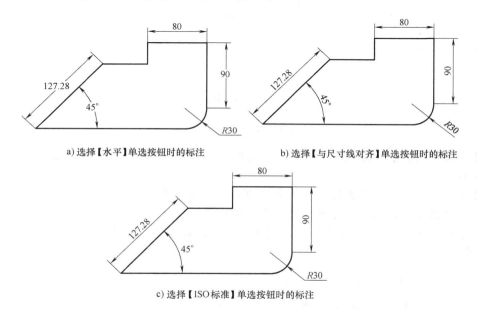

a) 选择【水平】单选按钮时的标注　　　　　b) 选择【与尺寸线对齐】单选按钮时的标注

c) 选择【ISO标准】单选按钮时的标注

图 9-30　【文字对齐】选项组选择不同选项时的标注效果

（4）【调整】选项卡　【调整】选项卡用来设置标注文字、尺寸线、箭头、引线等的位置，如图 9-31 所示。

1）【调整选项】选项组：确定文字和箭头的位置，系统提供【文字或箭头（最佳效果）】、【箭头】、【文字】、【文字和箭头】、【文字始终保持在尺寸界线之间】单选按钮和【若箭头不能放在尺寸界线内，则将其消除】复选框。

2）【文字位置】选项组：用来控制当文本移出尺寸界线外时文本的放置方式，系统提供【尺寸线旁边】、【尺寸线上方，带引线】和【尺寸线上方，不带引线】单选按钮。

3）【标注特征比例】选项组：用来设置全局标注比例或图纸空间比例。

①【将标注缩放到布局】单选按钮：根据当前模型空间视口和图纸空间的比例关系设置比例。

②【使用全局比例】单选按钮：设置指定大小、距离或包含文字的间距和箭头大小的所有标注样式的比例。

4）【优化】选项组：设置标注尺寸时进行附加调整。

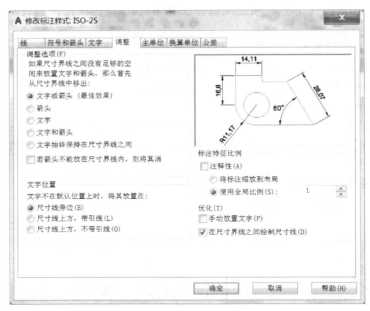

图 9-31　【调整】选项卡

　　①【手动放置文字】复选框：选中该复选框后，忽略标注文字的水平设置，并把文字放在指定位置。

　　②【在尺寸界线之间绘制尺寸线】复选框：选中该复选框后，无论 AutoCAD 是否把箭头放置在尺寸线之外，都在尺寸界线之内绘制尺寸线。

　　（5）【主单位】选项卡　【主单位】选项卡用来设置尺寸数值的格式与精度等属性，如图 9-32 所示。

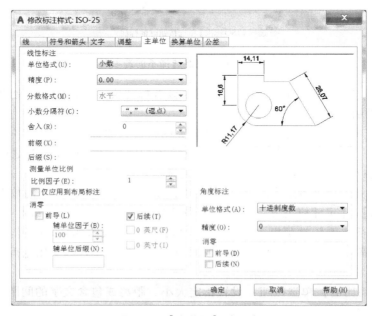

图 9-32　【主单位】选项卡

1）【线性标注】选项组

①【单位格式】下拉列表框：设置除角度之外其余各标注类型的尺寸单位。

②【精度】下拉列表框：设置标注的小数位数。

③【分数格式】下拉列表框：设置分数的格式。该选项只有在【单位格式】设为分数时才可用，3 个选项为【水平】、【对角】和【非堆叠】。

④【小数分隔符】下拉列表框：设置十进制格式的分隔符。共有 3 个选项，分别为【句点】、【逗点】和【空格】。我国使用句号为小数点，所以一般选用【句点】选项。

⑤【舍入】微调框：设置除角度标注外的尺寸测量值的舍入值。

⑥【前缀】和【后缀】文本框：设置标注文字的前缀和后缀，可以输入文字或用控制代码显示特殊符号。

2）【测量单位比例】选项组：用于设置测量尺寸的比例因子。

【比例因子】微调框：设置测量尺寸的比例因子。如果选中【仅应用到布局标注】复选框，则仅对在布局里创建的标注应用线性比例值。

3）【消零】选项组：用于设置是否显示尺寸标注中的前导和后续。例如，如果尺寸标注是 0.730，则选中【前导】时显示为 .730；选中【后续】时显示为 0.73。

4）【角度标注】选项组：用来设置角度标注的单位、精度等。

（6）【换算单位】选项卡　【换算单位】选项卡用来将一种标注单位换算到另外一种测量系统的单位中，如图 9-33 所示。

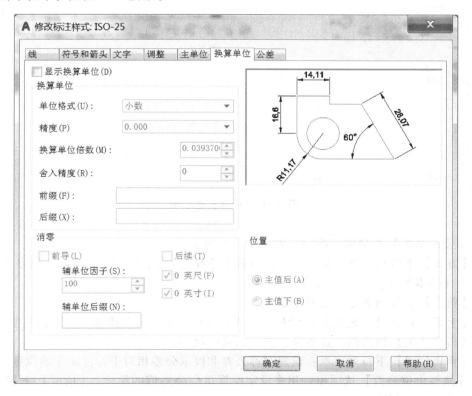

图 9-33　【换算单位】选项卡

1）【显示换算单位】复选框：只有选中该复选框，该选项卡中的其他选项才可用。

2）【换算单位】选项组：用于设置换算单位的【单位格式】、【精度】、【换算单位倍数】、【舍入精度】和【前缀】、【后缀】。【换算单位倍数】微调框用于设置主单位和换算单位之间的换算系数。

3）【位置】选项组：用于设置换算单位的位置，可以在【主值后】和【主值下】之间选择。

（7）【公差】选项卡 【公差】选项卡用来设置公差的标注格式，如图 9-34 所示。

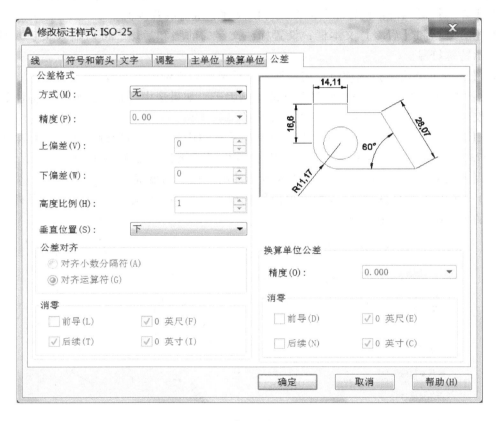

图 9-34 【公差】选项卡

1）【公差格式】选项组：指定公差的格式及精度。

①【方式】下拉列表框：可以从下拉列表中选择【无】、【对称】、【极限偏差】、【极限尺寸】和【基本尺寸】等公差形式。

②【精度】下拉列表框：设置小数位数。

③【上偏差】和【下偏差】微调框：设置尺寸的上极限偏差值和下极限偏差值。

④【高度比例】微调框：设置公差文字的高度比例。

⑤【垂直位置】下拉列表框：设置对称公差和极限公差相对于标注文字的位置。

2）【换算单位公差】选项组：用来设定换算单位公差值的精度。【精度】下拉列表框：设置换算单位公差值精度。

3）【消零】选项组：可以控制是否显示公差数值中前面或者后面的零。

9.7　表　　格

AutoCAD 2018 可以创建不同类型的表格，也可调用其他软件生成的表格。

9.7.1　创建表格

执行方式

- 下拉菜单：【绘图】|【表格】
- 命令行：TABLE
- 功能区/工具栏：

执行该命令后，弹出【插入表格】对话框，如图 9-35 所示。

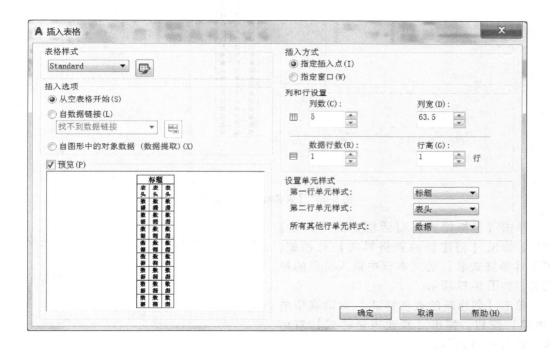

图 9-35　【插入表格】对话框

①【表格样式】选项组：可选择表格样式。

②【插入选项】选项组：【从空表格开始】单选按钮用于创建可以手动填充数据的空表格；【自数据链接】单选按钮通过从外部导入数据创建新表格；【自图形中的对象数据（数据提取）】单选按钮通过提取图形中的数据创建表格。

③【插入方式】选项组：包括【指定插入点】和【指定窗口】两种方式。

④【列和行设置】选项组：实现对表格行与列的设置。

⑤【设置单元样式】选项组：实现对第一行、第二行和所有其他行单元样式的设置。每个下拉列表框都有【标题】、【表头】、【数据】3 个选项。

9.7.2　创建表格样式

执行方式

- 下拉菜单：【格式】|【表格样式】
- 命令行：TABLESTYLE
- 功能区/工具栏：

执行该命令后，弹出【表格样式】对话框，如图9-36所示。

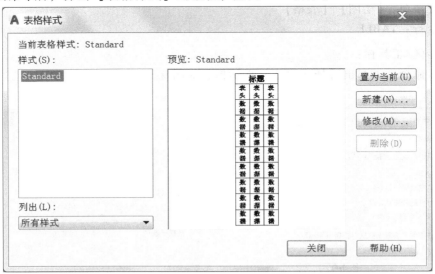

图9-36　【表格样式】对话框

单击【表格样式】对话框中的【新建】按钮，弹出【创建新的表格样式】对话框，可在【新样式名】的文本框中输入所需的样式名，如图9-37所示。

单击【创建新的表格样式】对话框中的【继续】按钮，弹出【新建表格样式】对话框，如图9-38所示。

图9-37　【创建新的表格样式】对话框

① 【起始表格】选项组：可选择已有的表格来创建一个新的表格样式。

② 【表格方向】下拉列表框：用于确定表格是向上还是向下生成。

③ 【单元样式预览】区域：可预览新的表格样式。

④ 【单元样式】下拉列表框：包括【标题】、【表头】、【数据】、【创建新单元样式】和【管理单元样式】等选项，如图9-39所示。

⑤ 【常规】选项卡：可对新建表格样式进行颜色填充、对齐方式、格式、类型、页边距设置。选中【创建行/列时合并单元】复选框可以进行或列合并，但标题与表头不被合并。

⑥ 【文字】选项卡：可对表格中的文字进行设置，如图9-40所示。

⑦ 【边框】选项卡：可对表格的边框进行设置，如图9-41所示。

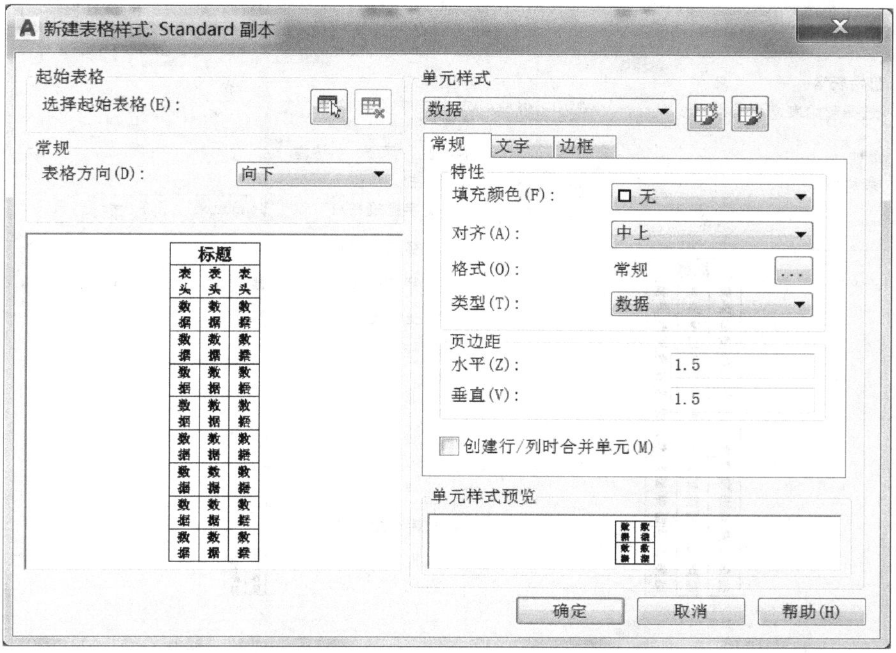

图 9-38　【新建表格样式】对话框

图 9-39　【单元样式】下拉列表框

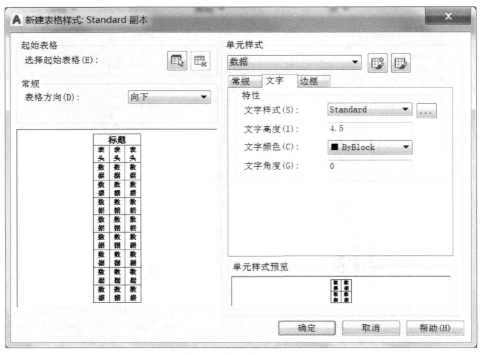

图 9-40 【文字】选项卡

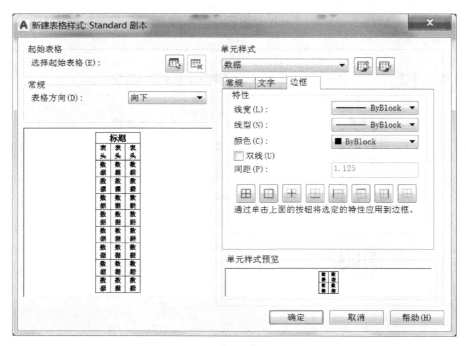

图 9-41 【边框】选项卡

9.7.3　编辑表格和表格单元

当创建新表格后，可通过快捷菜单来编辑表格与表格单元。选中整个表格时的快捷菜单如图 9-42 所示，可进行剪切、复制、删除、移动、缩放和旋转等操作。选中表格时，可以使用鼠标对夹点进行拖动。

选中表格单元时，其快捷菜单如图 9-43 所示。主要命令介绍如下。

① 【对齐】命令：设置表格单元的对齐方式。

② 【边框】命令：对单元格边框的线宽、颜色等特性进行设置。

③ 【匹配单元】命令：用源对象（当前表格单元）匹配目标对象（要匹配的表格单元），此时光标变成刷子形状，单击目标对象就可以进行匹配。

④ 【插入点】命令：根据需要，可以将块、字段或公式插入到表格中。

⑤ 【合并】命令：可以对连续的表格单元进行合并。

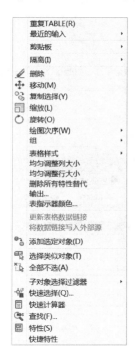

图 9-42　选中整个表
格时的快捷菜单

图 9-43　选中表格单
元时的快捷菜单

【例 9-1】　练习生成表格的操作过程。

① 执行【绘图】|【表格】命令，按图 9-44 所示生成表格。

② 输入表头，如图 9-45 所示。

③ 双击表格的单元格，输入相关的信息，如图 9-46 所示。

④ 按列合并单元格，如图 9-47 所示。

按列合并单元格后的效果如图 9-48 所示。

⑤ 选择在单元格下方插入一行，如图 9-49 所示。

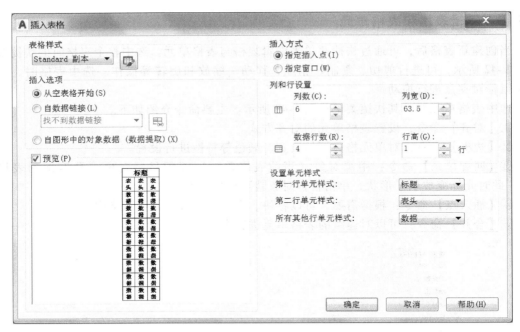

图 9-44　插入表格

	A	B	C	D	E	F
1			鲁东大学新生联系方式			
2						
3						
4						
5						
6						

图 9-45　输入表头

	A	B	C	D	E	F
1			鲁东大学新生联系方式			
2	姓名	班级	学号	联系方式	备注	
3	刘二	交通本1701	20172805001	13105351001		
4	孙五	机械本1701	20172805002	13105351002		
5	赵三	物流本1701	20172805003	13105351003		
6	张六	船舶本1701	20172805004	13105351004		

图 9-46　输入相关信息

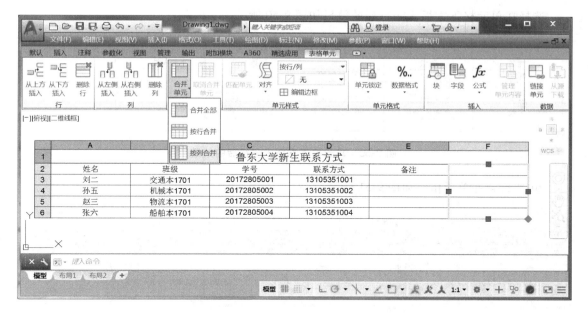

图 9-47　合并单元格

鲁东大学新生联系方式					
姓名	班级	学号	联系方式	备注	
刘二	交通本1701	20172805001	13105351001		
孙五	机械本1701	20172805002	13105351002		
赵三	物流本1701	20172805003	13105351003		
张六	船舶本1701	20172805004	13105351004		

图 9-48　按列合并单元格后的效果

图 9-49　单元格下方插入一行

选择在单元格下方插入一行后的效果如图 9-50 所示。

鲁东大学新生联系方式					
姓名	班级	学号	联系方式	备注	
刘二	交通本1701	20172805001	13105351001		
孙五	机械本1701	20172805002	13105351002		
赵三	物流本1701	20172805003	13105351003		
张六	船舶本1701	20172805004	13105351004		

图 9-50 单元格下方插入一行后的效果

⑥ 按行合并单元格，如图 9-51 所示。

图 9-51 按行合并单元格

按行合并单元格后的效果如图 9-52 所示。

鲁东大学新生联系方式					
姓名	班级	学号	联系方式	备注	
刘二	交通本1701	20172805001	13105351001		
孙五	机械本1701	20172805002	13105351002		
赵三	物流本1701	20172805003	13105351003		
张六	船舶本1701	20172805004	13105351004		

图 9-52 按行合并单元格后的效果

9.8 实　　例

以图 9-53 所示的齿轮泵左泵盖为例来介绍文字与标注的操作过程。

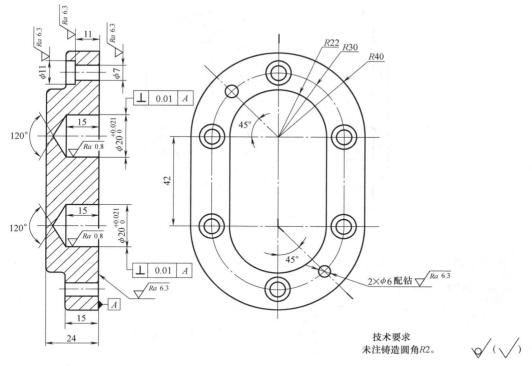

图 9-53　齿轮泵左泵盖

1）新建一个文件，进行相关的图层设置。将中心线、轮廓线、剖面线、标注、技术要求分别放在不同的图层中，并且对其线型进行设置，如图 9-54 所示。

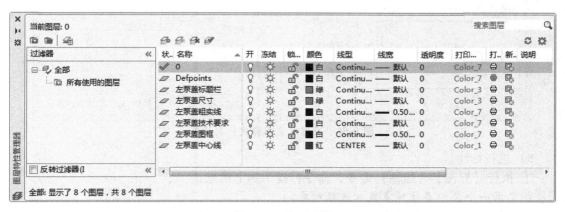

图 9-54　图层设置

2）绘制中心线与轮廓，结果如图 9-55 所示。

3）进行文字样式设置。执行【格式】|【文字样式】命令，弹出图 9-56 所示的对话框，文字样式设置结果如图 9-56 所示。为防止输入文字时出现乱码，可以选中【使用大字体】复选框，在【大字体】下拉列表中选择"gbcbig.shx"。

4）进行标注样式设置。执行【格式】|【标注样式】命令，修改标注样式，弹出图 9-57 所示的对话框，标注样式设置结果如图 9-57 所示。

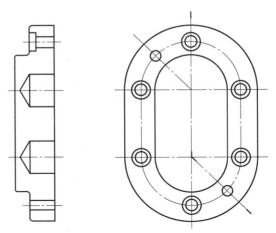

图 9-55　绘制中心线与轮廓

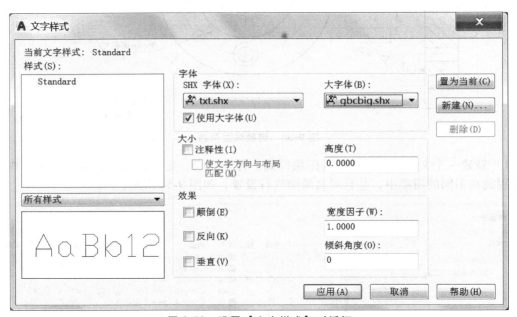

图 9-56　设置【文字样式】对话框

5）进行标注。

① 执行【标注】|【线性】命令，命令行提示如下信息：

指定第一个尺寸界线原点或 <选择对象>：

指定第二条尺寸界线原点：

指定尺寸线位置或

[多行文字（M）/文字（T）/角度（A）/水平（H）/垂直（V）/旋转（R）]：

在命令行中输入 "M"，系统弹出【文字格式】选项卡，如图 9-58 所示。

在【文字格式】选项卡中，将光标移至默认值 20 前输入 "%%C"，系统会自动生成符号 φ。将光标移至默认值 20 后输入 "+0.021^ 0"，按住鼠标左键拖动鼠标，将需要堆叠的文本选中，此时【文字格式】选项卡中的堆叠符号会亮显，单击【文字格式】选项卡中的【堆叠】按钮 ，结果如图 9-59 所示。单击【确定】按钮，结果如图 9-60 所示。

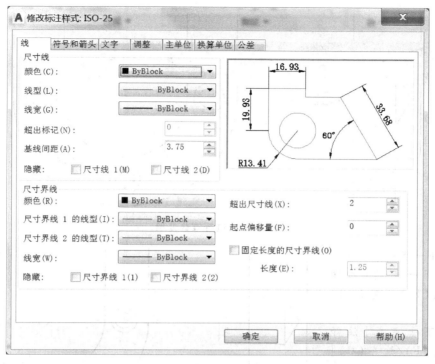

图 9-57　设置【修改标注样式】对话框

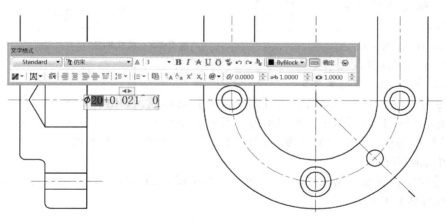

图 9-58　在【文字格式】选项卡中输入相关内容

> 注：常用符号有三种，输入"%%C"显示直径"Φ"；输入"%%D"显示度数"°"；输入"%%P"显示正负"±"。堆叠符号有"/"，"^"，"#"三种，其中"b/a"堆叠后将显示"$\frac{b}{a}$"类型；"b^a"堆叠后将显示"$\frac{b}{a}$"类型；"b#a"堆叠后将显示"$^{b}/_{a}$"类型。

② 标注形位公差。在命令行中输入【LEADER】命令。命令行提示如下信息：

命令：LEADER

指定引线起点：

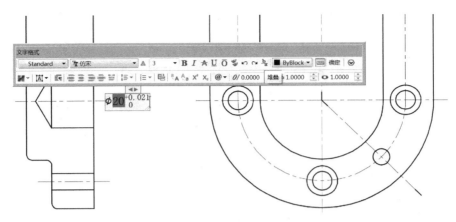

图 9-59   进行堆叠处理

指定下一点：

指定下一点或［注释（A）/格式（F）/放弃（U）］<注释>：

指定下一点或［注释（A）/格式（F）/放弃（U）］<注释>：

输入注释文字的第一行或 <选项>：

输入注释选项［公差（T）/副本（C）/块（B）/无（N）/多行文字(M)]<多行文字>：

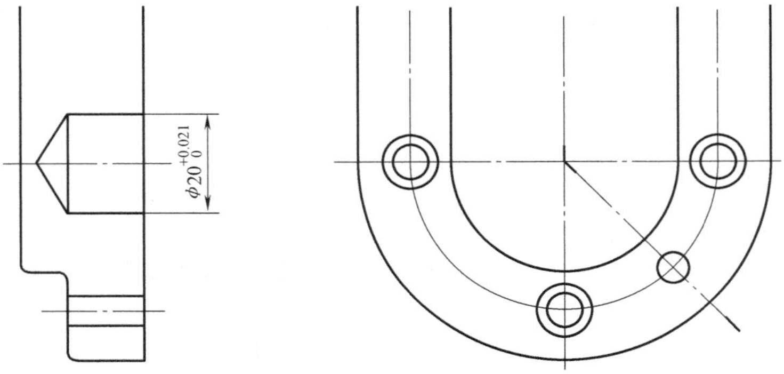

图 9-60   尺寸标注

在命令行中输入"T"，系统弹出【形位公差】对话框，如图 9-17 所示。

在【形位公差】对话框中，首先单击【符号】下面的黑色方框，弹出如图 9-18 所示的【特征符号】对话框，选取"垂直度"对应的符号，然后在公差和基准的框格中输入公差值"0.01"和基准字母"A"。

单击【确定】按钮，结果如图 9-61 所示，图中所示的形位公差标注的箭头位于对应直径尺寸的尺寸线延长线上。

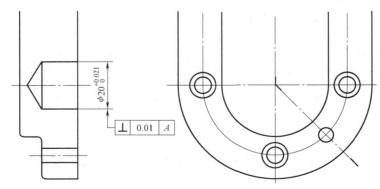

图 9-61   标注形位公差

③ 进行其他尺寸标注，包括线性标注、角度标注、半径标注和直径标注等，结果如图 9-62 所示。

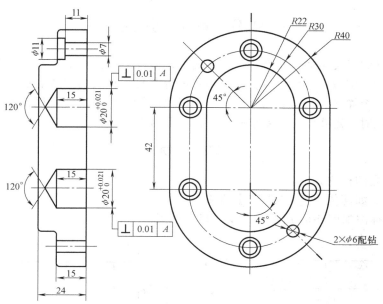

图 9-62　尺寸标注

6）使用多行文字进行文字输入，执行【绘图】|【文字】|【多行文字】命令，输入技术要求结果如图 9-63 所示。

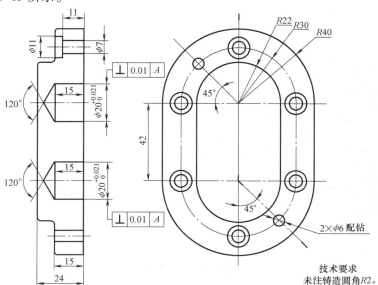

技术要求
未注铸造圆角R2。

图 9-63　输入技术要求

7）根据剖视图的要求，进行图案填充；根据技术要求，标注表面粗糙度和基准要素。结果如图 9-53 所示。

> 注：这里的粗糙度符号可以定义为块进行插入，有关块的内容将在第 10 章中详细介

绍。也可以直接绘制图形，输入相关数据来完成。

9.9 本章小结

本章主要介绍了文字样式及字体、单行文本、多行文本、尺寸标注、创建标注样式和表格等内容。进行文字输入、标注时，一定要先进行各自的样式的设置。在一个 .dwg 格式的文件中可以有多个样式，当需要两个或者两个以上的标注样式时，可以设置多个标注样式，但是在进行标注时一定要将符合要求的标注样式置为当前样式。

习　题

1. 练习堆叠的标注方法。
2. 标注时，如何使用【LEADER】命令？
3. 绘制并标注如图 9-64 所示的活动钳口零件图。

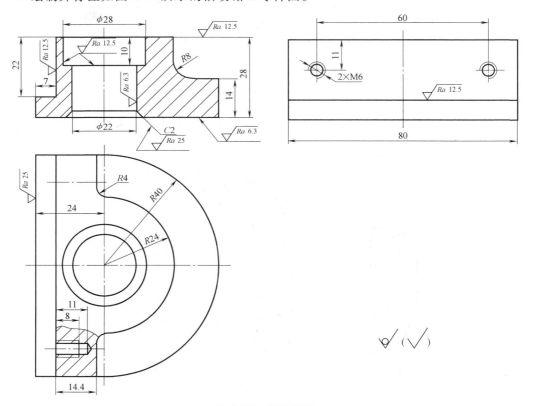

图 9-64　活动钳口

第 10 章

块 设 定

块是一个或多个对象的组合，可重复使用。.dwg 格式的任意文件都可以看成是一个块。

10.1 块 的 特 点

组成块的各个对象可以有自己的图层、线型和颜色，但 AutoCAD 把块当作单一的对象处理。除此之外，块还具有如下特点：

1）提高绘图速度。将图形创建成块，可避免大量重复性工作。

2）节省存储空间。将一些对象定义成块，数据库中只保存一次块的定义数据。插入该块时不再重复保存块的数据，只保存块名和插入参数，因此可以缩小文件大小。

3）便于修改图形。如果修改了块的定义，用该块复制出的图形都会自动更新，具有关联性。

4）加入属性。AutoCAD 允许为块创建文字属性，可在插入的块中显示或不显示这些属性，也可以从图中提取这些信息并将它们传送到数据库中。

10.2 块 定 义

执行方式

• 下拉菜单：【绘图】|【块】|【创建】

• 命令行：BLOCK（B）

• 功能区/工具栏：

执行该命令后，会弹出如图 10-1 所示的【块定义】对话框。

①【名称】下拉列表框：可在【名称】下拉列表框中输入块的名称或直接从下拉列表框中已有名称中选择。

②【基点】选项组：可以直接在【X】、【Y】、【Z】文本框中输入点的坐标值，确定基点；也可利用选项组中的【拾取点】按钮 在绘图区域直接拾取基点。一般需根据图形的结构选择特征点作为基点，通常选取对称中心、圆心等特殊点作为插入点。

③【对象】选项组：【对象】选项组包括【保留】、【转换为块】和【删除】3 种选择。选择【保留】单选按钮，则保留并显示所选的要定义成块的对象；选择【转换为块】单选按钮，则选取的对象转换成块；选择【删除】单选按钮，则删除所选取的对象图形。

④【方式】选项组：在【方式】选项组中，选中【允许分解】复选框，则允许定义的

图 10-1 【块定义】对话框

块被分解。

⑤【说明】列表框：如果在【说明】列表框中输入了说明文字，使用设计中心（【插入】选项卡的【内容】面板）查找块时，控制面板中会显示文字，便于他人使用。

10.3　插　入　块

执行方式

- 下拉菜单：【插入】|【块】
- 命令行：INSERT（I）
- 功能区/工具栏：

执行【插入】|【块】命令，会弹出如图 10-2 所示的【插入】对话框。

图 10-2 【插入】对话框

【插入】对话框中各主要选项的含义如下：

1)【名称】下拉列表框：可以在【名称】下拉列表框中选择已保存的块或图形。

2）【插入点】选项组：可直接在【X】、【Y】、【Z】文本框中输入点的坐标，作为块的插入点；也可通过选中【在屏幕上指定】复选框，在屏幕上捕捉点作为插入点。

3）【比例】选项组：【比例】选项组用于确定块的插入比例。可直接在【X】、【Y】、【Z】文本框中输入块在 3 个方向的比例；也可通过选中【在屏幕上指定】复选框，在屏幕上指定缩放比例；若选中【统一比例】复选框，则表示比例相同，只需在【X】文本框中输入比例值。

4）【旋转】选项组：【旋转】选项组用于确定块插入时的旋转角度。可以直接在【角度】文本框中输入角度值；也可以通过选中【在屏幕上指定】复选框，在屏幕上指定旋转角度。

5）【分解】复选框：【分解】复选框用于确定是否将插入的块分解成组成块的各基本对象，便于选取相关对象。

10.4　块 的 属 性

块的属性是块的组成部分，是附着在块上的文本信息，它与块相关联。

执行方式

- 下拉菜单：【绘图】|【块】|【定义属性】
- 命令行：ATTDEF（ATT）
- 功能区/工具栏：

执行【绘图】|【块】|【定义属性】命令，会弹出如图 10-3 所示的【属性定义】对话框。

图 10-3　【属性定义】对话框

该对话框中各主要选项的含义如下。

（1）【模式】选项组　【模式】选项组用于设置属性的模式。

①【不可见】复选框：控制属性值是否可见。

②【固定】复选框：选中该复选框表示属性为固定值，即为常量。如果不将属性设为固定值，插入块时则可以输入任意值。

③【验证】复选框：确定对属性值校验与否。选中该复选框，插入块时，对已输入的属性值再给出一次提示，校验所输入的属性值是否正确。否则不要求用户校验。

④【预设】复选框：确定是否将属性值直接预设成它的默认值。选中该复选框，插入块时，AutoCAD 把在【属性定义】对话框的【默认】文本框中输入的默认值自动设置成实际属性值，不再要求用户输入新值。反之，用户可以输入新属性值。

⑤【锁定位置】复选框：确定属性是否可以相对于块的其余部分进行移动。

⑥【多行】复选框：确定属性是单行属性还是多行属性。

（2）【属性】选项组　【属性】选项组用于确定属性的标记以及提示属性的默认值。【标记】文本框中的内容用于标识属性，可使用除"!"和空格外的任何字符，为必填项。【提示】文本框中的内容为在屏幕上显示的提示。【默认】文本框中的内容为输入属性的默认值。

（3）【插入点】选项组　【插入点】选项组用于确定属性值的插入点。确定该插入点后，将以该点为参考点，按照在【文字设置】选项组中的【对正】下拉列表中确定的文字排列方式放置属性值。用户可直接在【X】、【Y】、【Z】文本框中输入点的坐标，也可以选中【在屏幕上指定】复选框，在屏幕上拾取一点作为插入点。

（4）【文字设置】选项组　【文字设置】选项组用于设置属性文字的格式。

①【对正】下拉列表框：用于设置属性文字相对于参照点的排列形式，如图 10-4 所示。

图 10-4　【对正】下拉列表框

②【文字样式】下拉列表框：确定属性文字的文字样式，从相应的下拉列表框中选择即可。

③【文字高度】文本框：用于确定属性文字的高度。

④【旋转】文本框：用于确定属性文字行的旋转角度。用户可直接在对应的文本框中输

入角度值，也可以单击其后的按钮，在图形屏幕上确定。

10.5 块 的 分 解

执行方式
- 下拉菜单：【修改】|【分解】
- 命令行：EXPLODE（X）
- 功能区/工具栏：

【EXPLODE】命令将插入的块分解成组成块的各个基本对象。执行【EXPLODE】命令后，选择块对象，将所选块分解。

10.6 修改块定义

1）在当前图形中修改块的最简单方法是使用块编辑器。
块编辑器的执行方式
- 下拉菜单：【工具】|【块编辑器】
- 命令行：BEDIT（BE）
- 功能区/工具栏：

执行该命令后，弹出如图 10-5 所示的【编辑块定义】对话框。在【编辑块定义】对话框中选择【要创建或编辑的块】，单击【确定】按钮，对选择的块进行编辑后按〈Enter〉键，弹出【块-未保存更改】对话框，选择【将更改保存到？】按钮（"?"为所修改的块名称），如图 10-6 所示，返回【编辑块定义】对话框，此时所做的和保存的更改将替换现有的块定义。

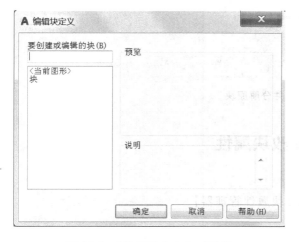

图 10-5 【编辑块定义】对话框

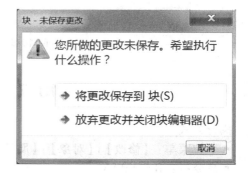

图 10-6 【块-未保存更改】对话框

2）修改块定义的另一种方法是创建新的块定义，但要输入现有块定义的名称，如图 10-7 所示。也可以插入并分解原块的实例，然后通过创建新的块定义，对分解的原块进行修改，如图 10-8 所示。

图 10-7　选择现有块定义的名称

图 10-8　插入并分解原块

10.7　修改块属性

执行方式

- 下拉菜单：【修改】|【对象】|【属性】|【块属性管理器】
- 命令行：BATTMAN
- 功能区/工具栏：

编辑为块定义指定的属性的步骤如下。

1）在【修改】下拉菜单中，选择【对象】|【属性】|【块属性管理器】命令，如图 10-9 所示。

2）在弹出的【块属性管理器】对话框中（图 10-10），从【块】下拉列表框中选择一

图 10-9　选择【块属性管理器】命令

个块，或者单击【选择块】按钮 并在绘图区域中选择一个块。

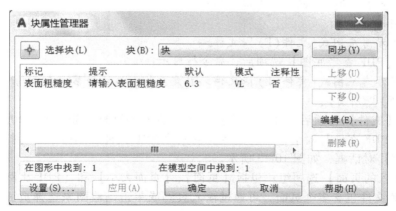

图 10-10　【块属性管理器】对话框

3）在【块属性管理器】的列表中双击要编辑的属性，或者选择该属性并单击【编辑】按钮。

4）在弹出的【编辑属性】对话框中（图 10-11），对需要编辑的属性进行修改，然后单击【确定】按钮。

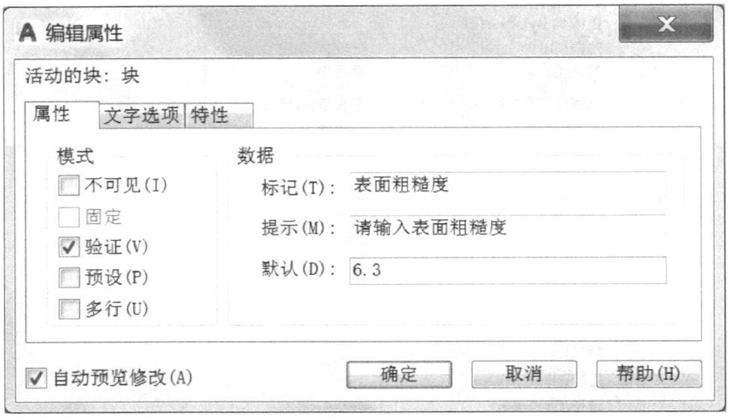

图 10-11　【编辑属性】对话框

用【编辑属性】对话框可修改以下项目。

①【属性】选项卡：定义指定的值在绘图区域是否可见，以及如何将值指定给属性。

②【文字选项】选项卡：定义属性文字在图形中的显示。

③【特性】选项卡：定义属性所在的图层和属性的颜色、线宽和线型。

默认情况下，所作的属性更改在当前图形中应用于现有的所有块参照。

10.8　PDF 输入

执行方式

• 命令行：PDFIMPORT

• 功能区/工具栏：

执行该命令后，命令行显示如下提示信息：

命令:_pdfimport

选择 PDF 参考底图或 [文件(F)]<文件>:

1）选择【PDF 参考底图】选项后，命令行显示：

选择 PDF 参考底图或 [文件(F)]<文件>:指定要输入区域的第一个角或 [多边形(P)/所有(A)/设置(S)]<所有>:

2）选择【文件】选项后，弹出【选择 PDF 文件】对话框，如图 10-12 所示。

在【选择 PDF 文件】对话框中，选择要输入的 PDF 文件，然后单击【打开】按钮，弹出【输入 PDF】对话框，如图 10-13 所示。

1）【要输入的页面】选项组：包括【页面】、【页面大小】和【PDF 比例】。

如果 PDF 文件包含多个页面，可通过输入页码或单击缩略图来选择页面。如果要显示较大视图的选定页面，可以在实际大小的视图 和缩略图视图 之间切换。每次只能输入单个页面。

2）【位置】选项组：包括【在屏幕上指定插入点】复选框、【比例】文本框和【旋转】文本框。

• 【在屏幕上指定插入点】复选框：当选择该选项时，可在单击【确定】按钮后在屏幕

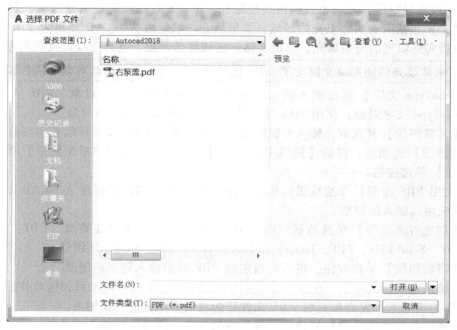

图 10-12 【选择 PDF 文件】对话框

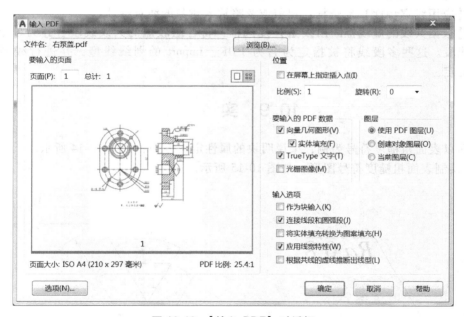

图 10-13 【输入 PDF】对话框

上指定 PDF 文件的插入位置。如果清除该选项，将在 UCS 原点（0，0）处输入 PDF。

- 【比例】文本框：输入比例因子。
- 【旋转】文本框：输入旋转角度。

3）【要输入的 PDF 数据】选项组：包括【向量几何图形】复选框、【TrueType 文字】复选框和【光栅图像】复选框。

- 【向量几何图形】复选框：包括线性路径、Beziér 曲线和实体填充区域。其中【实体填充】包括所有实体填充的区域，如果填充区域是由 AutoCAD 导出为 PDF 格式，则包括实体填充的图案填充、二维实体、区域覆盖对象、宽多段线以及三角形箭头。

> **注：实体填充的图案填充指定了 50% 的透明度，可以手动更改对象的颜色和透明度。**

- 【TrueType 文字】复选框：输入使用 TrueType 字体的文字对象。PDF 文件仅识别 TrueType 文字对象；使用 SHX 字体的文字对象将被视为几何对象。
- 【光栅图像】复选框：输入光栅图像，将其保存为 PNG 文件并附着到当前图形中。

4）【图层】选项组：包括【使用 PDF 图层】单选按钮、【创建对象图层】单选按钮和【当前图层】单选按钮。

- 【使用 PDF 图层】单选按钮：从存储在 PDF 文件中的图层创建 AutoCAD 图层，并将其应用到输入的对象。
- 【创建对象图层】单选按钮：由 PDF 文件输入的常规对象类型（PDF_ Geometry、PDF_ Solid Fills、PDF_ Images 和 PDF_ Text）创建 AutoCAD 图层。
- 【当前图层】单选按钮：将所有指定的 PDF 对象输入到当前图层。

5）【输入选项】选项组：有多个选项可用于控制在输入 PDF 对象后如何对其进行处理。

- 【作为块输入】复选框：将 PDF 文件作为块而非单独的对象输入。
- 【连接线段和圆弧段】复选框：将连续的线段和圆弧段转换为多段线。
- 【将实体填充转换为图案填充】复选框：将二维对象的实体填充转换为图案填充。
- 【应用线宽特性】复选框：保留或忽略输入对象的线宽特性。
- 【根据共线的虚线推断出线型】复选框：将各组较短的共线线段合并为单个多段线线段。这些多段线将被指定为名为 PDF_ Import 的划线线型，并进行线型比例的指定。

10.9　实　　例

下面以表面粗糙度符号为例，来说明块的属性定义方法，如图 10-14 所示。

1）绘制表面粗糙度符号图形，如图 10-15 所示。

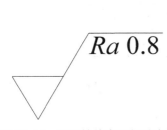

图 10-14　带属性的表面粗糙度块

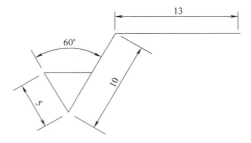

图 10-15　绘制表面粗糙度符号图形

2）进行文字样式设置，如图 10-16 所示。

3）进行【定义属性】命令操作。执行【绘图】|【块】|【定义属性】命令，如图 10-17 所示。

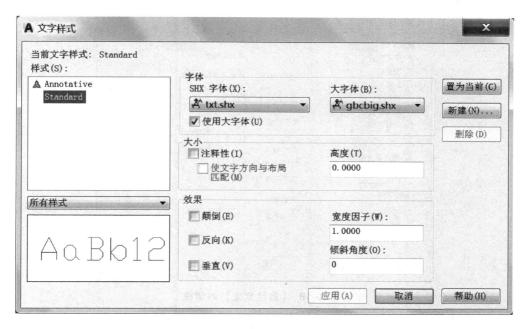

图 10-16 【文字样式】对话框

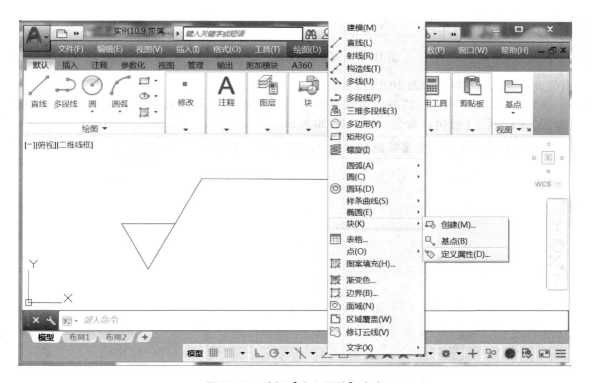

图 10-17 选择【定义属性】命令

4）在弹出的【属性定义】对话框中进行设置，如图 10-18 所示。

5）单击【确定】按钮，此时光标上出现"表面粗糙度"字样，在表面粗糙度符号的适

图 10-18 【属性定义】对话框

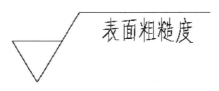

图 10-19 放置属性标记"表面粗糙度"

当位置单击鼠标左键，如图 10-19 所示。

6）将图 10-19 中所示的表面粗糙度符号及属性标记"表面粗糙度"创建为块，执行【绘图】|【块】|【创建】命令，如图 10-20 所示。

注：选择对象时一定要将图形以及属性标记"表面粗糙度"全部选中。

图 10-20 创建带属性块

7）单击【确定】按钮，弹出【编辑属性】对话框，如图 10-21 所示。单击【确定】按钮，完成创建。

8）插入时可以在【编辑属性】对话框中输入新的表面粗糙度数值，如果直接单击【确定】按钮，表面粗糙度的数值为定义属性时设置的数值。最终插入的块如图 10-14 所示。

图 10-21　【编辑属性】对话框

10.10　本章小结

本章主要介绍了如何定义块、编辑块、定义带属性的块及 PDF 文件插入等操作。定义块可以减少对内存的使用，方便对同样画法的操作，减少工作量，提高效率。

习　题

1. 绘制如图 10-22 所示的齿轮泵右泵盖，并将表面粗糙度设置为带属性的块插入图中。

2. 绘制如图 10-23 所示标题栏，按照图 10-23 中表所示内容定义属性，然后将标题栏定义为块，并在标题栏中填写给定的属性信息。

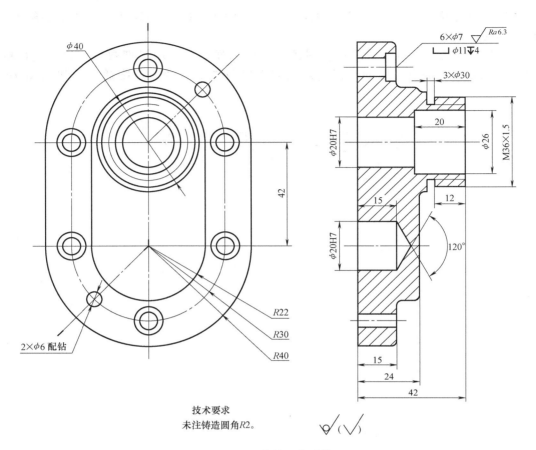

技术要求
未注铸造圆角R2。

图 10-22　齿轮泵右泵盖

序号	名　称		件数	材料	备注
	齿轮泵右泵盖		比例	1：2	图　　号
			件数		
制图		2018／05	质量		共　张　第　张
描图		2018／05	××大学××学院		
审核					

图 10-23　标题栏

第11章

齿轮泵装配绘制实例

下面以齿轮泵装配图为例，系统讲解绘图的一般过程，齿轮泵的装配图如图 11-1 所示。为了表现视图中各部分的细节，图 11-2 中分别给出了放大效果的主视图、左视图、C 向局部视图和明细栏。

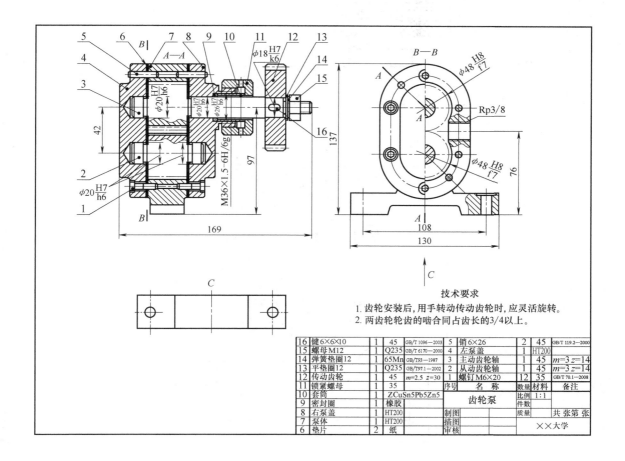

图 11-1　齿轮泵装配图

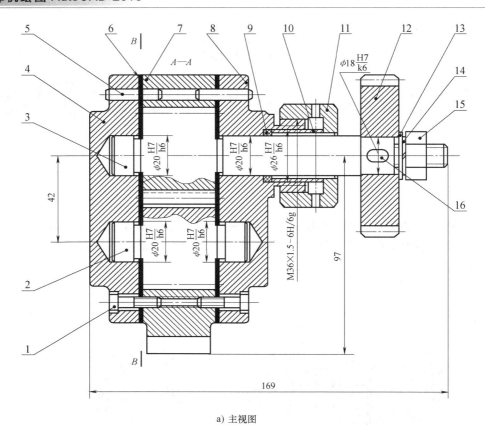

a) 主视图

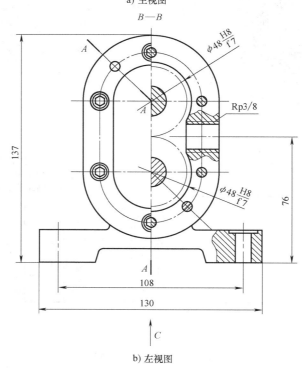

b) 左视图

图 11-2　齿轮泵装配图局部放大图

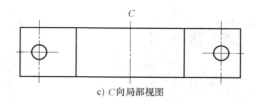

c) C向局部视图

技术要求
1. 齿轮安装后,用手转动传动齿轮时,应灵活旋转。
2. 两齿轮轮齿的啮合面占齿长的3/4以上。

16	键　6×6×10	1	45	GB/T 1096—2003	5	销　6×26	2	45	GB/T119.2—2000
15	螺母　M12	1	Q235	GB/T 6170—2015	4	左泵盖	1	HT200	
14	弹簧垫圈12	1	65Mn	GB/T93—1987	3	主动齿轮轴	1	45	$m=3$　$z=14$
13	平垫圈12	1	Q235	GB/T97.1—2002	2	从动齿轮轴	1	45	$m=3$　$z=14$
12	传动齿轮	1	45	$m=2.5$　$z=30$	1	螺钉　M6×20	12	35	GB/T 70.1—2008
11	锁紧螺母	1	35		序号	名　　称	数量	材料	备　　注
10	套筒	1	ZCuSn5Pb5Zn5			齿轮泵	比例	1:1	
9	密封圈	1	橡胶				件数		
8	右泵盖	1	HT200		制图		质量		共张　第张
7	泵体	1	HT200		描图				××大学
6	垫片	2	纸		审核				

d) 技术要求和明细栏

图 11-2　齿轮泵装配图局部放大图 (续)

　　齿轮泵装配图是建立在齿轮泵各部分的零件图已经完成的基础上进行绘制的,参与装配的零件分为标准件和非标准件。对非标准件已在前面章节绘制完成零件图,对标准件则无需画零件图,而是采用参数化方法实现。

　　(1) 修改零件图　在拼画装配图前,需要对零件图做必要的修改。

　　1) 统一各零件的绘图比例,删除零件图上标注的尺寸。

　　2) 在每个零件图中选取画装配图时需要的若干视图,一般还需根据需要改变表达方法,如把零件图中的全剖视图改为装配图中所需的局部视图,而对被遮挡的部分则需要进行裁剪处理等。

　　3) 将上述处理后的各零件图存为图块,并确定插入基点。

　　(2) 拼装装配图　通过上述对零件图的处理后,即可拼装装配图,并对拼装成的图形按需要进行修改整理,删去重复多余的线条,补画缺少的线条。拼装的结果如图 11-3 所示。

　　(3) 绘制明细栏和标题栏　在明细栏里列出零件序号、名称、数量、材料和备注等,按照 GB/T 10609.2—2009 的规定绘制;在标题栏中注明装配体名称、图号、绘图比例以及设计、制图、审核人员的签名和日期等,按照 GB/T 10609.1—2008 的规定绘制。绘制的结果如图 11-4 所示。

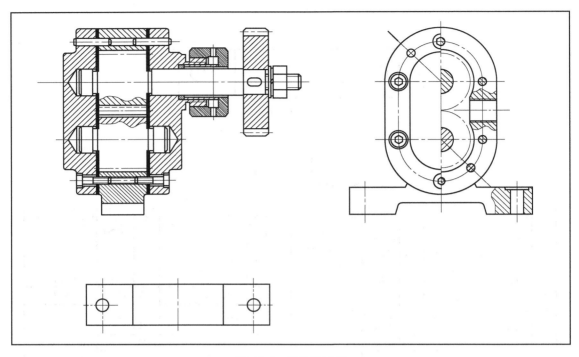

图 11-3　拼装装配图

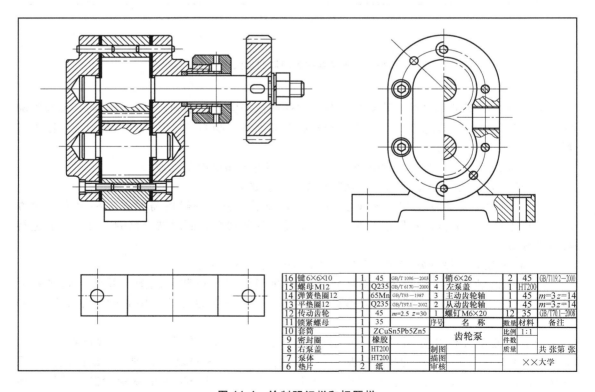

16	键6×6×10	1	45	GB/T 1096—2003	5	销6×26	2	45	GB/T119.2—2000
15	螺母M12	1	Q235	GB/T 6170—2000	4	左泵盖	1	HT200	
14	弹簧垫圈12	1	65Mn	GB/T93—1987	3	主动齿轮轴	1	45	m=3 z=14
13	平垫圈12	1	Q235	GB/T97.1—2002	2	从动齿轮轴	1	45	m=3 z=14
12	传动齿轮	1	45	m=2.5 z=30	1	螺钉M6×20	12	35	GB/T70.1—2008
11	锁紧螺母	1	35		序号	名　称	数量	材料	备注
10	套筒	1	ZCuSn5Pb5Zn5				比例	1:1	
9	密封圈	1	橡胶			齿轮泵	件数		
8	右泵盖	1	HT200		制图		质量		共 张第 张
7	泵体	1	HT200		描图			××大学	
6	垫片	2	纸		审核				

图 11-4　绘制明细栏和标题栏

（4）进行标注

1）用【多重引线】命令绘制序号。

① 执行【格式】|【多重引线样式】命令，弹出如图 11-5 所示的对话框。单击【新建】按钮，弹出【创建新多重引线样式】对话框，如图 11-6 所示。在【新样式名】文本框中输入"序号指引线"，单击【继续】按钮，弹出【修改多重引线样式：序号指引线】对话框，如图 11-7 所示，分别对【引线格式】选项卡、【引线结构】选项卡和【内容】选项卡进行设置。

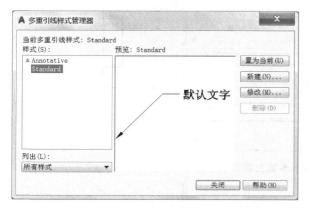

图 11-5　【多重引线样式管理器】对话框

图 11-6　【创建新多重引线样式】对话框

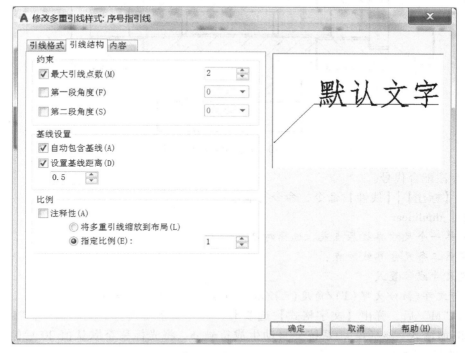

图 11-7　【修改多重引线样式】对话框

② 执行【标注】|【多重引线】命令，命令行显示：

命令：_mleader

指定引线箭头的位置或［引线基线优先（L）／内容优先（C）／选项（O）］＜选项＞：

指定引线箭头的位置后，命令行显示：

指定引线基线的位置：

确定引线基线的位置后，弹出【文字格式】选项卡，在弹出的文本框中输入相应的序号"1"，如图 11-8 所示，单击【文字格式】选项卡中的【确定】按钮，结果如图 11-9 所示。

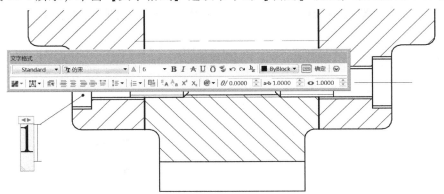

图 11-8　输入多重引线标注的序号

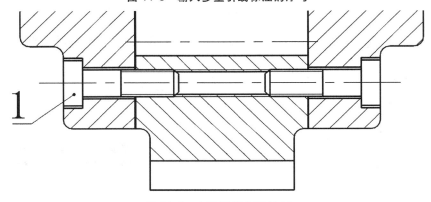

图 11-9　多重引线标注结果

2）标注配合代号。

执行【标注】|【线性】命令，命令行显示：

命令：_dimlinear

指定第一个尺寸界线原点或 ＜选择对象＞：

指定第二条尺寸界线原点：

指定尺寸线位置或

［多行文字（M）／文字（T）／角度（A）／水平（H）／垂直（V）／旋转（R）］：

输入"M"后，弹出【文字格式】选项卡。在【文字格式】的文本框中，将光标移至默认值 20 前输入"%%C"，系统会自动生成符号 φ。将光标移至默认值 20 后输入"H7/h6"，如图 11-10 所示。

按住鼠标左键拖动鼠标，将需要堆叠的文本选中，此时【文字格式】选项卡中的堆叠符号才会亮显，单击【文字格式】选项卡中的【堆叠】按钮 ，结果如图 11-11 所示。单击【确定】按钮，结果如图 11-12 所示。

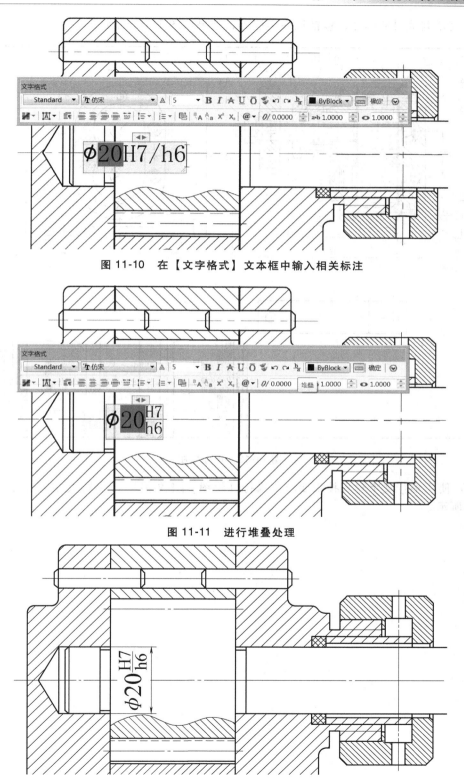

图 11-10 在【文字格式】文本框中输入相关标注

图 11-11 进行堆叠处理

图 11-12 配合代号标注

3）完成其他尺寸标注，包括线性标注等，结果如图 11-13 所示。

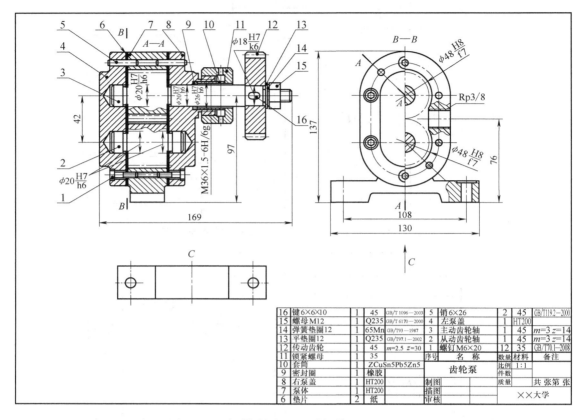

16	键6×6×10	1	45	GB/T 1096—2003	5	销6×26	2	45	GB/T119.2—2000
15	螺母M12	1	Q235	GB/T 6170—2000	4	左泵盖	1	HT200	
14	弹簧垫圈12	1	65Mn	GB/T93—1987	3	主动齿轮轴	1	45	m=3 z=14
13	平垫圈12	1	Q235	GB/T97.1—2002	2	从动齿轮轴	1	45	m=3 z=14
12	传动齿轮	1	45	m=2.5 z=30	1	螺钉M6×20	12	35	GB/T70.1—2008
11	锁紧螺母	1	35		序号	名　称	数量	材料	备注
10	套筒	1	ZCuSn5Pb5Zn5			齿轮泵	比例	1:1	
9	密封圈	1	橡胶				件数		
8	右泵盖	1	HT200		制图		质量		共 张 第 张
7	泵体	1	HT200		描图				××大学
6	垫片	2	纸		审核				

图 11-13　尺寸标注

（5）使用多行文字输入技术要求　执行【绘图】|【文字】|【多行文字】命令，结果如图 11-1 所示。

第 12 章

三维图形绘制

在工程领域中，三维图形的应用已经越来越广泛。计算机辅助制造技术、计算机辅助工艺规划、动画仿真技术、3D 打印等，都是以三维图形为基础的。AutoCAD 可以创建线框、曲面和实体三种三维模型。线框模型是一种轮廓模型，它由三维的直线和曲线组成，没有面和体的特征。曲面模型使用曲面来描述三维对象，它不仅定义了三维对象的边界，而且还定义了表面，具有面的特征。实体模型不仅具有线、面的特征，而且还具有体的特征，此外还具有质量、重心和惯性矩等特性。可以对多个实体对象进行并集、差集或交集布尔运算操作，从而创建复杂的三维实体图形。

12.1 三维绘图基础

12.1.1 三维建模工作空间

工作空间又称工作界面，是经过分组和组织的菜单、工具栏、选项板和功能区控制面板组成的集合，使用户可以在自定义的、面向任务的绘图环境中工作。使用工作空间时，只会显示与任务相关的菜单、工具栏、选项板和功能区。

三维建模工作空间中仅包含与三维建模相关的工具栏、菜单栏、选项板和功能区。三维建模不需要的界面和选项会被隐藏，使得用户的工作屏幕区域最大化。从传统工作界面切换到三维建模工作空间的方法如下。

执行方式

- 下拉菜单：【工具】|【工作空间】|【三维建模】

- 状态栏：⚙

通过下拉菜单切换到【三维建模】工作空间后，将显示如图 12-1 所示工作界面，即三维建模工作空间。或者单击状态栏图标 ⚙ 则系统弹出如图 12-2 所示的工作空间切换快捷菜单，选择【三维建模】选项后，也将显示如图 12-1 所示工作界面。AutoCAD 2018 三维建模工作界面的主要组成如下。

① 光标：由分别与 X 轴、Y 轴和 Z 轴平行的短线组成的三维光标。

② 坐标系图标：坐标系显示为三维图标，系统默认显示在当前坐标系的原点位置，而不是显示在绘图窗口的左下角位置。

③ 栅格：显示栅格线，并且在主栅格线之间又细分了子栅格线。

④ 功能区：功能区由一系列选项卡组成，这些选项卡又被分成不同面板，其中包含很

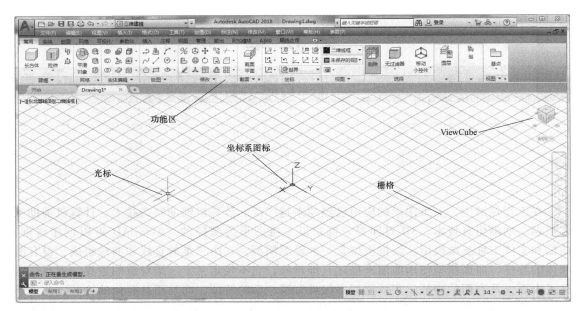

图 12-1　三维建模工作界面

多工具栏中可用的工具和控件。

⑤ ViewCube：是用户在二维模型空间或三维视觉样
式中处理图形时显示的导航工具，利用它可以方便地将视
图按不同的方位显示。

12.1.2　世界坐标系

　　AutoCAD 提供了两个坐标系：一个是被称为世界坐
标系（WCS）的固定坐标系，另一个是被称为用户坐标
系（UCS）的可移动坐标系。世界坐标系 WCS，又称为
通用坐标系，在未指定用户坐标系 UCS 之前，AutoCAD
将世界坐标系设为默认坐标系。世界坐标系是固定的，不

图 12-2　工作空间切换快捷菜单

能改变。可以应用右手法则判断 WCS 坐标轴的位置和方向。在世界坐标系中，如果已知 X
和 Y 轴的方向，可以使用右手法则确定 Z 轴的正方向。

12.1.3　用户坐标系

　　用户坐标系（UCS）是可移动的坐标系。它是一种用于二维图形和三维建模的基本工
具。UCS 为坐标输入、操作平面和视窗提供一种可变的坐标。对象将绘制在当前的 UCS 的
X、Y 平面上。UCS 对于输入坐标、定义图形平面和设置视图非常有用。改变 UCS 并不改变
视点，只改变坐标系的方向和倾斜度。创建三维对象时，可以重定位 UCS 来简化工作。UCS
坐标轴的位置和方向同样可以应用右手定则判断。

　　可以通过【UCS】图标（图 12-3a）查看当前 UCS 的位置和方向，通过单击【UCS】
图标（图 12-3b）并拖拽其夹点来对 UCS 进行操纵，如图 12-3 所示。

　　执行方式

- 下拉菜单：【工具】|【命名 UCS】
- 命令行：UCSMAN
- 功能区：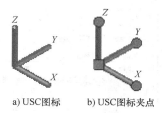

执行上述命令后，系统打开如图 12-4 所示的【UCS】对话框。

图 12-3 坐标系图标及夹点

a) USC图标　　b) USC图标夹点

1. 【命名 UCS】选项卡

该选项卡显示当前图形中所设定的所有 UCS，并提供详细的信息查询。可将其中需要的 UCS 坐标置为当前使用。

在【命名 UCS】选项卡中，用户可以将世界坐标系或某一命名（或未命名）的 UCS 设置为当前坐标系。具体方法是：从列表框中选择某一坐标系，然后单击【置为当前】按钮。还可以将之前未命名的坐标系进行命名，或将已命名的坐标系进行重命名。具体方法是：选中要修改名称的坐标系，单击鼠标右键，弹出快捷菜单，如图 12-5 所示，选择【重命名】后在对应位置输入 UCS 的新名称即可。还可以利用快捷菜单，删除自定义 UCS。

图 12-4 【UCS】对话框

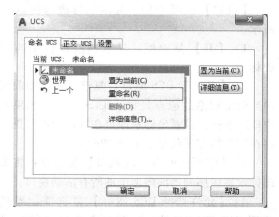

图 12-5 在【UCS】选项卡中重新命名 UCS

通过单击选项卡中的【详细信息】按钮，可以了解指定坐标系相对于某一坐标系的详细信息。具体步骤是：单击【详细信息】按钮，弹出如图 12-6 所示的【UCS 详细信息】对话框，该对话框显示选定 UCS 的坐标轴和原点的相关信息。默认情况下，原点与 X、Y 和 Z 轴的值是相对于世界坐标系计算出来的。

2. 【正交 UCS】选项卡

【正交 UCS】选项卡用于将 UCS 设置成某一正交模式。单击【正交 UCS】标签，打开如图 12-7 所示的【正交 UCS】选项卡。其中【深度】列用来定义用户坐标系原点在 X、Y、Z 三个方向上与世界坐标系原点间的垂直距离，其中正方向的距离为正，负方向的距离为负。双击【深度】列弹出如图 12-8 所示对话框，输入值或单击【选择新原点】按钮，可以指定新的深度。

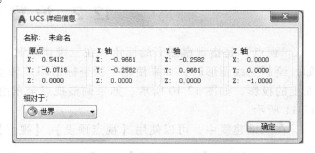

图 12-6 【UCS 详细信息】对话框

图 12-7 【正交 UCS】选项卡

图 12-8 【正交 UCS 深度】对话框

3.【设置】选项卡

【设置】选项卡用于显示和修改与视口一起保存的 UCS 图标设置和 UCS 设置，如图12-9
所示。

1)【开】复选框：显示当前视口中的 UCS
图标。

2)【显示于 UCS 原点】复选框：在当前视口
中当前坐标系的原点处显示 UCS 图标。如果不选
中该复选框，或者坐标系原点在视口中不可见，则
将在视口的左下角显示 UCS 图标。

3)【应用到所有活动视口】复选框：将 UCS
图标设置应用到当前图形中的所有活动视口。

4)【允许选择 UCS 图标】复选框：当光标
移到 UCS 图标上时，该图标会亮显，并可以通
过单击选择它来访问 UCS 图标夹点。

图 12-9 【设置】选项卡

5)【UCS 与视口一起保存】复选框：将坐
标系设置与视口一起保存。如果不选择此选项，视口将反映当前视口的 UCS。

6)【修改 UCS 时更新平面视图】复选框：修改视口中的坐标系时恢复平面视图。

12.2　设　置　视　点

"视点"是指观察图形的视角。在三维建模时，观察三维模型的方向用视点来设置。例
如，绘制三维图形时，如果使用平面坐标系即 Z 轴垂直于屏幕，此时只能看到物体在 XY 平
面上的投影，如图 12-10 所示。如果调整视点至东南等轴测时，则看到一个三维图形，如图
12-11 所示。

在三维建模中，可以使用【视点预设】、【视点】命令等多种方法来设置视点。

12.2.1　使用【视点预设】对话框设置视点

执行方式

图 12-10　平面坐标系

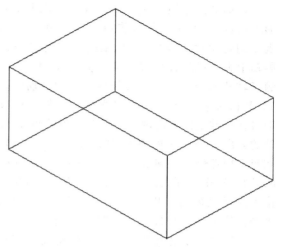

图 12-11　东南等轴测

- 下拉菜单：【视图】│【三维视图】│【视点预设】
- 命令行：DDVPOINT

执行上述命令后，打开【视点预设】对话框，为当前视口设置视点，如图 12-12 所示。

通过该对话框可以相对于世界坐标系（WCS）或用户坐标系（UCS）设定查看方向。对话框中的左图用于设置原点和视点之间的连线在 XY 平面的投影与 X 轴正向的夹角；右图中的半圆形图用于设置该连线与投影线之间的夹角，在图上直接单击拾取即可。也可以直接在【X 轴】、【XY 平面】两个文本框内输入相应的角度。对话框中部分选项含义为：

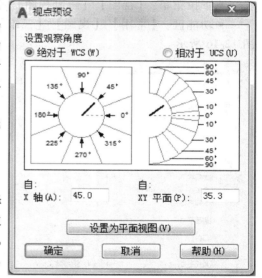

图 12-12　【视点预设】对话框

1)【X 轴】文本框：指定与 X 轴的夹角。

2)【XY 平面】文本框：指定与 XY 平面的夹角。

黑针指示新角度。灰针指示当前角度。通过选择圆或半圆的内部区域来指定一个角度。如果选择了边界外面的区域，那么就舍入到该区域显示的角度值。如果选择了内弧或内弧中的区域，角度将不会舍入，结果可能是一个分数。

3)【设置为平面视图】按钮：将观察角度设置为垂直于当前坐标系的 XY 平面，以显示该角度的平面视图。

单击【设置为平面视图】按钮，可以设置为平面视图。默认状态下，观察角度是相对于 WCS 坐标系的。选择【相对于 UCS】单选按钮，可相对于 UCS 坐标系定义角度。

12.2.2　使用罗盘设置视点

执行方式

- 下拉菜单：【视图】│【三维视图】│【视点】
- 命令行：VPOINT

该命令用于设置图形的三维可视化观察方向。执行上述命令后，显示如图 12-13 所示图
形。可以在该图中为当前视口设置视点。该
视点均是相对于 WCS 坐标系的，这时可通过
屏幕上显示的罗盘定义视点。如图 12-13 所示
的三轴架和坐标球，三轴架的 3 个轴分别代表
X、Y 和 Z 轴的正方向。当光标在坐标球中移
动时，三维坐标系通过绕 Z 轴旋转可调整 X、Y
轴的方向。坐标球的中心为北极（0，0，n），
相当于视点位于 Z 轴正方向；内环为赤道（n，
n，0）；整个外环为南极（0，0，$-n$）。当光标
位于内环之内时，相当于视点位于上半球体；
当光标位于内环与外环之间时，相当于视点位
于下半球体。要选择观察方向，应将光标移动
到球体上的某个位置并单击鼠标。

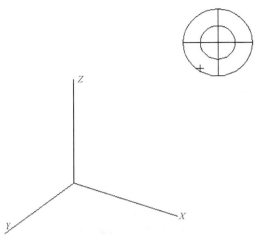

图 12-13　三轴架与坐标球

12.2.3　设置特殊视点

执行方式
- 下拉菜单：【视图】|【三维视图】命令中的子命令，如图 12-14 所示。
- 功能区：【常用】|【视图】|【三维导航】，如图 12-15 所示；【可视化】|【视图】，如
图 12-16 所示。

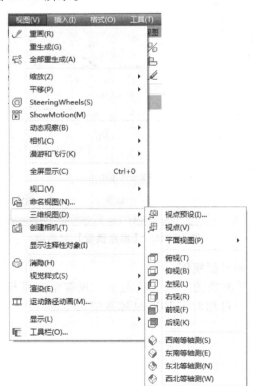

图 12-14　【三维视图】命令

图 12-15　【三维导航】下拉列表

图 12-16　【视图】面板

- 视图控件：如图 12-17 所示。

执行上述命令后，可以设置【俯视】、【仰视】、【左视】、【右视】、【主视】、【后视】、【西南等轴测】、【东南等轴测】、【东北等轴测】和【西北等轴测】等视点。

12.2.4　ViewCube

执行方式

- 下拉菜单：【视图】|【显示】|【ViewCube】|【开】

ViewCube 是一个三维导航工具，在三维视觉样式中处理图形时显示。如图 12-18 所示。用户可以用它在模型的标准视图和等轴测视图之间进行切换。ViewCube 工具显示后，将在窗口一角以不活动状态显示在模型上方。尽管 ViewCube 工具处于不活动状态，但在视图发生更改时仍可提供有关模型当前视点的直观反映。将光标悬停在 ViewCube 工具上方时，该工具会变为活动状态；可以使用 ViewCube 工具切换至其中一个可用的预设视图，滚动当前视图或更改至模型的主视图。

图 12-17　【视图控件】快捷菜单

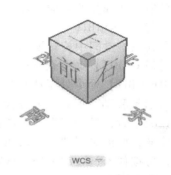

图 12-18　ViewCube 工具

在 ViewCube 上单击鼠标右键，系统弹出图 12-19 所示快捷菜单。选择【ViewCube 设置】，显示【ViewCube 设置】对话框，如图 12-20 所示，可根据需要更改 ViewCube 设置。

图 12-19　【ViewCube】工具快捷菜单

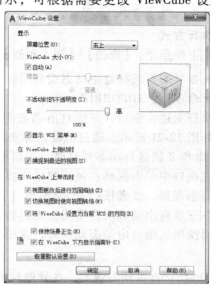

图 12-20　【ViewCube 设置】对话框

12.3　观察三维图形

在进行三维绘图时，用户经常需要显示不同的视图，以便能够在图形中以不同的角度和方向查看和验证三维效果。AutoCAD 为用户提供了多种三维观察工具，使用这些三维观察和导航工具，可以在图形中导航，从不同的角度、高度和距离查看图形中的对象，为指定视图设置相机，以及创建动画以便与其他人共享设计。用户还可以围绕三维模型进行动态观察、回旋、漫游和飞行，设置相机、缩放和平移等。AutoCAD 2018 有受约束的动态观察、自由动态观察、连续动态观察和控制盘观察 4 种三维导航模式。

12.3.1　受约束的动态观察

执行方式

- 下拉菜单：【视图】|【动态观察】|【受约束的动态观察】
- 在导航栏选择受约束动态观察图标：
- 命令行：3DORBIT

该命令在三维空间中旋转视图，但仅限于水平动态观察和垂直动态观察。使用时首先选择要使用【3DORBIT】命令查看的一个或多个对象，如果要查看整个图形，则不选择对象。

当【3DORBIT】命令处于活动状态时，视图的目标将保持静止，而相机的位置（或视点）将围绕目标移动，但看起来好像三维模型正在随着光标的拖动而旋转。

执行该命令时，显示三维动态观察光标图标。在图形中向左或向右拖动光标，可沿 XY 平面进行旋转；要沿 Z 轴进行旋转可上下拖动光标；如要沿 XY 平面和 Z 轴进行不受约束的动态观察，可按住 <Shift> 键不松，这时将出现导航球，然后拖动光标，将使用自由动态观察模式来动态观察对象。

注：【3DORBIT】命令处于活动状态时，无法编辑对象。

12.3.2　自由动态观察

执行方式

- 下拉菜单：【视图】|【动态观察】|【自由动态观察】
- 在导航栏选择自由动态观察图标：
- 命令行：3DFORBIT

执行上述命令后，三维自由动态观察视图显示一个导航球，它被四个小圆分成四个区域，如图 12-21 所示。通过拖动光标来动态观察模型，可以在任意方向上进行动态观察。沿 XY 平面和 Z 轴进行动态观察时，视点不受约束。

在视口中单击鼠标右键，弹出快捷菜单，如图 12-22 所示，选择【退出】命令，可退出自由动态观察，或者按 <Esc> 键退出【自由动态观察】命令。

在三维自由动态观察期间，光标将在围绕导航球移动时发生改变，以指示动态观察的方向。当使用三维自由动态观察时，视图旋转由光标的位置和外观决定，光标的表现形式说明如下：

① ：自由动态观察。在导航球内部移动光标可使其更改为自由动态观察图标。在导航球内部拖动光标可使视图以水平、垂直和倾斜方向自由进行动态观察。

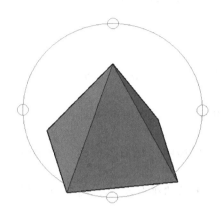

图 12-21 导航球

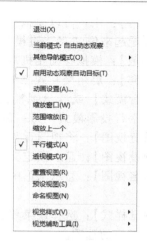

图 12-22 快捷菜单

② ：滚动。在导航球外部移动光标可使其更改为滚动图标。在导航球外部拖动光标可使视图围绕轴移动，该轴的延长线通过导航球的中心并垂直于屏幕，称为"卷动"。

③ ：垂直旋转。将光标移动到导航球左侧或右侧的小圆上可使其更改为垂直旋转图标。从其中任意一点向左或向右拖动光标可使视图围绕通过导航球中心的垂直轴旋转。

④ ：水平旋转。将光标移动到导航球顶部或底部的小圆上可使其更改为水平旋转图标。从其中任意一点向上或向下拖动光标可使视图围绕通过导航球中心的水平轴旋转。

在三维视图的交互控制方式下，用户可以通过快捷菜单（图 12-23）进行其他操作和设置。其中部分选项说明如下。

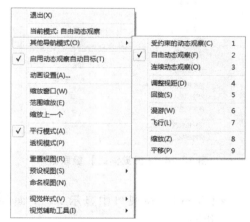

图 12-23 其他导航模式菜单

① 【其他导航模式】：在如图 12-23 所示的级联菜单中，用户可以根据自己的需要选择相应的选项。

- 【受约束的动态观察】：沿 XY 平面或 Z 轴约束三维动态观察。显示三维动态观察光标图标。如果水平拖动光标，相机将平行于世界坐标系（WCS）的 XY 平面移动。如果垂直拖动光标，相机将沿 Z 轴移动。

- 【连续动态观察】：连续地进行动态观察。
  在要使视图连续动态观察移动的方向上单击鼠标左键并拖动，然后释放鼠标左键，视图将沿该方向继续移动。

- 【调整视距】：此功能模拟相机推进和拉远对象的效果。单击鼠标左键并垂直向上拖动光标时，视图将被放大；单击鼠标左键并垂直向下拖动光标时，视图将被缩小。

- 【回旋】：在拖动方向上模拟平移相机。单击鼠标左键并拖动光标可改变相机的位置，视图的位置也相应改变。

- 【漫游】：用户可以模拟在三维图形中漫游。穿越漫游模型时，将沿 XY 平面行进。

- 【飞行】：用户可以模拟在三维图形中飞行。飞越模型时，将不受 *XY* 平面的约束，所以看起来像"飞"过模型中的区域。
- 【缩放】：模拟移动相机靠近或远离对象。
- 【平移】：启用交互式三维视图并允许用户水平或垂直拖动视图。

②【平行模式】或【透视模式】：设置投影的类型。AutoCAD 2018 提供了两种投影类型，一种是平行投影模式，另一种是透视投影模式。

③【重置视图】：将视图重置为第一次启动【3DORBIT】命令时的视图。

④【预设视图】：显示预定义视图的列表。

⑤【命名视图】：显示图形中的命名视图列表。从列表中选择命名视图，以更改模型的当前视图。

⑥【视觉样式】：选择该菜单项，出现如图 12-24 所示的级联菜单，用户可以根据自己的需要选择相应的选项。

⑦【视觉辅助工具】：选择该菜单项，出现如图 12-25 所示的级联菜单，用户可以根据自己的需要选择相应的选项。

- 【指南针】：在视口的三维动态观察器的弧线上显示三维刻度。

图 12-24　【视觉样式】级联菜单

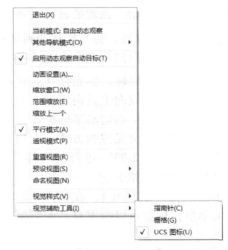

图 12-25　【视觉辅助工具】级联菜单

- 【栅格】：在视口中显示 *XY* 平面的栅格，其设置方式与平面视图栅格的设置方式相同。
- 【UCS 图标】：在视口中显示着色的三维 UCS 图标，*X* 轴为红色，*Y* 轴为绿色，*Z* 轴为蓝色。

12.3.3　连续动态观察

执行方式

- 下拉菜单：【视图】|【动态观察】|【连续动态观察】
- 在导航栏选择连续动态观察图标：
- 命令行：3DCORBIT

该命令启用交互式三维视图并将对象设置为连续运动。执行该命令之前，可以查看整个图形，或者选择一个或多个对象。在绘图区域中单击鼠标左键并沿任意方向拖动光标，将使对象沿正在拖动的方向开始旋转。释放鼠标左键后，对象将在指定的方向上继续旋转。光标的移动速度决定了对象的旋转速度。通过再次单击鼠标左键并拖动光标，可以改变连续动态观察的方向。

12.3.4　控制盘

执行方式

- 下拉菜单：【视图】|【SteeringWheels】
- 导航栏：选择控制盘图标 ◎
- 命令行：NAVSWHEEL

控制盘将多个常用导航工具结合到一个单一界面中。控制盘是追踪菜单，控制盘随光标一起移动，划分为不同部分（称作按钮）。控制盘上的每个按钮代表一种导航工具，如图 12-26 所示。

控制盘上的工具使用方法是：按住要使用的工具按钮并拖动，工具使用结束后，松开鼠标左键，返回到控制盘并切换导航工具。单击控制盘上的按钮 ▼，系统打开如图 12-27 所示的快捷菜单，可进行相关操作。单击控制盘上的按钮 ✖，则关闭控制盘。

图 12-26　控制盘

图 12-27　控制盘快捷菜单

12.4　视觉样式

用 AutoCAD 进行三维造型时，用户可以控制三维模型的视觉样式，即显示效果。视觉样式是一组设置，用来控制视口中边和着色的显示。一旦应用了视觉样式或更改了其设置，就可以在视口中查看效果。AutoCAD 2018 提供了 10 种默认视觉样式，分别是二维线框、线框、消隐、真实、概念、着色、带边缘着色、灰度、勾画和 X 射线视觉样式。

12.4.1　二维线框

执行方式

● 下拉菜单:【视图】|【视觉样式】|【二维线框】

● 功能区:

在二维线框视觉样式下,三维模型显示用直线和曲线表示模型边界,光栅和 OLE 对象、线型和线宽均可见。即使系统变量 COMPASS 设为开,在二维线框视图中也不显示坐标球,如图 12-28 所示。

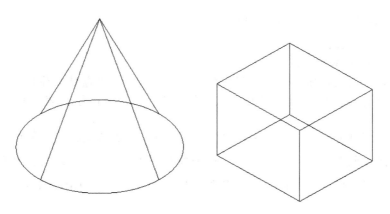

图 12-28   以"二维线框"样式显示的模型

12.4.2   线框

执行方式

● 下拉菜单:【视图】|【视觉样式】|【线框】

● 功能区:

选择此样式后,三维模型将显示用直线和曲线表示边界的对象,在视觉效果上与二维线框相似。这时 UCS 为一个着色的三维图标,光栅和 OLE 对象、线型和线宽均不可见。当系统变量 COMPASS 设为开时,可以显示坐标球,并能显示已使用材质颜色,如图 12-29 所示。

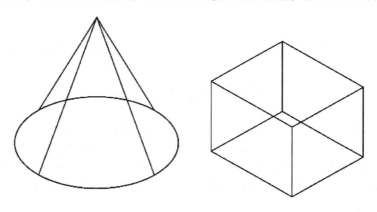

图 12-29   以"线框"样式显示的模型

12.4.3　隐藏

执行方式

● 下拉菜单：【视图】|【视觉样式】|【隐藏】

● 功能区： 隐藏

选择此样式后，显示用三维线框表示的对象，并隐藏背面的所有线条，如图 12-30 所示。

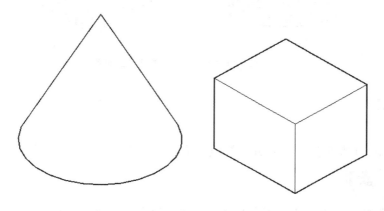

图 12-30　以"隐藏"样式显示的模型

12.4.4　真实

执行方式

● 下拉菜单：【视图】| 【视觉样式】|【真实】

● 功能区： 真实

选择此视觉样式，将使用平滑着色和材质显示对象，如图 12-31 所示。

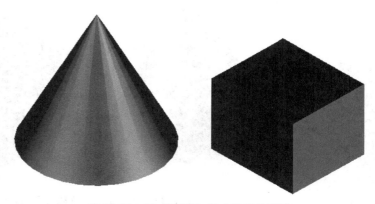

图 12-31　以"真实"样式显示的模型

12.4.5　概念

执行方式

● 下拉菜单：【视图】|【视觉样式】|【概念】

● 功能区： 概念

选择此视觉样式，将对多边形平面间的对象进行着色，并使对象的边平滑。着色样式为冷色和暖色之间的过渡而不是从深色到浅色的过渡。效果缺乏真实感，但是可以更方便地查看模型的细节，如图 12-32 所示。

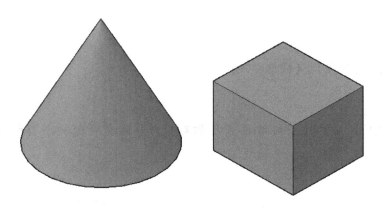

图 12-32　以"概念"样式显示的模型

12.4.6　着色

执行方式

- 下拉菜单：【视图】|【视觉样式】|【着色】

- 功能区：
　　　　　　着色

选择此视觉样式，将使用平滑着色和材质显示对象，如图 12-33 所示。

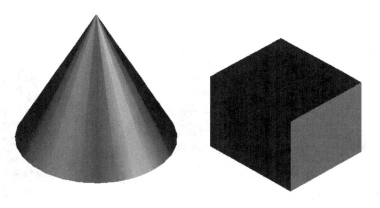

图 12-33　以"着色"样式显示的模型

12.4.7　带边缘着色

执行方式

- 下拉菜单：【视图】|【视觉样式】|【带边缘着色】

- 功能区：
　　　　　　带边缘着色

选择此视觉样式，将对多边形平面间的对象进行着色，并显示出线框，如图 12-34 所示。

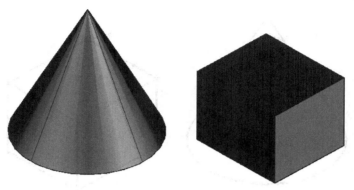

图 12-34 以"带边缘着色"样式显示的模型

12.4.8 灰度

执行方式

- 下拉菜单：【视图】|【视觉样式】|【灰度】

- 功能区：

选择此视觉样式，利用单色面颜色模式形成灰度效果，如图 12-35 所示。

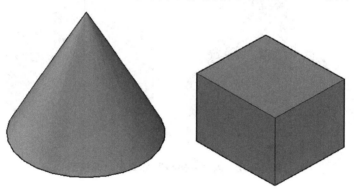

图 12-35 以"灰度"样式显示的模型

12.4.9 勾画

执行方式

- 下拉菜单：【视图】|【视觉样式】|【勾画】

- 功能区：

选择此视觉样式，显示人工绘制的草图的效果，如图 12-36 所示。

12.4.10 X 射线

执行方式

- 下拉菜单：【视图】|【视觉样式】|【X 射线】

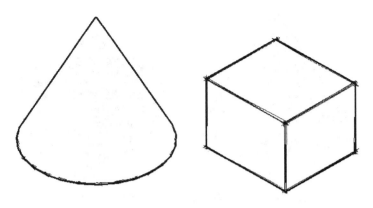

图 12-36 以"勾画"样式显示的模型

● 功能区：

选择此视觉样式，会更改各表面的透明性，使对应的表面具有透明效果，如图 12-37 所示。

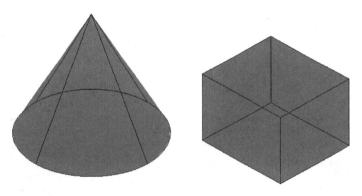

图 12-37 以"X 射线"样式显示的模型

12.5 绘制简单三维图形

12.5.1 绘制三维点、线段、射线、构造线

在三维空间绘制点、线段、射线、构造线的命令与在二维空间下相同，只不过执行对应的命令后，应根据提示输入或捕捉三维空间点。

在三维图形对象上的一些特殊点，如交点、中点等可以通过输入坐标的方法来实现，同时也可以采用三维坐标下的目标捕捉法来拾取点。

在二维图形方式下的所有目标捕捉方式在三维图形环境中都可以继续使用，且方法相似，不同之处在于，在三维环境下只能捕捉三维对象的顶面和底面的一些特殊点，如图 12-38所示圆柱。不能捕捉柱体等实体侧面上的特殊点，即在柱状体侧面竖线上无法捕捉目标点，因为柱体的侧面上的竖线只是帮助显示的模拟曲线，如图 12-39 所示。

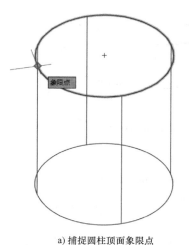
a) 捕捉圆柱顶面象限点

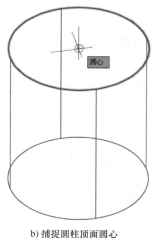
b) 捕捉圆柱顶面圆心

图 12-38　捕捉圆柱顶面特殊点

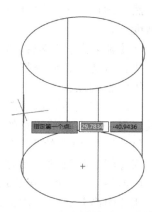
图 12-39　圆柱侧线中点不能捕捉

在三维对象的平面视图中也不能准确捕捉目标点，因为在顶面上的任意一点都对应着底面上的一点，此时，系统无法辨别所选的点究竟在哪个面上。

12.5.2　绘制其他二维图形

在三维空间绘制圆、圆弧、椭圆、矩形及正多边形的命令与在二维空间下的命令相同。

在三维空间绘制这些图形有两种方法。方法一：利用动态 UCS 功能，在已有的三维实体的平面上创建其他对象。方法二：首先建立 UCS，使 UCS 的 *XY* 平面与所要绘制的二维图形所在的平面重合或平行，然后在新创建的 UCS 中执行相应的二维绘图命令，按绘制二维图形的方式绘图。为方便绘图，可以通过建立对应的平面视图，使当前 UCS 的 *XY* 平面与计算机屏幕重合。

12.5.3　绘制三维螺旋线

执行方式

- 下拉菜单：【绘图】|【螺旋】
- 命令行：HELIX
- 功能区/工具栏：▤

执行上述命令后，命令行提示：

圈数 = 3.0000　　扭曲 = CCW

指定底面的中心点：‖ 指定螺旋线的中心点

> 注：底面与动态 UCS 或当前 UCS 的 *XY* 平面平行。

指定底面半径或［直径 (D)］<160>：‖ 输入螺旋线的底面半径或直径。输入 100

指定顶面半径或［直径 (D)］<100.0000>：　‖ 输入螺旋线的顶面半径或直径。输入 50

指定螺旋高度或［轴端点 (A)/圈数 (T)/圈高 (H)/扭曲 (W)］<500>：　‖ 输入螺旋高度值。输入 200

执行结果如图 12-40 所示。

部分选项说明：

①【指定螺旋高度】选项：输入螺旋线的高度，然后确认。也可通过拖动光标动态确定螺旋线的高度。

②【轴端点】选项：指定螺旋线的另一端点位置，执行该选项，命令行提示为：

指定轴端点：

指定轴端点后，所绘制的螺旋线的轴线将为螺旋线底面中心点和轴端点的连线方向，即螺旋线底面不再与当前 UCS 的 *XY* 平面平行。

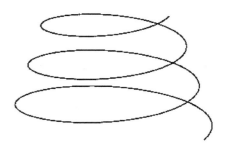

图 12-40　螺旋线

③【圈数】选项：指定螺旋线的圈数（默认值为 3，最大值为 500）。命令行提示为：

输入圈数：‖ 输入螺旋线的圈数

④【圈高】选项：圈高即圈间距，又称节距，是螺旋线旋转一圈后，沿轴向移动的距离。执行该选项，命令行提示为：

指定圈间距：‖ 输入圈间距

⑤【扭曲】选项：用来指定螺旋线的旋转方向。执行该选项，命令行提示为：

输入螺旋的扭曲方向 ［顺时针（CW）/逆时针（CCW）］ <CCW>：‖ 指定螺旋的方向

12.5.4　绘制平面曲面

执行方式

• 下拉菜单：【绘图】|【建模】|【曲面】|【平面】

• 命令行：PLANESURF

• 功能区/工具栏：

执行上述命令后，命令行提示：

指定第一个角点或 ［对象（O）］ <对象>：‖ 指定平面曲面的第一个角点，或通过已有对象生成平面曲面。选择如图 12-41a 中所示 5 条直线

执行结果如图 12-41b 所示。

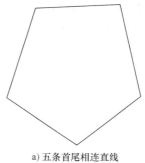
a) 五条首尾相连直线

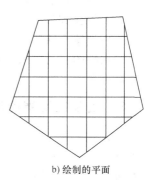
b) 绘制的平面

图 12-41　绘制平面

12.6　绘制三维网格

12.6.1　旋转网格

执行方式

• 下拉菜单：【绘图】|【建模】|【网格】|【旋转网格】

• 命令行：REVSURF

• 功能区/工具栏：

该命令通过绕轴旋转轮廓来创建网格。执行上述命令后，命令行提示：

当前线框密度：SURFTAB1 = 6 SURFTAB2 = 6

选择要旋转的对象：‖ 选择已绘制好的直线、圆弧、圆，或二维、三维多段线

选择定义旋转轴的对象：‖ 选择已绘制好的用作旋转轴的直线或是开放的二维、三维多段线，用于选择旋转轴的点会影响旋转的方向

指定起点角度<0>：‖ 输入值或确认

指定包含角度(+ = 逆时针， − = 顺时针) <360>：‖ 输入值或确认

其中各选项说明如下。

① 【指定起点角度】选项：起点角度如果设置为非零值，平面将从生成路径曲线位置的某个偏移处开始旋转。

② 【指定包含角度】选项：包含角用来指定网格绕旋转轴延伸的距离。包含角是路径曲线绕轴旋转所扫过的角度。输入一个小于整圆的包含角可以避免生成闭合的圆。

③ 系统变量 SURFTAB1 和 SURFTAB2 用来控制生成网格的密度。SURFTAB1 指定在旋转方向上绘制的网格线的数目，SURFTAB2 指定对绘制的网格线数目进行几等分。

图 12-42 所示为利用【REVSURF】命令绘制花瓶。

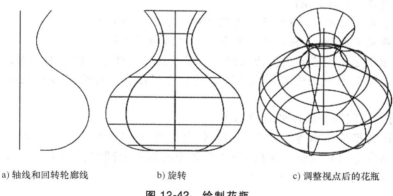

a) 轴线和回转轮廓线　　　　　b) 旋转　　　　　c) 调整视点后的花瓶

图 12-42　绘制花瓶

12.6.2　平移网格

执行方式

● 下拉菜单：【绘图】|【建模】|【网格】|【平移网格】

● 命令行：TABSURF

● 功能区/工具栏：

该命令用于将直线或曲线沿某直线路径进行扫掠，从而创建网格。执行上述命令后，命令行提示：

当前线框密度：SURFTAB1 = 6

选择用作轮廓曲线的对象：‖ 选择一个已经存在的轮廓曲线。选择如图 12-43a 所示的圆弧

选择用作方向矢量的对象：‖ 选择一个方向线。选择如图 12-43a 所示的直线

其中各选项说明如下。

① 【选择用作轮廓曲线的对象】选项：轮廓曲线可以是直线、圆弧、圆、椭圆，二维或

三维多段线。AutoCAD 从轮廓曲线上离选定点最近的点开始绘制网格。

②【选择用作方向矢量的对象】选项：指定用于定义扫掠方向的直线或开放多段线。在多段线或直线上选定的端点决定了扫掠方向。

绘制的平移网格图形如图 12-43b 所示。

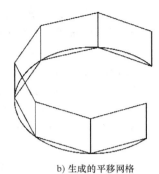

a) 直线和圆弧   b) 生成的平移网格

图 12-43　平移网格的绘制

12.6.3　直纹网格

执行方式

- 下拉菜单：【绘图】|【建模】|【网格】|【直纹网格】
- 命令行：RULESURF
- 功能区/工具栏：

该命令用于创建两条直线或曲线之间的曲面的网格。执行上述命令后，命令行提示：

当前线框密度：SURFTAB1 = 25

选择第一条定义曲线：‖ 指定第一条新网格对象扫掠的起点

选择第二条定义曲线：‖ 指定第二条新网格对象扫掠的起点

选择两条用于定义网格的边。边可以是直线、圆弧、样条曲线、圆或多段线。如果有一条边是闭合的，那么另一条边必须也是闭合的。也可以将点用作开放曲线或闭合曲线的一条边。

【例 12-1】　绘制一个简单的直纹网格。

首先将视图转换为东南等轴测图，接着绘制如图 12-44a 所示的两个圆弧作为草图，然后执行直纹网格命令【RULESURF】，分别拾取绘制的两个圆弧作为第一条和第二条定义曲线，则得到的直纹网格如图 12-44b 所示。

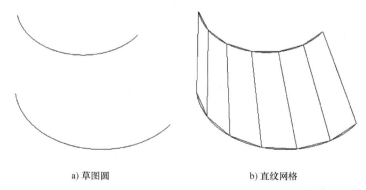

a) 草图圆   b) 直纹网格

图 12-44　绘制直纹网格

注：要用鼠标选择两个圆弧的同一侧，否则网格会出现交叉。

12.6.4　边界网格

执行方式

- 下拉菜单：【绘图】|【建模】|【网格】|【边界网格】
- 命令行：EDGESURF
- 功能区/工具栏：

该命令用于在四条相邻的边或曲线之间创建网格。执行上述命令后，命令行提示：

当前线框密度：SURFTAB1 = 6 SURFTAB2 = 6

选择用作曲面边界的对象 1：‖ 指定第一条边界线

选择用作曲面边界的对象 2：‖ 指定第二条边界线

选择用作曲面边界的对象 3：‖ 指定第三条边界线

选择用作曲面边界的对象 4：‖ 指定第四条边界线

选择四条用于定义网格的边。边可以是直线、圆弧、样条曲线或开放的多段线。这些边必须在端点处相交以形成一个闭合路径。可以用任何次序选择这四条边。第一条边（SUR-FTAB1）决定了生成网格的 M 方向，该方向是从距离选择点最近的端点延伸到另一端。与第一条边相接的两条边形成了网格的 N（SURFTAB2）方向的边。

选项说明：系统变量 SURFTAB1 和 SURFTAB2 分别控制 M、N 方向的网格分段数。可通过在命令行输入"SURFTAB1"改变 M 方向的默认值，在命令行中输入"SURFTAB2"改变 N 方向的默认值。

【例 12-2】 绘制一个简单的边界网格。

首先将视图转换为西南等轴测图，绘制 4 条首尾相连的边界，如图 12-45a 所示。执行边界网格命令【EDGESURF】，分别拾取绘制的 4 条边界，则得到如图 12-45b 所示的边界网格。

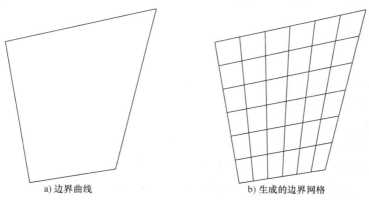

a) 边界曲线　　　　　　　　　　b) 生成的边界网格

图 12-45 边界网格

12.7 绘制基本实体

三维实体对象通常以某种简单几何形状作为起点，之后用户可以对其进行修改和重新合并。使用 AutoCAD【建模】工具栏（图 12-46）、【绘图】|【建模】子菜单中的命令（图 12-47）或功能区【常用】面板（图 12-48）可以绘制以下三维基本实体：多段体、长方体、楔体、圆锥体、球体、圆柱体、圆环体及棱锥体等实体模型。

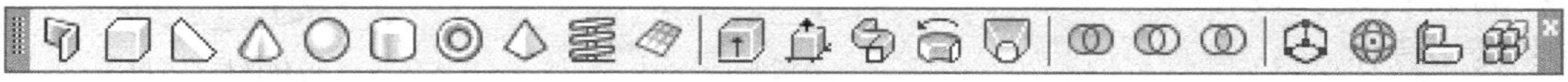

图 12-46 【建模】工具栏

图 12-47　【绘图】|【建模】子菜单

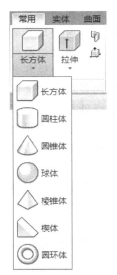

图 12-48　【常用】面板

12.7.1　多段体

执行方式

- 下拉菜单：【绘图】|【建模】|【多段体】
- 命令行：POLYSOLID
- 功能区/工具栏：

执行上述命令后，命令行提示：

Polysolid 高度＝80.0000，宽度＝5.0000，对正＝居中输入选项

指定起点或 [对象(O)/高度(H)/宽度(W)/对正(J)] <对象>：

其中各选项说明如下。

①【对象】选项：选择已有图形，并将其转换为多段体。

②【高度】选项：设置多段体的高度。

③【宽度】选项：设置多段体的宽度。

④【对正】选项：设置多段体的对正方式，即左对正、居中或右对正，默认为居中。

可以创建多段体或将对象转换为多段体。

【例 12-3】　如图 12-49 所

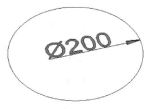

a) 圆形

b) 转换后的多段体

图 12-49　用对象转换方式生成多段体

示，将图 12-49a 所示的直径为 200 的圆形，转换成如图12-49b所示的多段体。

执行【绘图】|【建模】|【多段体】命令后，命令行提示：

指定起点或［对象（O）/高度（H）/宽度（W）/对正（J）］＜对象＞：‖ 输入 H 后，按＜Enter＞键或＜Space＞键确认

指定高度 ＜4.0000＞：‖ 输入 20 后，按＜Enter＞键或＜Space＞键确认

高度＝20.0000，宽度＝5，对正＝居中

指定起点或［对象（O）/高度（H）/宽度（W）/对正（J）］＜对象＞：‖ 输入 W 后，按＜Enter＞键或＜Space＞键确认

指定宽度 ＜5＞：‖ 输入 10 后，按＜Enter＞键或＜Space＞键确认

高度＝20.0000，宽度＝10.0000，对正＝居中

指定起点或［对象（O）/高度（H）/宽度（W）/对正（J）］＜对象＞：‖ 输入 J 后，按＜Enter＞键或＜Space＞键确认

输入对正方式［左对正（L）/居中（C）/右对正（R）］＜居中＞：‖ 输入 C 后，按＜Enter＞键或＜Space＞键确认

高度＝20.0000，宽度＝10.0000，对正＝居中

指定起点或［对象（O）/高度（H）/宽度（W）/对正（J）］＜对象＞：‖ 输入 O 后，按＜Enter＞键或＜Space＞键确认

选择对象：‖ 选择先前绘制好的圆形，按＜Enter＞键或＜Space＞键确认

> **注：在【特性】选项板中，多段体显示为扫掠实体。**

12.7.2　长方体

执行方式
- 下拉菜单：【绘图】|【建模】|【长方体】
- 命令行：BOX
- 功能区/工具栏：▱

该命令用于创建实心长方体或实心立方体。所绘制的长方体的底面与当前 UCS 的 XY 平面（工作平面）平行，在 Z 轴方向上指定长方体的高度。沿 Z 轴正方向高度值为正值，沿 Z 轴负方向高度值为负值。

执行上述命令后，命令行提示：

指定第一个角点或［中心（C）］：‖ 指定一个角点。在创建长方体时，其底面应与当前坐标系的 XY 平面平行，指定长方体角点和中心有两种方法

指定其他角点或［立方体（C）/长度（L）］：‖ 指定另一个角点，如果该角点与第一个角点的 z 坐标不同，系统将以这两个角点作为长方体的对角点创建长方体。如果第二个角点与第一个角点位于同一高度，系统需要用户指定高度

指定高度或［两点（2P）］：

其中各选项说明如下。

①【中心】选项：用指定中心的方式确定长方体的底面。

②【立方体】：选择该选项，可以创建一个长、宽、高相同的长方体。

③【长度】选项：选择此选项，可以根据长、宽、高创建长方体。

【例 12-4】　如图 12-50 所示，用【长度】选项绘制长 200mm、宽 150mm、高 100mm 的长方体。

执行【绘图】|【建模】|【长方体】命令后，命令行提示：

指定第一个角点或［中心（C）］：‖单击鼠标左键指定一点

指定其他角点或［立方体（C）/长度（L）］：‖输入 L 后，按<Enter>键或<Space>键确认

指定长度 <200.0000>：‖输入 200 后，按<Enter>键或<Space>键确认

指定宽度 <100.0000>：‖输入 150 后，按<Enter>键或<Space>键确认

指定高度或［两点（2P）］<60.0000>：‖输入 100 后，按<Enter>键或<Space>键确认

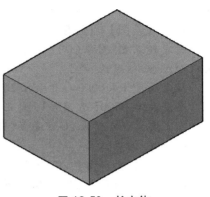

图 12-50 长方体

> **注：** 在根据长度、宽度和高度创建长方体时，长、宽、高的方向分别与当前的 UCS 的 X 轴、Y 轴和 Z 轴方向平行。在提示中输入长度、宽度和高度时，输入的值可正、也可负，正值表示沿相应坐标轴的正方向创建长方体，反之则沿相应坐标轴的负方向创建长方体。

12.7.3 楔体

执行方式

- 下拉菜单：【绘图】|【建模】|【楔体】
- 命令行：WEDGE
- 功能区/工具栏：

该命令用于创建斜面为矩形或正方形的实体楔体。楔体的底面与当前 UCS 的 XY 平面平行，斜面正对第一个角点。楔体的高度与 Z 轴平行。执行上述命令后，命令行提示：

指定第一个角点或［中心（C）］：‖指定点或输入 c 指定中心点

指定其他角点或［立方体（C）/长度（L）］：‖指定楔体的另一角点或输入相应选项。如果使用与第一个角点不同的 z 值指定楔体的其他角点，那么将不显示高度提示

指定高度或［两点（2P）］<默认值>：‖指定高度或为【两点】选项输入 2P。输入正值将沿当前 UCS 的 Z 轴正方向绘制高度。输入负值将沿 Z 轴负方向绘制高度

创建的楔体的倾斜方向始终沿 UCS 的 X 轴正方向。

其中各选项的说明如下。

①【中心】选项：使用指定的中心点创建楔体。选择该选项后，命令行会有如下提示：

指定中心点：‖指定一个点

②【立方体】选项：创建等边楔体。选择该选项后，命令行会有如下提示：

指定长度：‖输入值或拾取点以指定 XY 平面上楔体的长度和旋转角度

③【长度】选项：按照指定长、宽、高创建楔体。长度与 X 轴对应，宽度与 Y 轴对应，高度与 Z 轴对应。如果用拾取点的方式来指定长度，则还要指定在 XY 平面上的旋转角度。选择该选项后，命令行会有如下提示：

指定长度：‖输入值或拾取点以指定 XY 平面上楔体的长度和旋转角度

指定宽度：‖指定距离

指定高度：‖指定距离

④【两点】选项：指定楔体的高度为两个指定点之间的距离。选择该选项后，命令行会

有如下提示：

指定第一个点：‖ 指定点

指定第二个点：‖ 指定点

【例 12-5】　创建如图 12-51 所示的楔体。

执行【绘图】|【建模】|【楔体】命令后，命令行提示：

指定第一个角点或［中心（C）］：‖ 单击鼠标左键指定一点

指定其他角点或［立方体（C）/长度（L）］：‖ 输入 L 后，按
<Enter>键或<Space>键确认

指定长度<200.0000>：‖ 输入 20 后，按<Enter>键或<Space>键
确认

指定宽度<100.0000>：‖ 输入 30 后，按<Enter>键或<Space>键
确认

图 12-51　楔体

指定高度<100.0000>：‖ 输入 40 后，按<Enter>键或<Space>键确认

12.7.4　圆锥体

执行方式

- 下拉菜单：【绘图】|【建模】|【圆锥体】

- 命令行：CONE

- 功能区/工具栏：

该命令用于创建底面为圆形或椭圆的尖头圆锥体或圆台。执行上述命令后，命令行提示：

指定底面的中心点或［三点（3P）/两点（2P）/切点、切点、半径（T）/椭圆（E）］：‖ 指定点或输入选项

指定底面半径或［直径（D）］<默认值>：‖ 指定底面半径、输入 D 指定直径或按<Enter>键指定默认的底面半径值

指定高度或［两点（2P）/轴端点（A）/顶面半径（T）］<默认值>：‖ 指定高度、输入选项或按<Enter>键指定默认高度值

该命令创建一个三维实体，该实体以圆或椭圆为底面，以对称方式形成锥体表面，最后交于一点，或交于一个圆或椭圆平面。默认情况下，圆锥体的底面位于当前 UCS 的 XY 平面上。圆锥体的高度与 Z 轴平行

其中各选项说明如下。

①【三点】选项：通过指定三个点来定义圆锥体的底面周长和底面。选择该选项后，命令行会有如下提示：

指定第一个点：‖ 指定点

指定第二个点：‖ 指定点

指定第三个点：‖ 指定点

指定高度或［两点（2P）/轴端点（A）/顶面半径（T）］<默认值>：‖ 指定高度、输入选项或按<Enter>键指定默认高度值。如果，默认高度未设置任何值，绘制图形时，高度的默认值始终是先前输入的任意实体图元的高度值

②【两点】选项：通过指定两个点来定义圆锥体的底面直径。

③【切点、切点、半径】选项：定义具有指定半径，且与两个对象相切的圆锥体底面。

选择该选项后，命令行会有如下提示：

指定对象上的点作为第一个切点：‖选择对象上的点

指定对象上的点作为第二个切点：‖选择对象上的点

指定圆的半径 <默认值>：‖指定底面半径或按<Enter>键指定默认的底面半径值，有时会有多个底面符合指定的条件。程序将绘制具有指定半径的底面，其切点与选定点的距离最近

指定高度或［两点（2P）/轴端点（A）/顶面半径（T）］<默认值>：‖指定高度、输入选项或按<Enter>键指定默认高度值

④【椭圆】选项：指定圆锥体的椭圆底面。

⑤【直径】选项：指定圆锥体的底面直径。

⑥【顶面半径】选项：创建圆台时指定圆台的顶面半径。

【例 12-6】 创建如图 12-52 所示的圆锥体。

执行【绘图】|【建模】|【圆锥体】命令后，命令行提示：

指定底面的中心点或［三点（3P）/两点（2P）/切点、切点、半径（T）/椭圆（E）］：‖单击鼠标左键指定一点

指定底面半径或［直径（D）］<15.0000>：‖输入 100 后，按<Enter>键或<Space>键确认

指定高度或［两点（2P）/轴端点（A）/顶面半径（T）］<30.0000>：‖输入 T 后，按<Enter>键或<Space>键确认

指定顶面半径 <0.0000>：‖输入 0 后，按<Enter>键或<Space>键确认

指定高度或［两点（2P）/轴端点（A）］<20.0000>：‖输入 200 后，按<Enter>键或<Space>键确认

12.7.5　球体

执行方式

● 下拉菜单：【绘图】|【建模】|【球体】

● 命令行：SPHERE

● 功能区/工具栏：

执行上述命令后，命令行提示：

指定中心点或［三点（3P）/两点（2P）/切点、切点、半径（TTR）］：‖指定点或输入选项

图 12-52　圆锥体

指定半径或［直径（D）］：‖指定距离或输入 D

其中各选项说明如下。

①【中心点】选项：指定球体的中心点。指定中心点后，将放置球体以使其中心轴与当前用户坐标系（UCS）的 Z 轴平行。

②【三点】选项：通过在三维空间的任意位置指定三个点来定义球体的圆周。三个指定点也可以定义圆周平面。选择该选项后，命令行会有如下提示：

指定第一点：‖指定点

指定第二点：‖指定点

指定第三点：‖指定点

③【两点】选项：通过在三维空间的任意位置指定两个点来定义球体的圆周。第一点的 z 值定义圆周所在平面。选择该选项后，命令行会有如下提示：

指定直径的第一个端点：‖指定点

指定直径的第二个端点：‖指定点

④【切点、切点、半径】选项：通过指定半径定义可与两个对象相切的球体。指定的切点将投影到当前 UCS。选择该选项后，命令行会有如下提示：

指定对象上的点作为第一个切点：‖在对象上选择一个点

指定对象上的点作为第二个切点：‖在对象上选择一个点

指定半径 <默认值>：‖指定半径或按<Enter>键以指定默认的半径值

【例 12-7】　绘制如图 12-53 所示的球体。

执行【绘图】|【建模】|【球体】命令后，命令行提示：

指定中心点或［三点(3P)/两点(2P)/切点、切点、半径(T)］：‖单击鼠标左键指定一点

指定半径或［直径(D)］<50.0000>：‖输入 80 后，按<Enter>键或<Space>键确认

12.7.6　圆柱体

执行方式

- 下拉菜单：【绘图】|【建模】|【圆柱体】
- 命令行：CYLINDER
- 功能区/工具栏：

该命令用于创建以圆或椭圆为底面的实体圆柱体。圆柱体的底面始终位于与工作平面平行的平面上。执行上述命令后，命令行提示：

指定底面的中心点或［三点(3P)/两点(2P)/切点、切点、半径(T)/椭圆(E)］：‖指定点或输入选项

图 12-53　球体

指定底面半径或［直径(D)］<默认值>：‖指定底面半径、输入 D 指定直径或按<Enter>键指定默认的底面半径值

指定高度或［两点(2P)/轴端点(A)］<默认值>：‖指定高度、输入选项或按<Enter>键指定默认高度值

执行绘图任务时，底面半径的默认值始终是先前输入的底面半径值。

其中各选项说明如下。

①【三点】选项：通过指定三个点来定义圆柱体的底面周长和底面。选择该选项后，命令行会有如下提示：

指定第一个点：‖指定点

指定第二个点：‖指定点

指定第三个点：‖指定点

指定高度或［两点(2P)/轴端点(A)］<默认值>：‖指定高度、输入选项或按<Enter>键指定默认高度值

②【两点】选项：通过指定两个点来定义圆柱体的底面直径。

③【切点、切点、半径】选项：定义具有指定半径，且与两个对象相切的圆柱体底面。选择该选项后，命令行会有如下提示：

指定对象上的点作为第一个切点：‖选择对象上的点

指定对象上的点作为第二个切点：‖选择对象上的点

指定底面半径 <默认值>：‖指定底面半径，或按<Enter>键指定默认的底面半径值。有时会有多个底面符合指定的条件。程序将绘制具有指定半径的底面，其切点与选定点的距离

最近

指定高度或［两点(2P)/轴端点(A)］<默认值>：‖指定高度、输入选项或按<Enter>键指定默认高度值

④【椭圆】选项：指定圆柱体的椭圆底面。

【例 12-8】 绘制如图 12-54 所示的圆柱体。

执行【绘图】|【建模】|【圆柱体】命令后，命令行提示：

指定底面的中心点或［三点(3P)/两点(2P)/切点、切点、半径(T)/椭圆(E)］：‖在屏幕上指定一点

指定底面半径或［直径(D)］<80.0000>：‖输入 D 后，按<Enter>键或<Space>键确认

指定直径<10.0000>：‖输入 20 后，按<Enter>键或<Space>键确认

指定高度或［两点(2P)/轴端点(A)］<60.0000>：‖输入 40 后，按<Enter>键或<Space>键确认

图 12-54　圆柱体

12.7.7　圆环体

执行方式

- 下拉菜单：【绘图】|【建模】|【圆环体】
- 命令行：TORUS

- 功能区/工具栏：◎

该命令用于创建类似于轮胎内胎的环形实体。圆环体具有两个半径值，一个值定义圆管半径，另一个值定义从圆环体的圆心到圆管的圆心之间的距离。默认情况下，绘制的圆环体将与当前 UCS 的 XY 平面平行，且被该平面平分。圆环体可以自交，自交的圆环体没有中心孔，因为圆管半径大于圆环体半径。

执行上述命令后，命令行提示：

指定中心点或［三点(3P)/两点(2P)/切点、切点、半径(T)］：‖指定点或输入选项。指定中心点后，将放置圆环体以使其中心轴与当前用户坐标系（UCS）的 Z 轴平行，圆环体与当前工作平面的 XY 平面平行且被该平面平分

指定半径或［直径(D)］<50>：

指定圆管半径或［两点(2P)/直径(D)］：

其中各选项说明如下。

①【三点】选项：用指定的三个点定义圆环体的圆周。三个指定点也可以定义圆周所在平面。

②【两点】选项：用指定直径两个端点来定义圆环体的圆周。第一点的 z 值定义圆周所在平面。

③【切点、切点、半径】选项：使用指定半径定义可与两个对象相切的圆环体。指定的切点将投影到当前 UCS。

【例 12-9】 绘制如图 12-55 所示的圆环体。

执行【绘图】|【建模】|【圆环体】命令后，命令行

图 12-55　圆环体

提示：

指定中心点或［三点(3P)/两点(2P)/切点、切点、半径(T)］：‖单击鼠标左键指定一点

指定半径或［直径(D)］<20>：‖输入 40 后，按<Enter>键或<Space>键确认

指定圆管半径或［两点(2P)/直径(D)］：‖输入 10 后，按<Enter>键或<Space>键确认

12.7.8 棱锥体

执行方式

- 下拉菜单：【绘图】|【建模】|【棱锥体】
- 命令行：PYRAMID
- 功能区/工具栏：

该命令用于创建最多具有 32 个侧面的实体棱锥体。可以创建倾斜至一个点的棱锥体，也可以创建从底面倾斜至平面的棱台。

执行上述命令后，命令行提示：

4 个侧面　外切

指定底面的中心点或［边(E)/侧面(S)］：‖指定底面中心点或输入选项

指定底面半径或［内接(I)］<200>：‖指定底面半径、输入 I 将棱锥面更改为内接或按<Enter>键指定默认的底面半径值

指定高度或［两点(2P)/轴端点(A)/顶面半径(T)］<100>：‖指定高度、输入选项或按<Enter>键指定默认高度值，使用【顶面半径】选项来创建棱锥平截面

在执行绘制棱锥体操作时，底面半径的默认值始终是先前输入的任意实体图元的底面半径值。

其中各选项说明如下。

①【边】选项：通过拾取两点来指定棱锥体底面边长。

②【侧面】选项：指定棱锥体的侧面数，可以输入 3~32 之间的数。

③【内接】选项：指定棱锥体底面内接于圆的半径。

④【两点】选项：将棱锥体的高度指定为两个指定点之间的距离。

⑤【轴端点】选项：指定棱锥面轴的端点位置，该端点是棱锥面的顶点。轴端点可以位于三维空间中的任何位置。轴端点定义了棱锥面的长度和方向。

⑥【顶面半径】选项：指定棱锥面的顶面半径，并创建棱锥体平截面。

【例 12-10】　绘制如图 12-56 所示的六面棱锥体平截面。

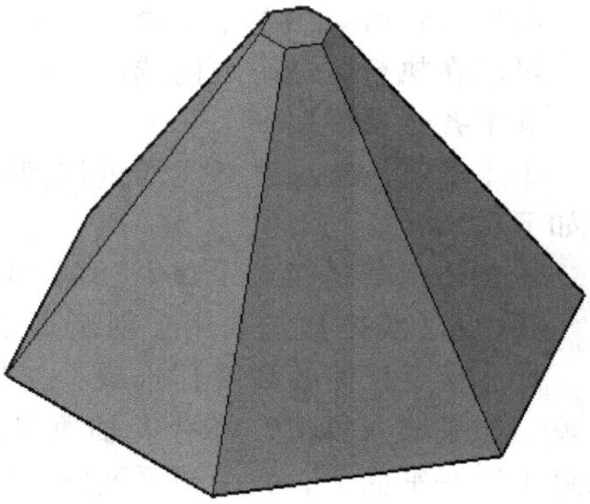

执行【绘图】|【建模】|【棱锥体】命令后，命令行提示：

4 个侧面　外切

指定底面的中心点或［边(E)/侧面(S)］：‖输入 S 后，按<Enter>键或<Space>键确认

输入侧面数 <4>：‖输入 6 后，按<Enter>键或<Space>键确认

指定底面的中心点或［边(E)侧面(S)］：‖在要绘制棱锥体底面中心点位置单击鼠标左键

图 12-56　六面棱锥体平截面

指定底面半径或［内接（I）］<200>：‖ 输入 40 后，按<Enter>键或<Space>键确认

指定高度或［两点（2P）/轴端点（A）/顶面半径（T）］<100>：‖ 输入 T 后，按<Enter>键或<Space>键确认

指定顶面半径 <0.0000>：‖ 输入 5 后，按<Enter>键或<Space>键确认

指定高度或［两点（2P）/轴端点（A）］<100>：　　‖ 输入 60 后，按<Enter>键或<Space>键确认

12.8　通过二维图形创建实体或曲面

12.8.1　将二维图形拉伸成实体或曲面

在 AutoCAD 中，可以将二维对象沿指定的方向拉伸出指定距离来创建三维实体或三维面。

执行方式

- 下拉菜单：【绘图】|【建模】|【拉伸】
- 命令行：EXTRUDE
- 功能区/工具栏：

该命令用于通过拉伸二维或三维曲线创建三维实体或曲面，可以通过拉伸开放或闭合的对象以创建三维曲面或实体。

> 注：在本节中，执行将二维图形拉伸、旋转、扫掠成实体或曲面命令时，面域可创建实体，开放轮廓可创建曲面，闭合轮廓可创建实体或曲面。

执行上述命令后，命令行提示：

当前线框密度：　ISOLINES＝4,闭合轮廓创建模式＝实体

选择要拉伸的对象或［模式（MO）］：_MO 闭合轮廓创建模式［实体（SO）/曲面（SU）］<实体>：_SO

选择要拉伸的对象或［模式（MO）］：

指定拉伸的高度或［方向（D）/路径（P）/倾斜角（T）/表达式（E）］<100>：

可以在执行此命令之前选择要拉伸的对象。

其中各选项说明如下。

①【模式】选项：指定通过拉伸闭合轮廓创建实体还是曲面。选择该选项后，命令行会有如下提示：

闭合轮廓创建模式［实体（SO）/曲面（SU）］<实体>：

其中：【实体】选项用于创建实体，【曲面】选项用于创建曲面。

②【指定拉伸的高度】选项：如果输入正值，将沿对象所在坐标系的 Z 轴正方向拉伸对象。如果输入负值，将沿 Z 轴负方向拉伸对象。对象不必平行于同一平面。如果所有对象处于同一平面上，将沿该平面的法线方向拉伸对象。默认情况下，将沿对象的法线方向拉伸平面对象。

③【方向】选项：确定拉伸方向。选择该选项后，命令行会有如下提示：

指定方向的起点：

指定方向的端点：

指定的两点之间的距离为拉伸高度，两点之间的连接方向为拉伸方向。

④【路径】选项：选择基于指定曲线对象的拉伸路径。可以通过指定要作为拉伸的轮廓

路径或形状路径的对象来创建实体或曲面。用于拉伸的路径可以是直线、圆、圆弧、椭圆、椭圆弧、多段线及二维样条曲线等，路径可以封闭也可以不封闭。拉伸对象始于轮廓所在的平面，止于在路径端点处与路径垂直的平面。要获得最佳结果，应使用对象捕捉功能确保路径位于被拉伸对象的边界上或边界内。拉伸不同于扫掠，沿路径拉伸轮廓时，轮廓会按照路径的形状进行拉伸，即使路径与轮廓不相交。

⑤【倾斜角】选项：正角度表示从基准对象逐渐变细地拉伸，而负角度则表示从基准对象逐渐变粗地拉伸。默认角度 0 表示在与二维对象所在平面垂直的方向上进行拉伸。所有选定的对象和环都将倾斜到相同的角度。在定义要求成一定倾斜角的零件时，倾斜拉伸非常有用，如铸造车间用来制造金属产品的铸模。选择该选项后，命令行会有如下提示：

指定拉伸的倾斜角<0>：‖指定介于 -90°~ +90° 之间的角度,按<Enter>键或指定点。如果为倾斜角指定一个点而不是输入值,则必须拾取第二个点。用于拉伸的倾斜角是两个指定点之间的距离

指定第二个点：‖指定点

> **注**：指定一个较大的倾斜角或较长的拉伸高度，将导致对象或对象的一部分在到达拉伸高度之前就已经汇聚到一点。

【例 12-11】 如图 12-57 所示，分别为倾斜角度为 0°、15° 和 -15° 时拉伸的图形。

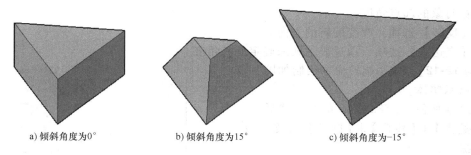

a) 倾斜角度为0°　　　　b) 倾斜角度为15°　　　　c) 倾斜角度为-15°

图 12-57　拉伸成实体

⑥【表达式】选项：通过表达式确定拉伸高度。

12.8.2　将二维图形旋转成实体或曲面

在 AutoCAD 中，用户可以通过绕轴旋转开放或闭合的平面曲线来创建新的实体或曲面，可以同时旋转多个对象。

执行方式

- 下拉菜单：【绘图】|【建模】|【旋转】
- 命令行：REVOLVE
- 功能区/工具栏：🖼

该命令通过绕轴扫掠对象创建三维实体或曲面。

执行上述命令后，命令行提示：

当前线框密度：ISOLINES = 4,闭合轮廓创建模式 = 实体

选择要旋转的对象或 [模式(MO)]：‖使用对象选择方法选择对象

指定轴起点或根据以下选项之一定义轴 [对象(O)/X/Y/Z] <对象>：‖指定一点为轴

起点

指定轴端点：‖指定另一点为轴端点

指定旋转角度或［起点角度（ST）/反转（R）/表达式（EX）］<360>：‖输入角度值。正角将按逆时针方向旋转对象，负角将按顺时针方向旋转对象

可以在启动此命令之前选择要旋转的对象。不能旋转包含在块中的对象。不能旋转具有相交或自交线段的多段线。【旋转】命令忽略多段线的宽度，并从多段线路径的中心处开始旋转。

其中各选项说明如下。

①【模式】选项：同 12.8.1 节拉伸。

②【轴起点】选项：指定旋转轴的第一点和第二点。轴的正方向从第一点指向第二点。

③【对象】选项：可以选择现有的对象，此对象定义了旋转选定对象时所绕的轴。轴的正方向从该对象的最近端点指向最远端点。下列对象可用作轴：直线、线性多段线线段、实体或曲面的线性边。

④【X】选项：将当前 UCS 的 X 轴正向设定为轴的正方向。

⑤【Y】选项：将当前 UCS 的 Y 轴正向设定为轴的正方向。

⑥【Z】选项：将当前 UCS 的 Z 轴正向设定为轴的正方向。

⑦【起点角度】选项：为从旋转对象所在平面开始的旋转指定偏移。可以拖动光标来指定和预览对象的起点角度。

⑧【反转】选项：改变旋转的方向。

⑨【表达式】选项：通过表达式来确定旋转角度。

【例 12-12】 应用旋转命令绘制如图 12-58b 所示实体。

先绘制如图 12-58a 所示草图，然后执行【绘图】|【建模】|【旋转】命令，命令行提示：

选择要旋转的对象或［模式（MO）］：‖选择要旋转的左侧曲线部分，按<Enter>键或<Space>键确认

指定轴起点或根据以下选项之一定义轴［对象（O）X Y Z］<对象>：‖选择作为旋转轴的右侧线段的一个端点，按<Enter>键或<Space>键确认

指定轴端点：‖选择作为旋转轴的右侧线段的另一个端点

指定旋转角度或［起点角度（ST）反转（R）表达式（EX）］<360>：‖输入 360，按<Enter>键或<Space>键确认

即可得到图 12-58b 所示实体。

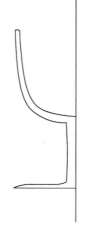

a) 草图

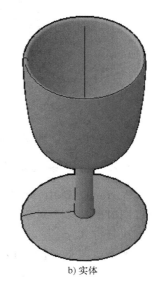
b) 实体

图 12-58　旋转成实体

12.8.3　将二维图形扫掠成实体或曲面

在 AutoCAD 中，可以通过沿开放或闭合的二维或三维路径扫掠开放或闭合的平面曲线

创建新实体或曲面。可以扫掠多个对象，但是这些对象必须位于同一平面中。

执行方式

- 下拉菜单：【绘图】|【建模】|【扫掠】
- 命令行：SWEEP
- 功能区/工具栏：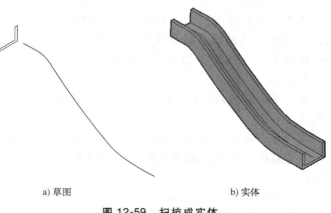

该命令通过沿路径扫掠二维对象或者三维对象或子对象来创建三维实体或曲面。沿路径扫掠轮廓时，轮廓将被移动并与路径垂直对齐。

执行上述命令后，命令行提示：

当前线框密度：ISOLINES＝4，闭合轮廓创建模式＝实体

选择要扫掠的对象或［模式（MO）］：‖使用对象选择方法选择对象并在完成时按<Enter>键

选择扫掠路径或［对齐（A）/基点（B）/比例（S）/扭曲（T）］：‖选择二维或三维扫掠路径，或输入选项

其中各选项说明如下。

①【模式】选项：同 12.8.1 节拉伸。

②【对齐】选项：指定是否对齐轮廓以使其作为扫掠路径切向的法向。默认情况下，轮廓是对齐的。选择该选项后，命令行会有如下提示：

扫掠前对齐垂直于路径的扫掠对象［是（Y）/否（N）］<是>：‖输入 N 指定轮廓无需对齐或按<Enter>键指定轮廓将对齐

③【基点】选项：指定扫掠对象上的基点，即扫掠对象上的哪一点要沿扫掠路径移动。如果指定的点不在选定对象所在的平面上，则该点将被投影到该平面上。

④【比例】选项：指定扫掠的比例因子。从扫掠路径的起点到终点，扫掠按此比例均匀放大或缩小。选择该选项后，命令行会有如下提示：

输入比例因子或［参照（R）］<1.0000>：‖指定比例因子，输入 R 调用【参照】选项或按<Enter>键指定默认值。"参照"是指通过拾取点或输入值来根据参照的长度缩放选定的对象

⑤【扭曲】选项：设置正被扫掠的对象的扭曲角度。扭曲角度指定沿扫掠路径全部长度的旋转量。选择该选项后，命令行会有如下提示：

输入扭曲角度或允许非平面扫掠路径倾斜［倾斜（B）］<n>：‖指定<360°的角度值，输入 B 打开倾斜或按<Enter>键指定默认角度值。【倾斜】选项指定被扫掠的曲线是否沿三维扫掠路径（三维多线段、三维样条曲线或螺旋）自然倾斜（旋转）

【例 12-13】 应用扫掠命令绘制如图 12-59b 所示实体。

先绘制如图 12-59a 所示草图，然后执行【绘图】|【建模】|【扫掠】命令，命令行提示：

a) 草图   b) 实体

图 12-59 扫掠成实体

选择要扫掠的对象或［模式（MO）］：‖ 选择要扫掠的左侧多段线部分，按<Enter>键或<Space>键确认

选择扫掠路径或［对齐（A）基点（B）比例（S）扭曲（T）］：‖ 选择作为扫掠路径的右侧样条曲线

即可得到图 12-59b 所示实体。

12.8.4　将二维图形放样成实体

在 AutoCAD 2018 中，可以通过指定一系列横截面来创建新的实体。放样用于在横截面之间的空间内绘制实体或曲面。使用【放样】命令时必须指定至少两个横截面。

执行方式

- 下拉菜单：【绘图】|【建模】|【放样】
- 命令行：LOFT
- 功能区/工具栏：

该命令通过在包含两个或更多横截面轮廓的一组轮廓中对轮廓进行放样来创建三维实体或曲面。横截面轮廓可定义所生成的实体对象的形状。横截面轮廓可以是开放曲线或闭合曲线，开放轮廓可创建曲面，闭合轮廓可创建实体或曲面。

执行上述命令后，命令行提示：

当前线框密度：ISOLINES＝4，闭合轮廓创建模式＝实体

按放样次序选择横截面或［点（PO）/合并多条边（J）/模式（MO）］：‖ 按照曲面或实体将要通过的次序选择开放或闭合的曲线

按放样次序选择横截面：‖ 继续选择

按放样次序选择横截面：‖ 继续选择

按放样次序选择横截面：‖ 继续选择

输入选项［导向（G）/路径（P）/仅横截面（C）/设置（S）］<仅横截面>：‖ 按<Enter>键使用选定的横截面，从而显示【放样设置】对话框，或输入选项

其中各选项说明如下。

①【模式】选项：指定通过拉伸创建实体还是曲面。选择该选项后，命令行会有如下提示：

闭合轮廓创建模式［实体（SO）/曲面（SU）］<实体>：

②【导向】选项：指定控制放样实体或曲面形状的导向曲线。导向曲线是直线或曲线，可通过将其他线框信息添加至对象来进一步定义实体或曲面的形状。导向曲线要与每一截面相交、起始于第一个截面并结束于最后一个截面。选择该选项后，命令行会有如下提示：

选择导向轮廓或［合并多条边（J）］：‖ 选择导向轮廓，或通过【合并多条边（J）】选项合并多条边

选择导向曲线：‖ 选择放样实体或曲面的导向曲线，然后按<Enter>键

③【路径】选项：指定放样实体或曲面的单一路径。选择该选项后，命令行会有如下提示：

选择路径轮廓：‖ 指定放样实体或曲面的路径

④【仅横截面】选项：表示只通过指定的横截面创建放样曲面，不使用导向和路径。

⑤【设置】选项：通过对话框进行放样设置。选择该选项后，AutoCAD 会弹出【放样设置】对话框，如图 12-60 所示。

【例 12-14】 应用放样命令绘制如图 12-61b 所示实体。

先绘制如图 12-61a 所示草图，然后执行【绘图】|【建模】|【放样】命令，命令行提示：

按放样次序选择横截面或 [点（PO）合并多条边（J）模式（MO）]：‖ 按同一方向依次选择要放样的圆，按 <Enter> 键或 <Space> 键确认。

输入选项 [导向（G）路径（P）仅横截面（C）设置（S）] < 仅横截面 >：‖ 按 <Enter> 键或 <Space> 键确认。

即可得到图 12-61b 所示实体。

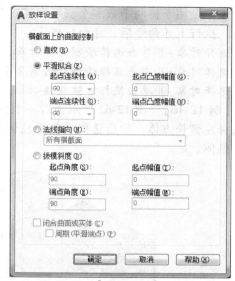

图 12-60 【放样设置】对话框

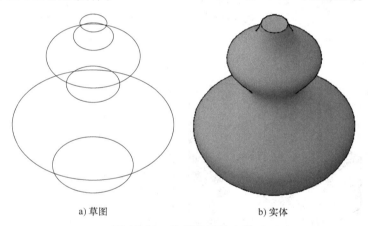

a) 草图 b) 实体

图 12-61 放样得到的实体

12.9 布尔运算

在 AutoCAD 2018 中，可以通过合并、减去或找出两个或两个以上三维实体、曲面或面域的相交部分来创建复合三维对象，即用户可以对以上对象进行并集、交集、差集布尔运算，但是不建议将该命令应用于曲面，因为会导致曲面丢失关联性。不能将实体与网格对象合并，但可以将网格对象转换为三维实体后，再与实体合并。

12.9.1 并集

执行方式
- 下拉菜单：【修改】|【实体编辑】|【并集】
- 命令行：UNION
- 功能区/工具栏：

该命令用于将两个或多个三维实体、曲面或二维面域合并为一个复合三维实体、曲面或面域。执行上述命令后，命令行提示：

选择对象：‖ 单击选择绘制好的对象，按<Ctrl>键可同时选取其他对象

选择对象：‖ 单击选择绘制好的第 2 个对象

选择对象：‖ 单击鼠标右键或按<Enter>键或<Space>键，结束选择

【例 12-15】 图 12-62 所示为对一个长方体和一个圆柱体执行【并集】命令的结果。首先选择左侧长方体，然后选择右侧圆柱体，按<Enter>键确认，所有已经选择的对象合并成一个整体。

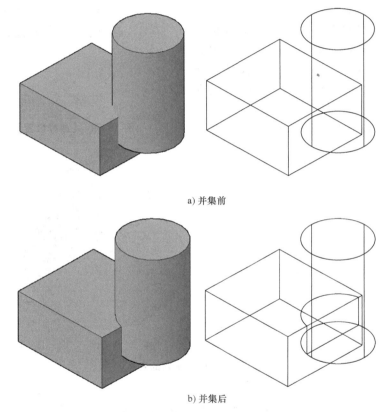

a) 并集前

b) 并集后

图 12-62　并集

12.9.2　差集

执行方式

- 下拉菜单：【修改】|【实体编辑】|【差集】

- 命令行：SUBTRACT

- 功能区/工具栏：⬤

该命令通过从一个对象中减去另一个对象的重叠部分来创建新的对象。执行上述命令后，命令行提示：

选择要从中减去的实体或面域……

选择对象：‖ 单击选择绘制好的对象，按键<Ctrl>键同时选取其他对象

选择对象：‖单击鼠标右键或按<Enter>键或<Space>键,结束选择

选择要减去的实体或面域……

选择对象：‖单击选择要减去的对象,按键<Ctrl>键同时选取其他对象

选择对象：‖单击鼠标右键或按<Enter>键或<Space>键,结束选择

从第一个选择集中的对象减去第二个选择集中的对象，然后创建一个新的实体或面域。

【例 12-16】　对如图 12-63 所示的一个长方体和一个圆柱体执行【差集】命令。图中左侧长方体为"要从中减去的实体"，右侧圆柱体为"要减去的实体"，应先选择左侧长方体，后选择右侧圆柱体。按<Enter>键确认后，得到的是差集后的实体。

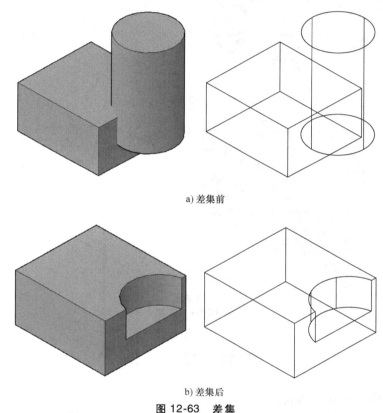

a) 差集前

b) 差集后

图 12-63　差集

12.9.3　交集

执行方式

• 下拉菜单：【修改】|【实体编辑】|【交集】

• 命令行：INTERSECT

• 功能区/工具栏：⟨▓⟩

该命令可将两个或两个以上现有三维实体、曲面或面域的重叠部分创建为三维实体、曲面或面域。执行上述命令后，命令行提示：

选择对象：‖选取绘制好的对象,按<Ctrl>键可同时选取其他对象

选择对象：‖选取绘制好的第 2 个对象

选择对象：‖单击鼠标右键或按<Enter>键或<Space>键,结束选择

【**例 12-17**】　对图 12-64 所示的一个长方体和一个圆柱体执行交集命令。依次选择图 12-64a 中所示两个实体，按<Enter>键确认后，视口中的图形即是多个对象的公共部分，如图 12-64b 所示。

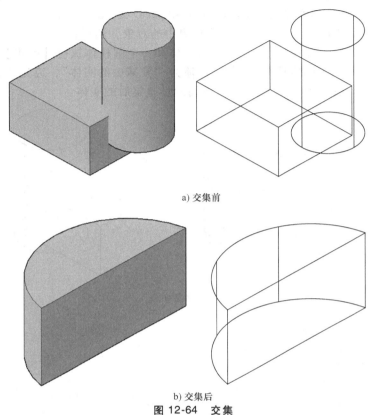

a) 交集前

b) 交集后

图 12-64　交集

12.10　实　　例

绘制图 12-65 所示的支座构件。

1）创建图层，如图 12-66 所示。

2）将"三维建模"层置为当前层。

3）绘制底部长方体部分。选择【长方体】命令后，命令行显示如下提示信息：

指定第一个角点或［中心（C）］：‖单击鼠标左键指定一点

指定其他角点或［立方体（C）/长度（L）］：‖输入 L 后，按<Enter>键或<Space>键确认

指定长度 ＜50.0000＞：‖输入 50 后，按<Enter>键或<Space>键确认

指定宽度 ＜50.0000＞：‖输入 50 后，按

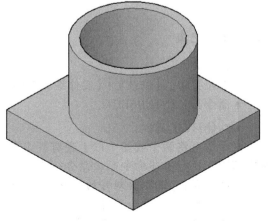

图 12-65　支座构件

<Enter>键或<Space>键确认

　　指定高度或［两点(2P)］<10.0000>：‖输入 10 后，按<Enter>键或<Space>键确认

图 12-66　创建图层

　　绘制出长方体，如图 12-67 所示。

　　4）绘制上部圆柱体。在【对象捕捉】设置中选择"中点"，选中【启用对象捕捉】和【启用对象捕捉追踪】按钮。在功能区选择【圆柱体】命令，命令行显示如下提示信息：

　　在指定底面的中心点或［三点(3P)/两点(2P)/切点、切点、半径(T)/椭圆(E)］：‖用鼠标左键在绘图区中捕捉底部长方体上端面的中心点，如图 12-68 所示

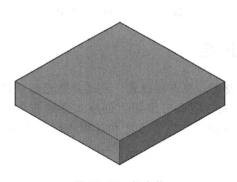

图 12-67　长方体

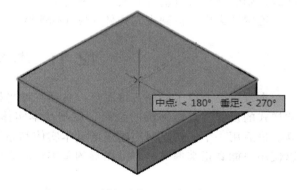

图 12-68　捕捉底部长方体上端面中心点

　　指定底面半径或［直径(D)］<8.0000>：‖输入 18 后，按<Enter>键或<Space>键确认

　　指定高度或［两点(2P)/轴端点(A)］<40.0000>：‖输入 25 后，按<Enter>键或<Space>键确认

　　按<Enter>键结束命令，绘制出中间圆柱体。结果如图 12-69 所示。

　　5）绘制内部圆柱体。

　　在指定底面的中心点或［三点(3P)/两点(2P)/切点、切点、半径(T)/椭圆(E)］：‖用鼠标左键在绘图区中捕捉上部圆柱体上端面的中心点，如图 12-70 所示

　　指定底面半径或［直径(D)］<8.0000>：　　‖输入 15 后，按<Enter>键或<Space>键确认

　　指定高度或［两点(2P)/轴端点(A)］<40.0000>：‖沿 Z 轴负方向移动鼠标，以指定拉伸方向，在圆柱体下表面低于底部长方向下表面时单击鼠标左键，如图 12-71 所示

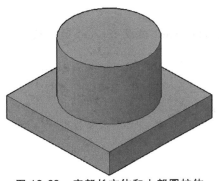

图 12-69   底部长方体和上部圆柱体

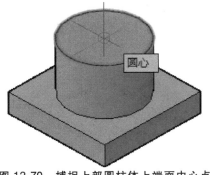

图 12-70   捕捉上部圆柱体上端面中心点

6）进行布尔运算，将中间圆柱体从底部长方体和上部圆柱体中减去。

在功能区选择【差集】命令后，命令行显示如下提示信息：

选择对象：‖ 选择底部长方体和上部圆柱体，按 <Enter> 键或 <Space> 键确认

选择对象：‖ 选择内部圆柱体，按 <Enter> 键或 <Space> 键确认

将中间圆柱体从底部长方体和上部圆柱体中减去，同时，剩余部分将自动合并成一个实体。

绘制结束后，得到支座构件如图 12-65 所示。

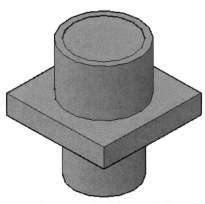

图 12-71   创建中间圆柱体

12.11 本 章 小 结

本章主要介绍了绘制三维图形，包括三维坐标系设置、视点的设置、三维动态观察、视觉样式的设置、三维网格的绘制、三维基本实体的绘制、通过二维图形创建实体和布尔运算。最后用一个实例，对应用三维基本实体和布尔运算创建实体的方法和过程进行了介绍，以使用户能真正掌握这些三维图形的基本绘制方法。

习   题

1. 根据图 12-72a 所示草图，用二维图形旋转成实体的方法绘制如图 12-72b 所示的心轴。

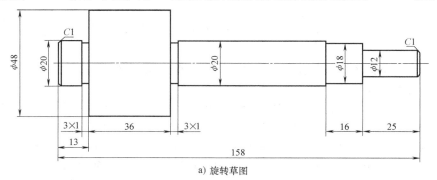

a) 旋转草图

图 12-72   心轴

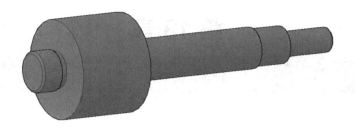

b) 旋转生成的心轴

图 12-72　心轴（续）

2. 绘制如图 12-73a 所示的草图，运用【拉伸】、【并集】、【差集】等命令完成填料压盖，结果如图 12-73b 所示。

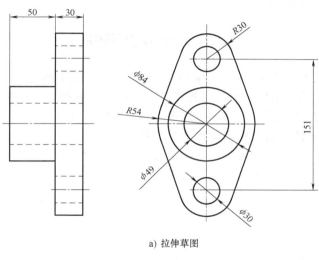

a) 拉伸草图

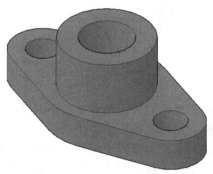

b) 拉伸生成的填料压盖

图 12-73　填料压盖

第 13 章

编辑三维图形

在 AutoCAD 2018 中，可以用三维小控件编辑对象。利用三维修改命令，可以在三维空间中移动、旋转、对齐、镜像及阵列三维对象；可以通过剖切实体获得实体的一部分；可以加厚曲面，使其成为一个实体；可以对三维模型的边进行倒角、圆角、复制和着色操作；可以把三维实体抽壳为薄壁壳体；可以分解三维模型。

13.1 三维小控件

三维小控件可以帮助用户沿三维轴或平面移动、旋转或缩放一组对象。在 AutoCAD 2018 中，可以方便地通过小控件修改已有图形。共有三种类型的小控件：

1）三维移动小控件：沿指定轴或指定平面移动选定的对象。

2）三维旋转小控件：绕指定轴旋转选定的对象。

3）三维缩放小控件：沿指定平面、指定轴或 X、Y、Z 三条轴统一缩放选定的对象。

三种类型的小控件如图 13-1 所示。

a) 三维移动小控件   b) 三维旋转小控件   c) 三维缩放小控件

图 13-1 小控件

默认情况下，选择视图中有三维视觉样式的对象或子对象时，会自动显示小控件。可以指定选定对象后要显示的小控件，也可以禁止显示小控件。

激活小控件后，还可以切换到其他类型的小控件。如果在选择对象之前开始执行三维移动、三维旋转或三维缩放操作，小控件将置于选择集的中心。右键单击小控件弹出的快捷菜单如图 13-2 所示。使用【重新定位小控件】选项可以将小控件重新定位到三维空间中的任意位置，可以在快捷菜单中选择小控件的类型。

1. 三维移动小控件的使用方法

可以将移动约束到坐标轴或坐标平面上，即只能沿坐标轴移动或只能在某个坐标平面内移动。三维移动小控件如图 13-3 所示。

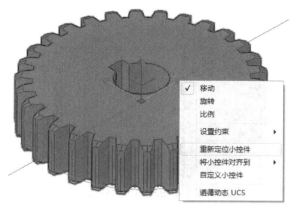

图 13-2　小控件右键快捷菜单

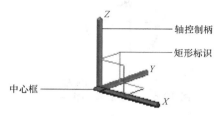

图 13-3　三维移动小控件

（1）沿指定轴的轴线方向移动　将光标悬停在小控件上的轴控制柄上时，将显示与轴对齐的矢量，且指定轴将变为黄色。单击轴控制柄则将移动约束到相应轴上。拖动光标时，所选对象的移动方向将只能沿指定轴的轴线方向移动。可以在屏幕上单击鼠标左键或输入数值来指定距基点的移动距离。如果输入数值，对象的移动将沿着光标移动的初始方向移动相应距离。图 13-4 所示为将移动约束到轴上。

（2）将移动约束到坐标平面上　坐标轴之间的矩形标识分别表示当前的 XY、YZ 和 ZX 坐标平面，如图 13-5 所示。可以通过将光标移动到该矩形标识上来指定移动所在的平面。矩形标识变为黄色后，用鼠标左键单击该矩形。拖动光标时，所选对象将只能在指定的坐标平面内移动。单击鼠标左键或输入数值可以指定距基点的移动距离。

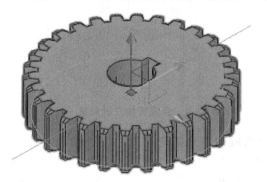

图 13-4　将移动约束到轴上

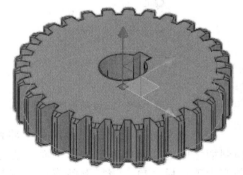

图 13-5　将移动约束到平面上

2. 三维旋转小控件的使用方法

将三维对象和子对象的旋转约束到轴上。选择要旋转的对象后，小控件将位于选择集的中心，小控件的中心框（基准夹点）为旋转的中心点。三维旋转小控件如图 13-6 所示。

将光标移动到三维旋转小控件的旋转路径上时，将显示表示旋转轴的矢量线。在旋转路径变为黄色时用鼠标左键单击该路径，可以指定旋转轴。拖动光标时，选定的对象和子对象将绕指定的轴旋转。小控件将显示对象旋转时从对象的原始位置旋转的角度数，单击鼠标左键停止旋转或输入角度值后确认停止旋转。图 13-7 所示为将旋转约束到轴上。

3. 三维缩放小控件的使用方法

使用三维缩放小控件，可以统一更改三维对象的大小，也可以沿指定轴或平面缩放三

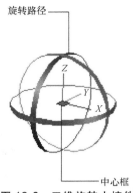

图 13-6　三维旋转小控件

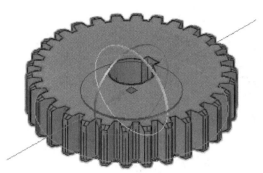

图 13-7　将旋转约束到轴上

对象。不按统一比例缩放（沿轴或平面）仅适用于网格，不适用于实体和曲面。

（1）沿轴缩放三维对象　将网格对象缩放约束到指定轴。将光标移动到三维缩放小控件的轴上时，将显示表示缩放轴的矢量线。在轴变为黄色时单击该轴，可以指定轴。或在三维缩放小控件上单击鼠标右键，将显示如图 13-8 所示快捷菜单，选择"X""Y"或"Z"，然后拖动光标，选定的对象和子对象将沿指定的轴调整大小。通过在屏幕上单击鼠标左键或输入值指定选定基点的比例，图 13-9 所示为沿轴缩放三维对象。

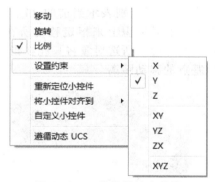

图 13-8　三维缩放约束菜单

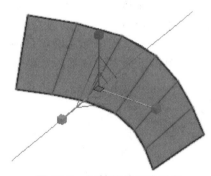

图 13-9　沿轴缩放三维对象

（2）沿坐标平面缩放三维对象　将网格对象缩放约束到指定平面。三维缩放小控件轴控制柄之间的梯形条表示坐标平面。通过将光标移动到一个梯形条上来指定缩放平面。梯形条变为黄色后，单击该梯形条或在三维缩放小控件上单击鼠标右键，显示如图 13-8 所示快捷菜单，选择"XY""YZ"或"ZX"。指定平面后，拖动光标时，选定对象和子对象将仅沿亮显的平面缩放。通过在屏幕上单击鼠标左键或输入值指定选定基点的比例，如图 13-10 所示。

（3）统一缩放三维对象　沿所有轴按统一比例缩放实体、曲面或网格对象。向小控件的中心点移动光标时，出现亮显的三角形区域后，单击鼠标左键选择沿三条轴缩放选定的对象和子对象，或在三维缩放小控件上单击鼠标右键，显示如图 13-8 所示快捷菜单，选择"XYZ"。拖动光标时，将统一缩放选定对象和子对象。可以单击或输入值指定选定基点的比例，如图 13-11 所示。

注：仅在已应用三维视觉样式的三维视图中才显示小控件。

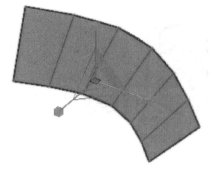

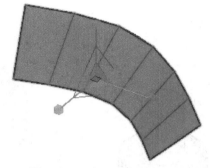

图 13-10　沿平面缩放三维对象　　　　　图 13-11　统一缩放三维对象

13.2　修改三维图形

13.2.1　三维移动

执行方式

- 下拉菜单：【修改】|【三维操作】|【三维移动】
- 命令行：3DMOVE
- 功能区/工具栏：

该命令用于将选择的对象在三维空间中移动。执行上述命令后，命令行提示：

选择对象：‖ 选择对象或按<Enter>键结束选择

选择对象：‖ 继续选择对象或按<Enter>键结束选择

指定基点或［位移（D）］<位移>：

不指定约束轴时：

指定第二个点或 <使用第一个点作为位移>：‖ 输入位移 100

指定约束轴时：

指定移动点或［基点（B）/复制（C）/放弃（U）/退出（X）］：　　‖ 按<Enter>键退出

其中：

① 【基点】选项：表示指定移动起始参考点。

② 【复制】选项：表示移动时复制选择对象。

在三维视觉样式的视图中选择对象时，将显示三维移动小控件。默认情况下，三维移动小控件显示在选定三维对象的中心。指定的两个点定义了一个矢量，表明选定对象将被移动的距离和方向。

图 13-12a、b 和 c 所示为不指定约束，移动一个阶梯轴上半部分的过程。

图 13-13 所示为指定沿轴移动并复制一个阶梯轴上半部分的过程。

13.2.2　三维旋转

执行方式

- 下拉菜单：【修改】|【三维操作】|【三维旋转】
- 命令行：3DROTATE

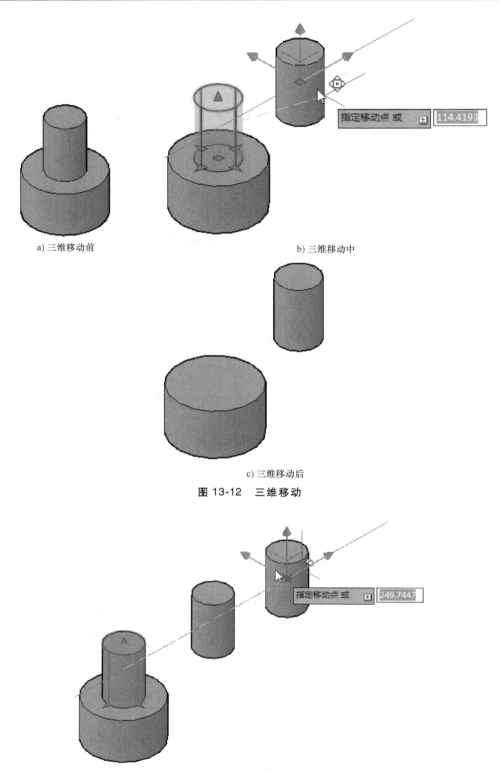

a) 三维移动前　　　　　　　　　　　　b) 三维移动中

指定移动点 或 114.4193

c) 三维移动后

图 13-12　三维移动

指定移动点 或 249.7447

图 13-13　移动并复制阶梯轴上半部分的过程

- 功能区/工具栏：

该命令用于将选择的对象绕旋转轴按照指定的角度进行旋转。执行上述命令后，命令行提示：

UCS 当前的正角方向：　ANGDIR = 逆时针　　ANGBASE = 0

选择对象：‖ 选择对象，按<Enter>键完成

指定基点：‖ 指定一点，设定旋转的中心点

拾取旋转轴：‖ 在三维旋转小控件上，指定旋转轴。移动鼠标直至要选择的轴轨迹变为黄色，然后单击以选择此轨迹

指定角的起点或键入角度：‖ 设定旋转的相对起点。也可以输入角度值

指定角的端点：‖ 绕指定轴旋转对象。单击结束旋转

默认情况下，三维旋转小控件显示在选定对象的中心。可以通过使用快捷菜单更改小控件的位置来调整旋转轴。

图 13-14a、b 和 c 所示为将一个齿轮旋转 90°的过程。

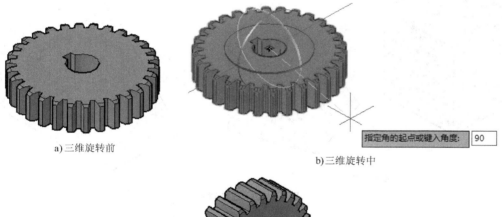

a) 三维旋转前

b) 三维旋转中

指定角的起点或键入角度：　90

c) 三维旋转后

图 13-14　三维旋转

13.2.3　三维对齐

执行方式

- 下拉菜单：【修改】|【三维操作】|【三维对齐】
- 命令行：3DALIGN
- 功能区/工具栏：

该命令用于将源对象与目标对象对齐。执行上述命令后，命令行提示：

选择对象：‖选择要对齐的对象或按<Enter>键

指定源平面和方向……

指定基点或[复制(C)]：‖指定点或输入 c 以创建副本，源对象的基点将被移动到第一目标点

指定第二个点或[继续(C)]<C>：‖指定第二点，或按<Enter>键向前跳到指定目标点

指定第三个点或[继续(C)]<C>：‖指定第三点，或按<Enter>键向前跳到指定目标点

指定目标平面和方向

指定第一个目标点：‖指定点，该点定义了源对象基点的目标

指定第二个目标点或[退出(X)]<X>：‖指定第二个目标点或按<Enter>键退出

指定第三个目标点或[退出(X)]<X>：‖指定第三个目标点或按<Enter>键退出

图 13-15a、b 所示为三维对齐前后的模型。

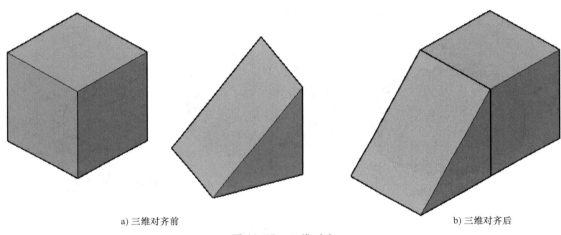

a) 三维对齐前　　　　　　　　　　　　　　　　　b) 三维对齐后

图 13-15　三维对齐

13.2.4　三维镜像

执行方式

- 下拉菜单：【修改】|【三维操作】|【三维镜像】
- 命令行：MIRROR3D
- 功能区/工具栏：%

该命令用于以镜像平面为对称面，创建选定三维对象的镜像副本。执行上述命令后，命令行提示：

选择对象：‖选择镜像的对象

选择对象：‖选择下一个对象或按<Enter>键结束选择

指定镜像平面(三点)的第一个点或

[对象(O)/最近的(L)/Z 轴(Z)/视图(V)/XY 平面(XY)/YZ 平面(YZ)/ZX 平面(ZX)/三点(3)]<三点>：‖zx

指定 ZX 平面上的点<0,0,0>：

是否删除源对象？[是(Y)/否(N)]<否>：

其中部分选项说明如下。

①【第一个点】选项：输入镜像平面上的第一个点的坐标。该选项通过 3 个点确定镜像平面，是系统的默认选项。

②【对象】选项：使用指定对象所在的平面作为镜像平面。选择该选项后，出现如下提示：

选择圆、圆弧或二维多段线线段：

是否删除源对象？［是（Y）/否（N）］＜否＞：‖ 输入 Y 或 N，或按＜Enter＞键。如果输入 Y，生成镜像的对象后删除原始对象。如果输入 N 或按＜Enter＞键，生成镜像的对象后保留原始对象

③【最近的】选项：使用上一次的镜像平面对选定的对象进行镜像处理。

④【Z 轴】选项：依次指定两点，并将两点连线作为镜像平面的法线，镜像平面通过指定的第一点。选择该选项后，出现如下提示：

在镜像平面上指定点：‖ 输入镜像平面上一点的坐标

在镜像平面的 Z 轴（法向）上指定点：‖ 输入与镜像平面垂直的任意一直线上任意一点的坐标

是否删除源对象？［是（Y）/否（N）］：‖ 根据需要确定是否删除源对象

⑤【视图】选项：指定一点并将通过该点且与当前视图平面平行的平面作为镜像平面。

⑥【XY 平面】/【YZ 平面】/【ZX 平面】选项：指定一个平行于当前坐标系的 *XY*（*YZ*、*ZX*）平面作为镜像平面。

⑦【三点】选项：通过三个点定义镜像平面。

图 13-16a、b 所示为用【Z 轴】选项定义镜像平面的三维镜像效果。

13.2.5　三维阵列

执行方式

● 下拉菜单：【修改】|【三维操作】|【三维阵列】

● 命令行：3DARRAY

● 功能区/工具栏：

该命令用于创建矩形或环形阵列。对于矩形阵列，除行数和列数外，还可以指定 *Z* 方向的层数。对于环形阵列，可以通过空间的任意两点指定旋转轴。执行上述命令后，命令行提示：

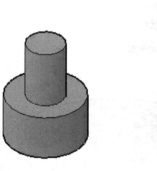
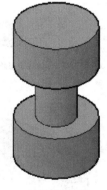

a）三维镜像前　　　　b）三维镜像后

图 13-16　三维镜像

选择对象：‖ 选择阵列对象

选择对象：‖ 选择下一个对象或按＜Enter＞键结束选择

输入阵列类型［矩形（R）/环形（P）］＜矩形＞：

其中各选项说明如下。

①【矩形】选项：对所选对象进行矩形阵列复制，是系统的默认选项。选择该选项后，出现如下提示：

输入行数（---）＜1＞：‖ 指定要沿 *Y* 轴重复的行数，输入 3，确认

输入列数（‖‖‖）＜1＞：‖ 指定要沿 *X* 轴重复的列数，输入 4，确认

输入层数（...）<1>：‖指定要沿 Z 轴重复的层数,输入 1,确认

指定行间距(---)：‖指定沿 Y 轴排列的各对象的基点之间的距离,输入 100,确认

指定列间距(‖)：‖指定沿 X 轴排列的各对象的基点之间的距离,输入 100,确认

指定层间距(...)：‖指定沿 Z 轴排列的各对象的基点之间的距离,输入 100,确认

②【环形】选项：对所选对象进行环形阵列复制。选择该选项后，出现如下提示：

输入阵列中的项目数目：‖输入阵列的数目

指定要填充的角度(+=逆时针,-=顺时针)<360>：‖指定阵列中第一个和最后一个项目之间的角度。正数值表示沿逆时针方向旋转,负数值表示沿顺时针方向旋转

旋转阵列对象？［是(Y)/否(N)]<是>：‖确定阵列上的每一个图形是否根据旋转轴线的位置进行旋转

指定阵列的中心点：‖指定阵列中对象的中心点

指定旋转轴上的第二点：‖指定第二个点

图 13-17a、b 所示为圆柱的 3 行 4 列 1 层的矩形阵列；图 13-18a、b 所示为圆柱的环形阵列。

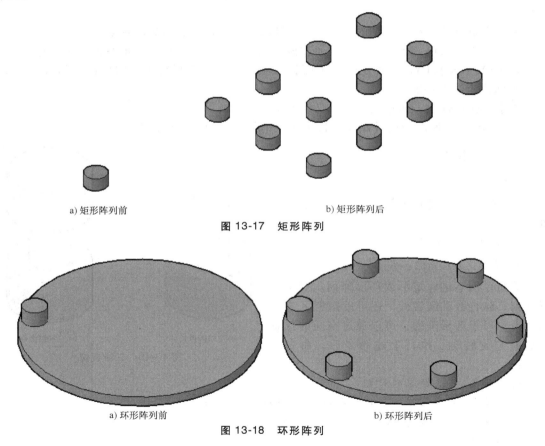

a) 矩形阵列前   b) 矩形阵列后

图 13-17　矩形阵列

a) 环形阵列前   b) 环形阵列后

图 13-18　环形阵列

13.2.6　剖切实体

执行方式

• 下拉菜单：【修改】|【三维操作】|【剖切】

- 命令行：SLICE

- 功能区/工具栏：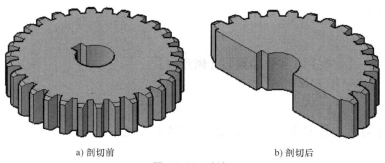

该命令用于使用指定的平面和曲面对象剖切现有实体或曲面，从而创建新的实体或曲面。执行剖切操作时，可以保留剖切三维实体的一个或两个侧面。剖切操作后对象将保留原先的图层和颜色特性。执行上述命令后，命令行提示：

选择要剖切的对象：‖ 选择要剖切对象

选择要剖切的对象：‖ 选择下一个对象或按<Enter>键结束选择

指定切面的起点或［平面对象（O）/曲面（S）/z 轴（Z）/视图（V）/xy（XY）/yz（YZ）/zx（ZX）/三点（3）]<三点>：‖ 指定切面的第一点。剖切平面与当前 UCS 的 *XY* 平面垂直

指定平面上的第二个点：‖ 指定切面的第二点

正在检查 561 个交点······

在所需的侧面上指定点或［保留两个侧面（B）]<保留两个侧面>：

其中各选项说明如下。

①【指定切面的起点】选项：指定定义剖切平面的第一点。剖切平面与当前 UCS 的 *XY* 平面垂直。

②【平面对象】选项：通过圆、椭圆、圆弧、椭圆弧、二维样条曲线或二维多段线线段定义剖切平面。

③【曲面】选项：通过曲面定义剖切平面。

④【Z 轴】选项：依次指定两点，并将两点连线作为剖切平面的法线，剖切平面通过指定的第一点。

⑤【视图】选项：指定一点并将通过该点且与当前视图平面平行的平面作为剖切平面。

⑥【xy】/【yz】/【zx】选项：指定一个平行于当前坐标系的 *XY*（*YZ* 、*ZX*）平面作为剖切平面。

⑦【三点】选项：通过三个点定义剖切平面。

图 13-19a、b 所示为对齿轮进行剖切得到的结果。

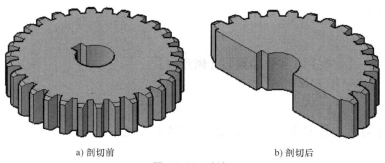

a) 剖切前   b) 剖切后

图 13-19　剖切

13.2.7　加厚实体

执行方式

- 下拉菜单：【修改】|【三维操作】|【加厚】

- 命令行：THICKEN

- 功能区/工具栏：⬙

该命令用于以指定的厚度将曲面转换为三维实体。执行上述命令后，命令行提示：

选择要加厚的曲面：‖ 选择要加厚的曲面

选择要加厚的曲面：‖ 选择下一个曲面或按<Enter>键结束选择

指定厚度 <0.0000>：‖ 输入厚度值，输入 20，确认

对如图 13-20a 所示的曲面进行加厚，可得到如图 13-20b 所示的实体。

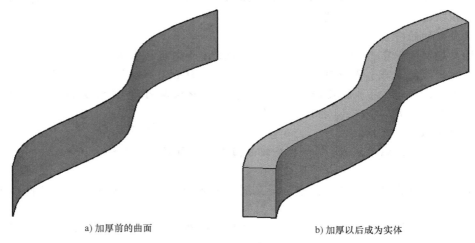

a) 加厚前的曲面 b) 加厚以后成为实体

图 13-20　加厚

13.3　编辑三维实体

AutoCAD 提供了各种形式的实体编辑命令，其中包括给实体倒角边、圆角边及编辑实体对象的面、边和体等。利用 AutoCAD 提供的各种基本编辑功能可以创建出各种复杂的实体模型。

13.3.1　倒角边

执行方式

- 下拉菜单：【修改】|【实体编辑】|【倒角边】
- 命令行：CHAMFEREDGE
- 功能区/工具栏：

该命令用于对棱边加倒角，从而在两相邻的面间生成一个平坦的过渡面。执行上述命令后，命令行提示：

_CHAMFEREDGE 距离 1 = 2.0000,距离 2 = 2.0000

选择一条边或［环(L)/距离(D)］：‖ 选择要倒角的边

选择同一个面上的其他边或［环(L)/距离(D)］：‖ 选择要倒角的边

选择同一个面上的其他边或［环(L)/距离(D)］：‖ 选择要倒角的边或按<Enter>键结束选择

确认接受倒角或［距离(D)］：‖ 设置倒角距离

对如图 13-21a 中所示的两条边倒角，倒角过程中的预览如图 13-21b 所示，倒角结果如图 13-21c 所示。

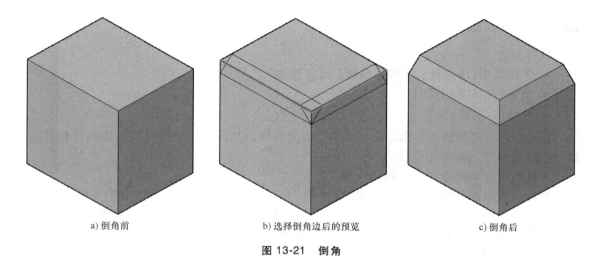

a) 倒角前　　　　　　　b) 选择倒角边后的预览　　　　　　　c) 倒角后

图 13-21　倒角

13.3.2　圆角边

执行方式

- 下拉菜单：【修改】|【实体编辑】|【圆角边】
- 命令行：FILLETEDGE
- 功能区/工具栏：

该命令用于对实体的棱边修圆角，从而在两个相邻面间生成一个圆滑过渡的曲面。执行上述命令后，命令行提示：

半径 = 1.0000

选择边或 [链(C)/环(L)/半径(R)]：‖ 选择要圆角的边

选择边或 [链(C)/环(L)/半径(R)]：‖ 选择要圆角的边或按 <Enter> 键结束选择

已选定 1 个边用于圆角

按 <Enter> 键接受圆角或 [半径(R)]：‖ 设置圆角半径

对如图 13-22a 中所示的圆柱上端面棱边修圆角，圆角边过程中的预览如图 13-22b 所示，圆角边结果如图 13-22c 所示。

a) 圆角边前　　　　　　b) 选择圆角边后的预览　　　　　　c) 圆角边后

图 13-22　圆角边

13.3.3 复制边

执行方式

- 下拉菜单:【修改】|【实体编辑】|【复制边】
- 命令行：SOLIDEDIT
- 功能区/工具栏：

该命令用于复制现有实体的单个或多个边并偏移，从而利用复制得到的边创建新对象。
执行上述命令后，命令行提示：

实体编辑自动检查： SOLIDCHECK = 1

输入实体编辑选项 [面 (F) / 边 (E) / 体 (B) / 放弃 (U) / 退出 (X)] < 退出 >： ‖ 选择边

输入边编辑选项 [复制 (C) / 着色 (L) / 放弃 (U) / 退出 (X)] < 退出 >： ‖ 选择复制

选择边或 [放弃 (U) / 删除 (R)]： ‖ 按 < Enter > 键退出

选择边或 [放弃 (U) / 删除 (R)]： ‖ 按 < Enter > 键退出

指定基点或位移： ‖ 指定复制得到的边的移动基点

指定位移的第二点： ‖ 指定与移动基点对应的第二点

输入边编辑选项 [复制 (C) / 着色 (L) / 放弃 (U) / 退出 (X)] < 退出 >： ‖ 按 < Enter > 键退出

实体编辑自动检查：SOLIDCHECK = 1

输入实体编辑选项 [面 (F) / 边 (E) / 体 (B) / 放弃 (U) / 退出 (X)] < 退出 >： ‖ 按 < Enter > 键
退出

复制如图 13-23a 所示中的一条边，结果如图 13-23b 所示。

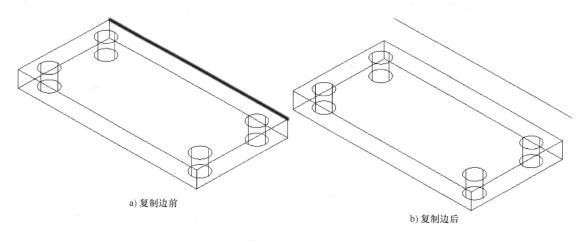

a) 复制边前

b) 复制边后

图 13-23 复制边

13.3.4 着色边

执行方式

- 下拉菜单:【修改】|【实体编辑】|【着色边】
- 命令行：SOLIDEDIT
- 功能区/工具栏：

该命令用于更改实体边的颜色。执行上述命令后，命令行提示：

实体编辑自动检查：　SOLIDCHECK＝1

输入实体编辑选项［面（F）／边（E）／体（B）／放弃（U）／退出（X）］＜退出＞：‖选择边

输入边编辑选项［复制（C）／着色（L）／放弃（U）／退出（X）］＜退出＞：‖选择着色

选择边或［放弃（U）／删除（R）］：‖按＜Enter＞键退出

选择边或［放弃（U）／删除（R）］：‖按＜Enter＞键退出

输入边编辑选项［复制（C）／着色（L）／放弃（U）／退出（X）］＜退出＞：‖按＜Enter＞键退出

实体编辑自动检查：　SOLIDCHECK＝1

输入实体编辑选项［面（F）／边（E）／体（B）／放弃（U）／退出（X）］＜退出＞：‖按＜Enter＞键退出

执行命令过程中，选择边后会弹出如图13-24所示对话框，选择颜色，然后按【确定】键退出。

对如图 13-25a 中所示的一条边着色，着色结果如图 13-25b 所示。

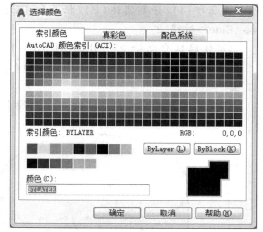

图 13-24　【选择颜色】对话框

13.3.5　抽壳

执行方式

- 下拉菜单：【修改】|【实体编辑】|【抽壳】
- 命令行：SOLIDEDIT
- 功能区/工具栏：

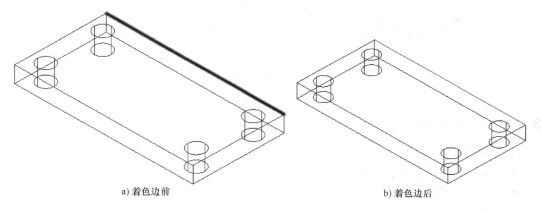

a) 着色边前　　　　b) 着色边后

图 13-25　着色边

该命令用于将三维实体转换成中空薄壁或壳体。将实体对象转换为壳体时，将现有面向其内部或外部偏移来创建新面。执行上述命令后，命令行提示：

实体编辑自动检查：　SOLIDCHECK＝1

输入实体编辑选项［面（F）／边（E）／体（B）／放弃（U）／退出（X）］＜退出＞：‖选择实体

输入实体编辑选项

［压印（I）／分割实体（P）／抽壳（S）／清除（L）／检查（C）／放弃（U）／退出（X）］＜退出＞：‖选择抽壳

选择三维实体：‖确认

删除面或［放弃（U）/添加（A）/全部（ALL）］：‖选择要删除的面

删除面或［放弃（U）/添加（A）/全部（ALL）］：

输入抽壳偏移距离：‖输入偏移值40

正偏移值沿面的正方向创建壳壁负偏移值沿面的负方向创建壳壁。

已开始实体校验

已完成实体校验

输入实体编辑选项

［压印（I）/分割实体（P）/抽壳（S）/清除（L）/检查（C）/放弃（U）/退出（X）］＜退出＞：‖按＜Enter＞键退出

实体编辑自动检查：SOLIDCHECK＝1

输入实体编辑选项［面（F）/边（E）/体（B）/放弃（U）/退出（X）］＜退出＞：‖按＜Enter＞键退出

对图 13-26a 所示的圆柱抽壳，删除上端面，偏移值为 40，结果如图 13-26b 所示。

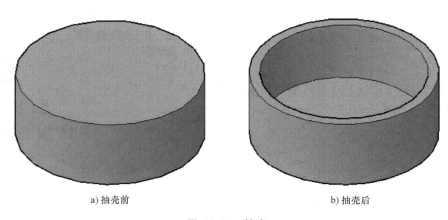

a) 抽壳前　　　　　　　　　　　　　　　　b) 抽壳后

图 13-26　抽壳

13.3.6　分解实体

执行方式

- 下拉菜单：【修改】|【分解】
- 命令行：EXPLODE
- 功能区/工具栏：

该命令用于将复合对象分解为其组件对象。该命令将三维实体中的平整面分解成面域，将非平整面分解成曲面。用户还可以继续使用该命令，将面域或曲面分解为组成它们的基本元素，如直线、圆及圆弧等。执行上述命令后，命令行提示：

选择对象：‖选择要分解的对象

选择对象：‖选择要分解的对象或按＜Enter＞键结束选择

分解图 13-27a 中所示的图形，移动分解后的面域和曲面，结果如图 13-27b 所示。继续分解新生成的面域，结果如图 13-27c 所示。

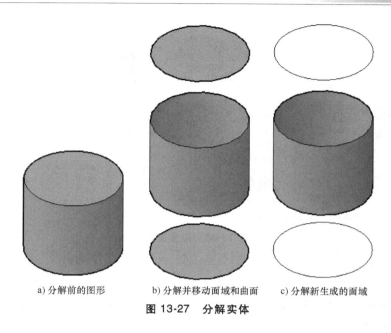

a) 分解前的图形　　　b) 分解并移动面域和曲面　　　c) 分解新生成的面域

图 13-27　分解实体

13.4　实　　例

如图 13-28 所示，将小圆柱放置到大圆柱上，使两个圆柱中心重合并组成阶梯轴，对两个圆柱的结合面的交线倒圆角，对小圆柱上端面倒角，结果如图 13-29 所示。

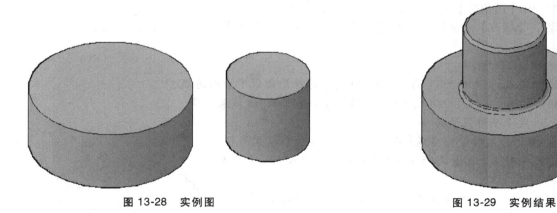

图 13-28　实例图　　　　　　　　　　　　**图 13-29　实例结果**

1）设置图层，如图 13-30 所示。将"三维模型"层置为当前层。

2）用【三维对齐】命令将小圆柱放置于大圆柱上表面中心。从功能区选择【三维对齐】命令，命令行提示如下：

选择对象：‖ 选择小圆柱

选择对象：‖ 按<Enter>键结束选择

指定源平面和方向 ......

指定基点或［复制（C）］：　 ‖ 选择小圆柱底部圆心点

指定第二个点或［继续（C）］<C>‖ 按<Enter>键结束选择

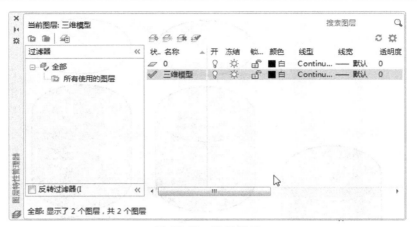

图 13-30　设置图层

指定目标平面和方向……

指定第一个目标点：‖ 选择大圆柱上表面圆心点

指定第二个目标点或［退出（X）］＜X＞：‖ 按＜Enter＞键结束

结果如图 13-31 所示。

3）对三维对齐的结果进行布尔运算。选择菜单【修改】｜【实体编辑】｜【并集】命令，命令行提示如下：

选择对象：‖ 选择底部大圆柱

选择对象：‖ 选择上部小圆柱，然后按＜Enter＞键结束选择

选择对象：

4）用【圆角边】命令对两个圆柱的结合面交线倒圆角。选择菜单【修改】｜【实体编辑】｜【圆角边】命令，命令行提示如下：

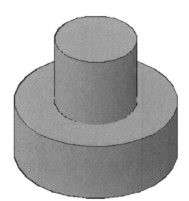

图 13-31　三维对齐结果

半径＝1.0000

选择边或［链（C）/环（L）/半径（R）］：‖ 选择小圆柱下端面边线

选择边或［链（C）/环（L）/半径（R）］：‖ 按＜Enter＞键结束选择

已选定 1 个边用于圆角

按＜Enter＞键接受圆角或［半径（R）］：‖ 输入 r，设置半径

指定半径或［表达式（E）］＜1.0000＞：‖ 输入 15，设置半径值为 15

按＜Enter＞键接受圆角或［半径（R）］：‖ 按＜Enter＞键结束

结果如图 13-32 所示。

5）用【倒角边】命令对小圆柱的上端面棱边倒角。选择菜单【修改】｜【实体编辑】｜【倒角边】命令，命令行提示如下：

_CHAMFEREDGE 距离 1 = 1.0000，距离 2 = 1.0000

选择一条边或［环（L）/距离（D）］：‖ 选择小圆柱的上端面棱边

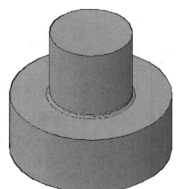

图 13-32　圆角边结果

选择同一个面上的其他边或［环（L）/距离（D）］：‖ 按＜Enter＞键结束选择

按＜Enter＞键接受倒角或［距离（D）］：‖ 输入 D，修改倒角距离

指定基面倒角距离或［表达式（E）］<1.0000>：‖ 输入 20，倒角距离 20

指定其他曲面倒角距离或［表达式（E）］<1.0000>：‖ 输入 20，倒角距离 20

按<Enter>键接受倒角或［距离（D）］：‖ 按<Enter>键结束

结果如图 13-29 所示。

13.5　本 章 小 结

本章主要介绍了编辑三维图形，包括三维小控件的使用、三维移动、三维旋转、三维缩放、三维镜像、三维阵列、剖切实体、加厚实体、对三维实体进行倒角边、圆角边，复制边、着色边、抽壳和分解操作。最后用一个实例，对三维对齐、圆角边和倒角边的方法和操作过程进行了讲解，以使用户能更好掌握这些三维图形的基本编辑方法。

习　　题

1. 矩形阵列如图 13-33a 所示套筒，分别完成 3 行 4 列 1 层和 2 行 3 列 2 层两种阵列（模型请读者自己创建，尺寸自定），结果如图 13-33b、c 所示。

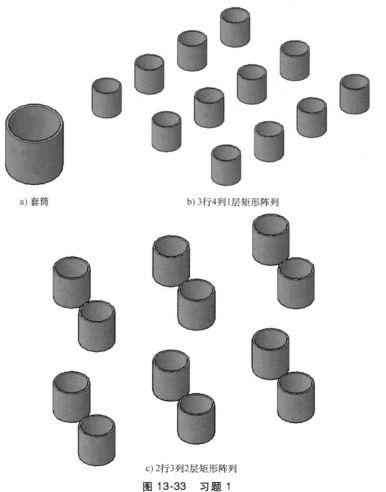

a）套筒　　　　　　　　b）3行4列1层矩形阵列

c）2行3列2层矩形阵列

图 13-33　习题 1

2. 三维镜像如图 13-34a 中所示左侧部分，然后对圆柱孔倒角，结果如图 13-34b 所示。

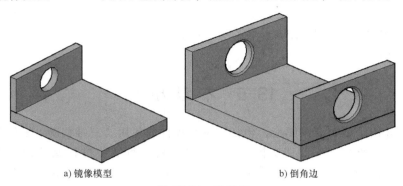

a) 镜像模型   b) 倒角边

图 13-34 习题 2

附　　录

附录 A　AutoCAD 命令一览表

命　　令	作　　用	说　　明
3DALIGN	在二维和三维空间中将对象与其他对象对齐	
3DARRAY	创建非关联三维矩形或环形阵列	
3DCLIP	打开【调整剪裁平面】窗口,可以在其中指定要显示三维模型的哪些部分	
3DCONFIG	提供了三维图形系统配置设置	
3DCORBIT	连续动态观察	
3DDISTANCE	启用交互式三维视图并使对象看起来更近或更远	
3DDWF	创建三维模型的三维 DWF 文件或三维 DWFx 文件,并将其显示在 DWF Viewer 中	
3DEDITBAR	重塑样条曲线和 NURBS 曲面,包括其相切特性	
3DFACE	在三维空间中创建三侧面或四侧面的曲面	
3DFLY	交互式更改图形中的三维视图以创建在模型中飞行的外观	
3DFORBIT	自由动态观察	
3DMESH	创建自由形式的多边形网格	
3DMOVE	在三维视图中,显示三维移动小控件,在指定方向上按指定距离移动三维对象	
3DORBITCTR	在三维动态观察视图中设置旋转的特定中心	
3DORBIT	受约束的动态观察	
3DOSNAP	设定三维对象的对象捕捉模式	
3DPAN	图形位于透视视图中时,启动交互式三维视图,并允许用户沿水平和垂直方向拖动视图	
3DPOLY	绘制三维多段线	
3DPRINTSERVICE	将三维模型发送到三维打印服务	
3DPRINT	将三维模型发送到 Autodesk Print Studio	
3DROTATE	在三维视图中显示旋转夹点工具并围绕基点旋转对象	
3DSCALE	在三维视图中,显示三维缩放小控件以协助调整三维对象的大小	
3DSIN	输入 3ds Max(3DS)文件	
3DSWIVEL	沿拖动的方向更改视图的目标	
3DWALK	交互式更改图形中的三维视图以创建在模型中漫游的外观	
3DZOOM	在透视视图中放大和缩小	

（续）

命 令	作 用	说 明
ABOUT	显示有关产品的信息	
ACADINFO（Express Tool）	创建存储有关 AutoCAD 安装和当前设置信息的文件	
ACISIN	输入 ACIS（SAT）文件并创建三维实体、体或面域对象	
ACISOUT	将三维实体、面域或实体对象输出到 ACIS 文件	
ACTBASEPOINT	在动作宏中插入基点或基点提示	
ACTMANAGER	管理动作宏文件	
ACTRECORD	开始录制动作宏	
ACTSTOP	停止动作录制器,并提供将已录制的动作保存为动作宏文件的选项	
ACTUSERINPUT	在动作宏中暂停以等待用户输入	
ACTUSERMESSAGE	将用户消息插入动作宏中	
ADCCLOSE	关闭设计中心	
ADCENTER	管理和插入诸如块、外部参照和填充图案等内容	〈Ctrl+2〉
ADCNAVIGATE	在【设计中心文件夹】选项卡中加载指定的图形文件、文件夹或网络路径	
ADDSELECTED	创建一个新对象,该对象与选定对象具有相同的类型和常规特性,但具有不同的几何值	
ADJUST	调整选定参考底图（DWF、DWFx、PDF 或 DGN）或图像的淡入度、对比度和单色设置	
ALIASEDIT（Express Tool）	创建、修改和删除 AutoCAD 命令别名	
ALIGNSPACE（Express Tool）	基于在模型空间和图纸空间中指定的对齐点,在布局视口中调整视图的平移和缩放因子	
ALIGN	在二维和三维空间中将对象与其他对象对齐	
AMECONVERT	将 AME 实体模型转换为 AutoCAD 实体对象	
ANALYSISCURVATURE	在曲面上显示渐变色,以便评估曲面曲率的不同的部分	
ANALYSISDRAFT	在三维模型上显示渐变色,以便评估某部分与其模具之间是否具有足够的空间	
ANALYSISOPTIONS	设置斑纹、曲率和拔模分析的显示选项	
ANALYSISZEBRA	将条纹投影到三维模型上,以便分析曲面连续性	
ANIPATH	保存相机在三维模型中移动或平移的动画	
ANNORESET	重置选定注释性对象的所有换算比例图示的位置	
ANNOUPDATE	更新现有注释性对象,使之与其样式的当前特性相匹配	
APERTURE	控制对象捕捉靶框大小	可透明使用
APPAUTOLOADER	列出或重新加载在应用程序插件文件夹中的所有插件	
APPLOAD	加载和卸载应用程序,定义要在启动时加载的应用程序	可透明使用
APPSTORE	打开 Autodesk App Store 网站。此命令之前称为【EXCHANGE】	
ARCHIVE	将当前图样集文件打包存储	
ARCTEXT（Express Tool）	沿圆弧放置文字	
ARC	绘制圆弧	

（续）

命 令	作 用	说 明
AREA	计算对象或指定区域的面积和周长	
ARRAYCLASSIC	使用传统对话框创建阵列	
ARRAYCLOSE	保存或放弃对阵列的源对象的更改并退出阵列编辑状态	
ARRAYEDIT	编辑关联阵列对象及其源对象	
ARRAYPATH	沿路径或部分路径均匀分布复制对象	
ARRAYPOLAR	围绕以中心点或旋转轴为圆心,以基点到中心点或旋转轴的距离为半径的圆周,均匀分布阵列对象	
ARRAYRECT	将阵列项目按设定的行、列和距离均匀分布	
ARRAY	创建按指定方式排列的对象副本	
ARX	加载、卸载 ObjectARX 应用程序并提供相关信息	
ATTACHURL	将超链接附着到图形中的对象或区域	
ATTACH	将参照插入到外部文件。例如,其他图形、光栅图像、点云、协调模型和参考底图	
ATTDEF	创建用于在块中存储数据的属性定义	
ATTDISP	控制图形中所有块属性的可见性覆盖	可透明使用
ATTEDIT	更改块中的属性信息	
ATTEXT	将与块关联的属性数据、文字信息提取到文件中	
ATTIN（Express Tool）	从外部制表符分隔的 ASCII 文件输入块属性值	
ATTIPEDIT	更改块中属性的文本内容	
ATTOUT（Express Tool）	将块属性值输出为以制表符分隔的 ASCII 格式的外部文件	
ATTREDEF	重定义块并更新关联属性	
ATTSYNC	将块定义中的属性更改应用于所有块参照	
AUDIT	检查图形的完整性并更正某些错误	
AUTOCONSTRAIN	根据对象相对于彼此的方向将几何约束应用于对象的选择集	
AUTOPUBLISH	将图形自动发布为 DWF、DWFx 或 PDF 文件,并发布至指定位置	
BACTIONBAR	为参数对象的选择集显示或隐藏动作栏	
BACTIONSET	指定与动态块定义中的动作相关联的对象选择集	
BACTIONTOOL	命令位于块编辑器中,通过功能区或块编写选项板的【动作】选项卡上的动作工具使用	
BACTION	向动态块定义中添加动作。此命令只能在块编辑器中使用。动作定义了在图形中操作块参照的自定义特性时,动态块参照的几何图形如何移动或变化。应将动作与参数相关联	
BASE	为当前图形设置插入基点	可透明使用
BASSOCIATE	将动作与动态块定义中的参数相关联	
BATTMAN	编辑块定义中的属性	
BATTORDER	指定块属性的顺序	
BAUTHORPALETTECLOSE	关闭块编辑器中的【块编写选项板】窗口	
BAUTHORPALETTE	打开块编辑器中的【块编写选项板】窗口	
BCLOSE	关闭块编辑器	

（续）

命　　令	作　　用	说　　明
BCONSTRUCTION	将块几何图形转换为可能会隐藏或显示的构造几何图形	
BCOUNT（Express Tool）	为选择集或整个图形中的每个块，创建实例数的报告	
BCPARAMETER	将约束参数应用于选定的对象，或将标注约束转换为参数约束	
BCYCLEORDER	更改动态块参照夹点的循环次序	
BEDIT	在块编辑器中打开块定义	
BESETTINGS	显示【块编辑器设置】对话框	
BEXTEND（Express Tool）	将对象扩展为块	
BGRIPSET	创建、删除或重置与参数相关联的夹点	
BHATCH	使用图案填充封闭区域或选定对象	
BLIPMODE	控制点标记的显示	
BLEND	在两条选定直线或曲线之间的间隙中创建样条曲线	
BLOCK（Express Tool）	在块定义中列出对象	
BLOCKICON	为 AutoCAD 设计中心中显示的块生成预览图像	
BLOOKUPTABLE（Express Tool）	将指定块的所有实例替换为不同的块	
BMPOUT	将选定对象以与设备无关的位图格式保存到文件中	
BOUNDARY	从封闭区域创建面域或多段线	
BOX	创建三维实体长方体	
BPARAMETER	向动态块定义中添加带有夹点的参数	
BREAKLINE（Express Tool）	创建特征线，以及包含特征线符号的多段线	
BREAK	在两点之间打断选定对象	
BREP	删除三维实体和复合实体的历史记录以及曲面的关联性	
BROWSER	启动系统注册表中定义的默认 Web 浏览器	
BSAVEAS	用新名称保存当前块定义的副本	
BSAVE	保存当前块定义	
BSCALE（Express Tool）	相对于其插入点缩放块参照	
BTABLE	将块的变量存储在块特性表中	
BTESTBLOCK	在块编辑器内显示一个窗口，以测试动态块	
BTRIM	将对象修剪为块	
BURST（Express Tool）	分解选定的块，同时保留块图层，并将属性值转换为文字对象	
BVHIDE	使对象在动态块定义中的当前可见性状态下不可见，或在所有可见性状态下均不可见	
BVSHOW	使对象在动态块定义中的当前可见性状态下可见，或在所有可见性状态下均可见	
BVSTATE	创建、设置或删除动态块中的可见性状态	
CAL	在命令提示下或在命令中计算数值和几何表达式	可透明使用
CAMERA	设置相机位置和目标位置，以创建并保存对象的三维透视视图	
CDORDER（Express Tool）	按选定对象的颜色编号排列其绘图顺序	

（续）

命 令	作 用	说 明
CENTERDISASSOCIATE	从中心标记或中心线定义的对象中删除其关联性	
CENTERLINE	创建与选定直线和多段线相关联的中心线几何图形	
CENTERMARK	在选定的圆或圆弧的中心处创建关联的十字形标记	
CENTERREASSOCIATE	将中心标记或中心线对象关联或者重新关联至选定的对象	
CENTERRESET	将中心线重置为在 CENTEREXE 系统变量中指定的当前值	
CHAMFEREDGE	为三维实体边和曲面边建立倒角	
CHAMFER	为两个二维对象的边或三维实体的相邻面创建斜角或者倒角	
CHANGE	修改现有对象的特性	
CHECKSTANDARDS	检查当前图形中是否存在标准冲突	
CHPROP	更改对象的特性	
CHSPACE	在布局上，在模型空间和图纸空间之间传输选定对象	
CHURLS（Express Tool）	提供一种方法，用来编辑以前为选定对象附着的 URL	
CIRCLE	绘制圆	
CLASSICGROUP	打开传统【对象编组】对话框	
CLASSICIMAGE	管理当前图形中的参照图像文件	
CLASSICLAYER	打开传统图层特性管理器	
CLASSICXREF	管理当前图形中的参照图形文件	
CLEANSCREENOFF	恢复在使用 CLEANSCREENON 之前的显示状态	
CLEANSCREENON	清除工具栏和可固定窗口（命令行除外）的屏幕	
CLIPIT（Express Tool）	使用直线和曲线剪裁外部参照或图像	
CLIP	将选定对象（如块、外部参照、图像、视口和参考底图）修剪到指定的边界	
CLOSEALLOTHER	关闭所有其他打开的图形，当前图形除外	
CLOSEALL	关闭当前所有打开的图形	
CLOSE	关闭当前图形	
COLOR	定义新对象的颜色	
COMMANDLINEHIDE	隐藏【命令】窗口	
COMMANDLINE	显示【命令】窗口	
COMPILE	将图形文件和 PostScript 字体文件编译成 SHX 文件	
CONE	创建三维实体圆锥体	
CONSTRAINTBAR	显示或隐藏对象上的几何约束	
CONSTRAINTSETTINGS	控制约束栏上几何约束的显示	
CONVERTCTB	将颜色相关的打印样式表（CTB）转换为命名打印样式表（STB）	
CONVERTOLDLIGHTS	将以先前图形文件格式创建的光源转换为当前格式	
CONVERTOLDMATERIALS	转换旧材质以使用当前材质格式	
CONVERTPSTYLES	将当前图形转换为命名或颜色相关打印样式	
CONVERT	转换传统多段线和图案填充以用于更高的产品版本	

（续）

命 令	作 用	说 明
CONVTOMESH	将三维对象,如多边形网格、曲面和实体,转换为网格对象	
CONVTONURBS	将三维实体和曲面转换为 NURBS 曲面	
CONVTOSOLID	将符合条件的三维对象转换为三维实体	
CONVTOSURFACE	将对象转换为三维曲面	
COORDINATIONMODELATTACH	将参照插入到协调模型中,例如,NWD 和 NWC Navisworks 文件	
COPYBASE	将选定的对象与指定的基点一起复制到剪贴板	
COPYCLIP	将选定的对象复制到剪贴板	〈Ctrl+C〉键
COPYHIST	将命令行历史记录文字复制到剪贴板	
COPYLINK	将当前视图复制到剪贴板中以便链接到其他 OLE 应用程序	
COPYM(Express Tool)	使用【重复】、【阵列】、【定数等分】和【定距等分】选项复制多个对象	
COPYTOLAYER	将一个或多个对象复制到其他图层	
COPY	在指定方向上按指定距离复制对象	
CUIEXPORT	将主 CUIx 文件中的自定义设置输出到企业或局部 CUIx 文件	
CUIIMPORT	将企业或局部 CUIx 文件中的自定义设置输入到主 CUIx 文件	
CUILOAD	加载自定义文件(CUIx)	
CUIUNLOAD	卸载 CUIx 文件	
CUI	管理产品中自定义的用户界面元素	
CUSTOMIZE	自定义工具选项板和工具选项板组	
CUTCLIP	将选定的对象复制到剪贴板,并将其从图形中删除	〈Ctrl+X〉键
CVADD	将控制点添加到 NURBS 曲面和样条曲线	
CVHIDE	关闭所有 NURBS 曲面和曲线的控制点的显示	
CVREBUILD	重新生成 NURBS 曲面和曲线的形状	
CVREMOVE	删除 NURBS 曲面和曲线上的控制点	
CVSHOW	显示指定 NURBS 曲面或曲线的控制点	
CYLINDER	创建三维实体圆柱体	
DATAEXTRACTION	从外部源提取图形数据,并将数据合并至数据提取表或外部文件	
DATALINKUPDATE	将数据更新至已建立的外部数据链接或从已建立的外部数据链接更新数据	
DATALINK	显示【数据链接】对话框	
DBCONFIGURE	打开【配置数据源】对话框(数据库连接管理器)	
DBCONNECT	提供至外部数据库表的接口	〈Ctrl+6〉键
DBLIST	列出图形中每个对象的数据库信息	
DCALIGNED	约束不同对象上两个点之间的距离	
DCANGULAR	约束直线段或多段线段之间的角度、由圆弧或多段线圆弧扫掠得到的角度,或对象上三个点之间的角度	
DCCONVERT	将关联标注转换为标注约束	

（续）

命　令	作　用	说　明
DCDIAMETER	约束圆或圆弧的直径	
DCDISPLAY	显示或隐藏与对象选择集关联的动态约束	
DCFORM	指定要创建的标注约束是动态约束还是注释性约束	
DCHORIZONTAL	约束对象上的点或不同对象上两个点之间的 X 距离	
DCLINEAR	根据尺寸界线原点和尺寸线的位置创建水平、垂直或旋转约束	
DCRADIUS	约束圆或圆弧的半径	
DCVERTICAL	约束对象上的点或不同对象上两个点之间的 Y 距离	
DDEDIT	编辑单行文字、标注文字、属性定义和特征控制框	
DDPTYPE	设置点样式	
DDVPOINT	使用视点预设对话框设置视点	
DELAY	在脚本中提供指定时间的暂停	
DELCONSTRAINT	从对象的选择集中删除所有几何约束和标注约束	
DESIGNFEEDCLOSE	关闭【设计提要】选项板	
DESIGNFEEDOPEN	打开【设计提要】选项板	
DETACHURL	删除图形中的超链接	
DGNADJUST	调整 DGN 参考底图的淡入度、对比度和单色设置	
DGNATTACH	将 DGN 文件作为参考底图插入到当前图形中	
DGNCLIP	根据指定边界修剪选定 DGN 参考底图的显示	
DGNEXPORT	从当前图形创建一个或多个 DGN 文件	
DGNIMPORT	将数据从 DGN 文件输入到新的 DWG 文件或当前 DWG 文件，具体取决于 DGNIMPORTMODE 系统变量	
DGNLAYERS	控制 DGN 参考底图中图层的显示	
DGNMAPPING	允许用户创建和编辑用户定义的 DGN 映射设置	
DIGITALSIGN	将数字签名附着到图形，如果进行了未经授权的更改，将删除该图形	
DIMALIGNED	创建对齐线性标注	
DIMANGULAR	创建角度标注	
DIMARC	创建圆弧长度标注	
DIMBASELINE	从上一个标注或选定标注的基线处创建线性标注、角度标注或坐标标注	
DIMBREAK	在标注和尺寸界线与其他对象的相交处打断或恢复标注和尺寸界线	
DIMCENTER	创建圆和圆弧的非关联中心标记或中心线	
DIMCONSTRAINT	对选定对象或对象上的点应用标注约束，或将关联标注转换为标注约束	
DIMCONTINUE	创建从上一个标注或选定标注的尺寸界线开始的标注	
DIMDIAMETER	为圆或圆弧创建直径标注	
DIMDISASSOCIATE	删除选定标注的关联性	
DIMEDIT	编辑标注文字和尺寸界线	

（续）

命　令	作　用	说　明
DIMEX（Express Tool）	将命名标注样式及其设置输出到外部文件	
DIMIM（Express Tool）	从外部文件中输入命名标注样式及其设置	
DIMINSPECT	为选定的标注添加或删除检验信息	
DIMJOGGED	为圆和圆弧创建折弯标注	
DIMJOGLINE	在线性标注或对齐标注中添加或删除折弯线	
DIMLINEAR	创建线性标注	
DIMORDINATE	创建坐标标注	
DIMOVERRIDE	控制选定标注中使用的系统变量的替代值	
DIMRADIUS	创建圆和圆弧的半径标注	
DIMREASSOC（Express Tool）	将测量值恢复为替代或修改的标注文字	
DIMREASSOCIATE	将选定的标注关联或重新关联至对象或对象上的点	
DIMREGEN	更新所有关联标注的位置	
DIMROTATED	创建旋转线性标注	
DIMSPACE	调整线性标注或角度标注之间的间距	
DIMSTYLE	创建或修改标注样式	
DIMTEDIT	移动和旋转标注文字并重新定位尺寸线	
DIM	在同一命令任务中创建多种类型的标注	
DISTANTLIGHT	创建平行光	
DIST	测量两点之间的距离和角度	可透明使用
DIVIDE	创建沿对象的长度或周长等间隔排列的点对象或块	
DONUT	创建实心圆或较宽的环	
DOWNLOADMANAGER	报告当前下载的状态	
DRAGMODE	控制进行拖动的对象的显示方式	可透明使用
DRAWINGRECOVERYHIDE	关闭图形修复管理器	
DRAWINGRECOVERY	显示可以在程序或系统故障后修复的图形文件的列表	
DRAWORDER	更改图像和其他对象的绘制顺序	
DSETTINGS	设置栅格和捕捉、极轴和对象捕捉追踪、对象捕捉模式、动态输入和快捷特性	
DSVIEWER	打开【鸟瞰视图】窗口	
DVIEW	使用相机和目标来定义平行投影或透视视图	
DWFADJUST	调整 DWF 或 DWFx 参考底图的淡入度、对比度和单色设置	
DWFATTACH	将 DWF 或 DWFx 文件作为参考底图插入到当前图形中	
DWFCLIP	根据指定边界修剪选定 DWF 或 DWFx 参考底图的显示	
DWFFORMAT	设置特定命令中的输出默认格式为 DWF 或 DWFx	
DWFLAYERS	控制 DWF 或 DWFx 参考底图中图层的显示	
DWGCONVERT	为选定的图形文件转换图形格式版本	

（续）

命　令	作　用	说　明
DWGLOG（Express Tool）	在访问每个图形文件时，为其创建和维护单个日志文件	
DWGPROPS	设置和显示当前图形的文件特性	
DXBIN	输入 AutoCAD DXB（二进制图形交换）文件	
EATTEDIT	在块参照中编辑属性	
EATTEXT	将块属性信息输出为表格或外部文件	
EDGESURF	在四条相邻的边或曲线之间创建网格	
EDGE	更改三维面的边的可见性	
EDITSHOT	以运动或不运动方式编辑保存的命名视图	
EDITTIME（Express Tool）	跟踪图形的活动编辑时长	
ELEV	设置新对象的标高和拉伸厚度	
ELLIPSE	绘制椭圆或椭圆弧	
ERASE	从图形中删除对象	〈Del〉键
ETRANSMIT	将一组文件打包以进行 Internet 传递	
EXOFFSET（Express Tool）	偏移选定的对象	
EXPLAN（Express Tool）	显示指定 UCS 的 XY 平面的正交视图，而不改变视图的比例	
EXPLODE	将复合对象分解为其组件对象	
EXPORTDWFX	创建 DWFx 文件，从中可逐页设置各个页面的"页面设置替代"	
EXPORTDWF	创建 DWF 文件，并使用户可于逐张图样上设置各个页面的"页面设置替代"	
EXPORTLAYOUT	创建新图形的模型空间中当前布局的视觉表示	
EXPORTPDF	从模型空间中的单个布局、所有布局或指定区域生成 PDF 文件	
EXPORTSETTINGS	输出到 DWF、DWFx 或 PDF 文件时调整页面设置和图形选择	
EXPORTTOAUTOCAD	创建可以在产品（如 AutoCAD）中打开的 AEC 文件的版本	
EXPORT	以其他文件格式保存图形中的对象	
EXPRESSMENU（Express Tool）	加载 AutoCAD Express Tools 菜单，并在菜单栏上显示 Express 菜单	
EXPRESSTOOLS（Express Tool）	加载 AutoCAD Express Tools 库，将 Express 文件夹放置在搜索路径中，并在菜单栏上加载并放置 Express 菜单	
EXTEND	扩展对象以与其他对象的边相接	
EXTERNALREFERENCESCLOSE	关闭【外部参照】选项板	
EXTERNALREFERENCES	打开【外部参照】选项板	
EXTRIM（Express Tool）	修剪由选定的多段线、直线、圆、圆弧、椭圆、文字、多行文字或属性定义指定的剪切边上的所有对象	
EXTRUDE	将二维图形拉伸成实体或曲面	
FBXEXPORT	创建包含当前图形中的选定对象的 Autodesk ® FBX 文件	
FBXIMPORT	输入 Autodesk ® FBX 文件，其中可以包含对象、光源、相机和材质	
FIELD	创建带字段的多行文字对象，该对象可以随着字段值的更改而自动更新	
FILETABCLOSE	隐藏位于绘图区域顶部的文件选项卡	可透明使用

（续）

命　　令	作　　用	说　　明
FILETAB	显示位于绘图区域顶部的文件选项卡	
FILLETEDGE	为实体对象边建立圆角	
FILLET	两个二维对象的圆角或倒角，或者三维实体的相邻面	
FILL	控制诸如图案填充、二维实体和宽多段线等填充对象的显示	
FILTER	创建一个要求列表，对象必须符合这些要求才能包含在选择集中	可透明使用
FIND	查找指定的文字，然后可以选择性地将其替换为其他文字	
FLATSHOT	基于当前视图创建所有三维对象的二维表示	
FLATTEN（Express Tool）	将三维几何图形转换为投影的二维表示	
FREESPOT	创建自由聚光灯（未指定目标的聚光灯）	
FREEWEB	创建自由光域灯光（未指定目标的光域灯光）	
FS（Express Tool）	创建接触选定对象的所有对象的选择集	
GATTE（Express Tool）	全局更改用于指定块的全部实例的属性值	
GCCOINCIDENT	约束两个点使其重合，或者约束一个点使其位于曲线（或曲线的延长线）上	
GCCOLLINEAR	使两条或多条直线段沿同一直线方向	
GCCONCENTRIC	将两个圆弧、圆或椭圆约束到同一个中心点	
GCEQUAL	将选定圆弧和圆的尺寸重新调整为半径相同，或将选定直线的尺寸重新调整为长度相同	
GCFIX	将点和曲线锁定在位	
GCHORIZONTAL	使直线或点对位于与当前坐标系的 X 轴平行的位置	
GCPARALLEL	使选定的直线彼此平行	
GCPERPENDICULAR	使选定的直线位于彼此垂直的位置	
GCSMOOTH	将样条曲线约束为连续，并与其他样条曲线、直线、圆弧或多段线保持 G2 连续性	
GCSYMMETRIC	使选定对象受对称约束，相对于选定直线对称	
GCTANGENT	将两条曲线约束为保持彼此相切或其延长线保持彼此相切	
GCVERTICAL	使直线或点对位于与当前坐标系的 Y 轴平行的位置	
GEOGRAPHICLOCATION	将地理位置信息指定给图形文件	
GEOLOCATEME	显示或隐藏在模型空间中对应于您当前位置的坐标处的指示器	
GEOMAPIMAGEUPDATE	从联机地图服务更新地图图像并且可以选择重置其分辨率，以便提供最佳的屏幕查看效果	
GEOMAPIMAGE	将联机地图的一部分捕获到称为地图图像的对象上，然后将其嵌入在绘图区域中	
GEOMAP	在当前视口中通过联机地图服务显示地图	
GEOMARKLATLONG	将位置标记放置在由纬度和经度定义的位置上	
GEOMARKME	将位置标记放置在绘图区域中与您当前位置相对应的坐标上	
GEOMARKPOINT	将位置标记放置在模型空间中的指定点处	
GEOMARKPOSITION	将位置标记放置在指定的位置	
GEOMCONSTRAINT	应用对象之间或对象上的点之间的几何关系或使其永久保持	

（续）

命　　令	作　　用	说　　明
GEOREMOVE	从图形文件中删除所有地理位置信息	
GEOREORIENTMARKER	更改模型空间中地理标记的北向和位置，而不更改其纬度和经度	
GETSEL（Express Tool）	基于图层和对象类型过滤器，创建对象的选择集	
GOTOSTART	从当前图形切换到【开始】选项卡	
GOTOURL	打开文件或与附加到对象的超链接关联的 Web 页	
GRADIENT	使用渐变填充填充封闭区域或选定对象	
GRAPHICSCONFIG	将硬件加速设置为开或关，并提供对显示性能选项的访问	
GRAPHSCR	使文本窗口显示在应用程序窗口的后面	〈F2〉键
GRID	在当前视口中显示栅格图案	可透明使用
GROUPEDIT	将对象添加到选定的组以及从选定组中删除对象，或重命名选定的组	
GROUP	创建和管理已保存的对象集（称为编组）	
HATCHEDIT	修改现有的图案填充或填充	
HATCHGENERATEBOUNDARY	围绕选定的图案填充创建非关联多段线	
HATCHSETBOUNDARY	重新定义选定的图案填充或填充以符合不同的闭合边界	
HATCHSETORIGIN	控制选定图案填充的填充图案生成的起始位置	
HATCHTOBACK	将图形中所有图案填充的绘图次序设定为在所有其他对象之后	
HATCH	使用填充图案、实体填充或渐变填充来填充封闭区域或选定对象	
HELIX	创建二维螺旋或三维弹簧	
HELP	显示联机或脱机帮助系统	〈F1〉键
HIDEOBJECTS	隐藏选定对象	
HIDEPALETTES	隐藏当前显示的所有选项板（包括命令窗口）	
HIDE	在二维线框视觉样式中不显示隐藏线的情况下，显示三维模型	
HIGHLIGHTNEW	控制在当前的产品版本中是否亮显新功能	
HLSETTINGS	设置类似隐藏线的特性的显示	
HYPERLINKOPTIONS	控制超链接光标、工具提示和快捷菜单的显示	
HYPERLINK	将超链接附着到对象或修改现有超链接	〈Ctrl+K〉键
ID	显示指定位置的 UCS 坐标值	可透明使用
IGESEXPORT	将当前图形中的选定对象保存为新的 IGES（＊.igs 或 ＊.iges）文件	
IGESIMPORT	将数据从 IGES（＊.igs 或 ＊.iges）文件输入到当前图形中	
IMAGEADJUST	控制图像的亮度、对比度和淡入度值	
IMAGEAPP（Express Tool）	为 IMAGEEDIT 指定图像编辑程序	
IMAGEATTACH	将参照插入图像文件中	
IMAGECLIP	根据指定边界修剪选定图像的显示	
IMAGEEDIT（Express Tool）	启动通过 IMAGEAPP 为选定图像指定的图像编辑程序	
IMAGEFRAME	控制是否显示和打印图像边框	

（续）

命　　令	作　　用	说　　明
IMAGEQUALITY	控制图像的显示质量	
IMAGE	显示【外部参照】选项板	
IMPORT	将不同格式的文件输入当前图形中	
IMPRINT	压印三维实体或曲面上的二维几何图形,从而在平面上创建其他边	
INPUTSEARCHOPTIONS	打开控制命令、系统变量和命名对象的命令行建议列表的显示设置的对话框	
INSERTOBJ	插入链接或内嵌对象	
INSERT	将块或图形插入当前图形中	
INTERFERE	通过两组选定三维实体之间的干涉创建临时三维实体	
INTERSECT	通过重叠实体、曲面或面域创建三维实体、曲面或二维面域	
ISODRAFT	启用或禁用等轴测草图设置,然后指定当前二维等轴测草图平面	
ISOLATEOBJECTS	暂时隐藏除选定对象之外的所有对象	
ISOPLANE	指定二维等轴测图形的当前平面	可透明使用
JOGSECTION	将折弯线段添加至截面对象	
JOIN	合并线性和弯曲对象的端点,以便创建单个对象	
JPGOUT	将选定对象以 JPEG 文件格式保存到文件中	
JULIAN(Express Tool)	包含 DATE 工具和多个 AutoCAD 公历日期和日历日期转化例程	
JUSTIFYTEXT	更改选定文字对象的对正点而不更改其位置	
LAYCUR	将选定对象的图层特性更改为当前图层的特性	
LAYDEL	删除图层上的所有对象并清理该图层	
LAYERCLOSE	关闭图层特性管理器	
LAYERPALETTE	打开无模式图层特性管理器	
LAYERPMODE	打开和关闭追踪【LAYERP】命令对当前使用的图层设置所做的更改	
LAYERP	放弃对图层设置的上一个或上一组更改	
LAYERSTATESAVE	显示【要保存的新图层状态】对话框,从中可以提供新图层状态的名称和说明	
LAYERSTATE	保存、恢复和管理称为图层状态的图层设置的集合	
LAYER	管理图层和图层特性	
LAYFRZ	冻结选定对象所在的图层	
LAYISO	隐藏或锁定除选定对象所在图层外的所有图层	
LAYLCK	锁定选定对象所在的图层	
LAYMCH	更改选定对象所在的图层,以使其匹配目标图层	
LAYMCUR	将当前图层设定为选定对象所在的图层	
LAYMRG	将选定图层合并为一个目标图层,并从图形中将它们删除	
LAYOFF	关闭选定对象所在的图层	
LAYON	打开图形中的所有图层	

（续）

命 令	作 用	说 明
LAYOUTMERGE（Express Tool）	将指定的布局组合为单个布局	
LAYOUTWIZARD	创建新的【布局】选项卡并指定页面和打印设置	
LAYOUT	创建和修改图形布局	可透明使用
LAYTHW	解冻图形中的所有图层	
LAYTRANS	将当前图形中的图层转换为指定的图层标准	
LAYULK	解锁选定对象所在的图层	
LAYUNISO	恢复使用【LAYISO】命令隐藏或锁定的所有图层	
LAYVPI	冻结除当前视口外的所有布局视口中的选定图层	
LAYWALK	显示选定图层上的对象并隐藏所有其他图层上的对象	
LEADER	创建连接注释与特征的线	
LENGTHEN	更改对象的长度和圆弧的包含角	
LIGHTLISTCLOSE	关闭【模型中的光源】选项板	
LIGHTLIST	显示用于列出模型中所有光源的【模型中的光源】选项板	
LIGHT	创建光源	
LIMITS	设置绘图界限	可透明使用
LINETYPE	加载、设置和修改线型	可透明使用
LINE	通过指定两个点来绘制直线段	
LIST	为选定对象显示特性数据	
LIVESECTION	打开选定截面对象的活动截面	
LOAD	使编译的形（SHX）文件中的符号可供【SHAPE】命令使用	
LOFT	在若干横截面之间的空间中创建三维实体或曲面	
LOGFILEOFF	关闭通过【LOGFILEON】命令打开的命令历史记录日志文件	
LOGFILEON	将命令历史记录的内容写入到文件中	
LSP（Express Tool）	显示所有可用【AutoLISP】命令、函数和变量的列表	
LSPSURF（Express Tool）	按单个函数显示 AutoLISP 文件的内容	
LTSCALE	设定全局线型比例因子	可透明使用
LWEIGHT	设置当前线宽、线宽显示选项和线宽单位	
MANAGEUPLOADS	管理存储在 AutoCAD WS 服务器上文件的上载	
MARKUPCLOSE	关闭标记集管理器	
MARKUP	打开标记集管理器	
MASSPROP	计算选定二维面域或三维实体的质量特性	
MATBROWSERCLOSE	关闭材质浏览器	
MATBROWSEROPEN	打开材质浏览器	
MATCHCELL	将选定表格单元的特性应用于其他表格单元	
MATCHPROP	将选定对象的特性应用于其他对象	可透明使用

（续）

命　　令	作　　用	说　　明
MATEDITORCLOSE	关闭材质编辑器	
MATEDITOROPEN	打开材质编辑器	
MATERIALASSIGN	将在 CMATERIAL 系统变量中定义的材质指定给所选择的对象	
MATERIALATTACH	将材质与图层关联	
MATERIALMAP	调整将纹理贴图到面或对象的方式	
MATERIALSCLOSE	关闭材质浏览器	
MATERIALS	打开材质浏览器	
MEASUREGEOM	测量选定对象或点序列的距离、半径、角度、面积和体积	
MEASURE	沿对象的长度或周长按测定间隔创建点对象或块	
MENU	加载自定义文件	
MENULOAD	加载部分菜单文件	
MENUUNLOAD	卸载部分菜单文件	
MESHCAP	创建用于连接开放边的网格面	
MESHCOLLAPSE	合并选定网格面或边的顶点	
MESHCREASE	锐化选定网格子对象的边	
MESHEXTRUDE	将网格面延伸到三维空间	
MESHMERGE	将相邻面合并为单个面	
MESHOPTIONS	显示【网格镶嵌选项】对话框,此对话框用于控制将现有对象转换为网格对象时的默认设置	
MESHPRIMITIVEOPTIONS	显示【网格图元选项】对话框,此对话框用于设置图元网格对象的镶嵌默认值	
MESHREFINE	成倍增加选定网格对象或面中的面数	
MESHSMOOTHLESS	将网格对象的平滑度降低一级	
MESHSMOOTHMORE	将网格对象的平滑度提高一级	
MESHSMOOTH	将三维对象,如多边形网格、曲面和实体转换为网格对象	
MESHSPIN	旋转两个三角形网格面的相邻边	
MESHSPLIT	将一个网格面拆分为两个面	
MESHUNCREASE	删除选定网格面、边或顶点的锐化	
MESH	创建三维网格图元对象,例如长方体、圆锥体、圆柱体、棱锥体、球体、楔体或圆环体	
MIGRATEMATERIALS	在工具选项板中查找任意传统材质,并将这些材质转换为常规类型	
MINSERT	在矩形阵列中插入一个块的多个实例	
MIRROR3D	创建镜像平面上选定三维对象的镜像副本	
MIRROR	创建选定对象的镜像副本	
MKLTYPE（Express Tool）	基于选定对象创建线型定义,并将它们存储在指定的线型定义（LIN）文件中	
MKSHAPE（Express Tool）	基于选定对象创建形状定义	
MLEADERALIGN	对齐并间隔排列选定的多重引线对象	

（续）

命　令	作　用	说　明
MLEADERCOLLECT	将包含块的选定多重引线整理到行或列中,并通过单引线显示结果	
MLEADEREDIT	将引线添加至多重引线对象,或从多重引线对象中删除引线	
MLEADERSTYLE	创建和修改多重引线样式	
MLEADER	创建多重引线对象	
MLEDIT	编辑多线	
MLINE	绘制多线	
MLSTYLE	创建多线样式,设置其线条数目、线型、颜色和线的连接方式	
MOCORO（Express Tool）	使用【单个】命令移动、复制、旋转和缩放选定的对象	
MODEL	从命名的【布局】选项卡切换到【模型】选项卡	
MOVEBAK（Express Tool）	更改图形备份(BAK)文件的目标文件夹	
MOVE	将对象重新定位,在指定方向上按指定距离移动对象	
MPEDIT（Express Tool）	编辑多个多段线,并将多个直线和圆弧对象转换为多段线对象	
MREDO	恢复之前几个用【UNDO】或【U】命令放弃的效果	
MSLIDE	创建当前模型视口或当前布局的幻灯片文件	
MSPACE	在布局中,从图纸空间切换到布局视口中的模型空间	
MSTRETCH（Express Tool）	拉伸具有多个交叉窗口和交叉多边形的对象	
MTEDIT	编辑多行文字	
MTEXT	创建多行文字对象	
MULTIPLE	重复指定下一条命令直至被取消	
MVIEW	创建并控制布局视口	
MVSETUP	设置图形规格	
NAVBAR	提供对通用界面中的查看工具的访问	
NAVSMOTIONCLOSE	关闭 ShowMotion 界面	
NAVSMOTION	为出于设计检查、演示以及书签样式导航目的而创建和回放电影式相机动画提供屏幕上显示	
NAVSWHEEL	显示控制盘	
NAVVCUBE	指示当前查看方向。拖动或单击【ViewCube】可旋转场景	
NCOPY	复制包含在外部参照、块或 DGN 参考底图中的对象	
NETLOAD	加载 NET 应用程序	
NEWSHEETSET	创建用于管理图形布局、文件路径和工程数据的新图样集数据文件	
NEWSHOT	创建包含运动的命名视图,该视图将在使用 ShowMotion 查看时回放	
NEWVIEW	创建不包含运动的命名视图	
NEW	创建新文件	
OBJECTSCALE	为注释性对象添加或删除支持的比例	
OFFSETEDGE	创建闭合多段线或样条曲线对象,该对象在三维实体或曲面上选定的平整面的边以指定距离偏移	

（续）

命　令	作　用	说　明
OFFSET	创建同心圆、平行线和平行曲线	
OLECONVERT	为嵌入的 OLE 对象指定不同的源应用程序，并控制是否用图标来表示该 OLE 对象	
OLELINKS	更新、修改和取消现有的 OLE 链接	
OLEOPEN	在选定 OLE 对象的源应用程序中打开该对象	
OLERESET	将所选的 OLE 对象恢复为其原始大小和形状	
OLESCALE	控制选定的 OLE 对象的大小、比例和其他特性	
ONLINEAUTOCAD360	在默认浏览器中启动 AutoCAD 360	
ONLINEDESIGNSHARE	将您当前图形的设计视图发布到安全、匿名 Autodesk A360 位置，以供在 Web 浏览器中查看和共享	
ONLINEDOCS	在浏览器中打开 Autodesk A360 文档列表和文件夹	
ONLINEOPENFOLDER	在 Windows 资源管理器中打开本地 Autodesk A360 文件夹	
ONLINEOPTIONS	显示【选项】对话框中的【联机】选项卡	
ONLINESHARE	指定哪些用户可以从 Autodesk A360 访问当前图形	
ONLINESYNCSETTINGS	显示【选择要同步的设置】对话框，用户可以在其中指定要同步的选定设置	
ONLINESYNC	开始或停止将自定义设置与 Autodesk A360 同步	
OPEN	打开现有的图形文件	〈Ctrl+O〉键
OPENDWFMARKUP	打开包含标记的 DWF 或 DWFx 文件	
OPENFROMCLOUD	从您的本地 Autodesk A360 同步文件夹中打开现有的图形文件	
OPENSHEETSET	打开选定的图样集	
OPEN	打开现有的图形文件	
OPTIONS	自定义程序设置	
ORTHO	约束光标在水平方向或垂直方向移动	可透明使用
OSNAP	设置执行对象捕捉模式	可透明使用
OVERKILL	删除重复或重叠的直线、圆弧和多段线。此外，合并局部重叠或连续的对象	
PAGESETUP	控制每个新建布局的页面布局、打印设备、图纸尺寸和其他设置	
PAN	改变视图而不更改查看方向或比例	可透明使用
PARAMETERSCLOSE	关闭【参数管理器】选项板	
PARAMETERS	打开【参数管理器】选项板，它包括当前图形中的所有标注约束参数、参照参数和用户变量	
PARTIALOAD	将附加几何图形加载到局部打开的图形中	
PARTIALOPEN	将选定视图或图层中的几何图形和命名对象加载到图形中	
PASTEASHYPERLINK	创建到文件的超链接，并将其与选定的对象关联	
PASTEBLOCK	将剪贴板中的对象作为块粘贴到当前图形中	
PASTECLIP	将剪贴板中的对象粘贴到当前图形中	〈Ctrl+V〉键
PASTEORIG	使用原坐标将剪贴板中的对象粘贴到当前图形中	
PASTESPEC	将剪贴板中的对象粘贴到当前图形中，并控制数据的格式	

（续）

命　令	作　用	说　明
PCEXTRACTCENTERLINE	穿过点云中的圆柱段中心轴创建一条线	
PCEXTRACTCORNER	在点云中三个平面线段的交点处创建点对象	
PCEXTRACTEDGE	类推两个相邻平面线段的交点,然后沿着边创建一条线	
PCEXTRACTSECTION	通过点云从截面生成二维几何图形	
PCINWIZARD	显示向导,将 PCP 和 PC2 配置文件打印设置输入到模型或当前布局中	
PDFADJUST	调整 PDF 参考底图的淡入度、对比度和单色设置	
PDFATTACH	将 PDF 文件作为参考底图插入到当前图形中	
PDFCLIP	根据指定边界修剪选定 PDF 参考底图的显示	
PDFIMPORT	从指定的 PDF 文件输入几何图形、填充、光栅图像和 TrueType 文字对象	
PDFLAYERS	控制 PDF 参考底图中图层的显示	
PDFSHXTEXT	将从 PDF 文件中输入的 SHX 几何图形转换为单个多行文字对象	
PEDIT	编辑多段线、要合并到多段线的对象以及相关对象	
PFACE	逐个顶点创建三维多面网格	
PLANESURF	创建平面曲面	
PLAN	显示指定用户坐标系的 XY 平面的正交视图	
PLINE	绘制多段线	
PLOTSTAMP	将打印戳记和类似日期、时间和比例的信息一起放在每个图形的指定角,并将其记录到文件中	
PLOTSTYLE	控制附着到当前布局、并可指定给对象的命名打印样式	
PLOTTERMANAGER	显示绘图仪管理器,从中可以添加或编辑绘图仪配置	
PLOT	将图形转输到绘图仪、打印机或存储为其他类型文件	
PLT2DWG(Express Tool)	将传统 HPGL 文件输入到当前图形中,并保留所有颜色	
PMTOGGLE	控制性能录制器处于打开还是关闭状态	
PNGOUT	将选定对象以便携式网络图形格式保存到文件中	
POINTCLOUDATTACH	将点云扫描(RCS)或项目文件(RCP)插入到当前图形中	
POINTCLOUDCOLORMAP	显示【点云颜色映射】对话框,用于定义强度、标高和分类点云样式化的设置	
POINTCLOUDCROPSTATE	保存、恢复和删除点云裁剪状态	
POINTCLOUDCROP	将选定的点云裁剪为指定的多边形、矩形或圆形边界	
POINTCLOUDMANAGERCLOSE	关闭点云管理器	
POINTCLOUDMANAGER	显示【点云管理器】选项板,用于控制点云项目、面域和扫描的显示	
POINTCLOUDUNCROP	从选定的点云删除所有修剪区域	
POINTLIGHT	创建可从所在位置向所有方向发射光线的点光源	
POINT	创建点对象	
POLYGON	绘制正多边形	
POLYSOLID	创建墙或一系列墙形状的三维实体	

（续）

命　令	作　用	说　明
PRESSPULL	通过拉伸和偏移动态修改对象	
PREVIEW	显示将要打印的图形	
PROJECTGEOMETRY	从不同方向将点、直线或曲线投影到三维实体或曲面上	
PROPERTIESCLOSE	关闭【特性】选项板	
PROPERTIES	控制现有对象的特性	〈Ctrl+1〉键
PROPULATE（Express Tool）	更新、列出或清除图形特性数据	
PSBSCALE（Express Tool）	指定或更新块对象相对于图纸空间的比例	
PSETUPIN	将用户定义的页面设置输入到新的图形布局中	
PSPACE	在布局中，从布局视口中的模型空间切换到图纸空间	
PSTSCALE（Express Tool）	指定或更新文字对象相对于图纸空间的比例	
PTYPE	指定点对象的显示样式及大小	
PUBLISHTOWEB	创建包含选定图形的图像的 HTML 页面	
PUBLISH	将图形发布为 DWF、DWFx 和 PDF 文件，或发布到打印机或绘图仪	
PURGE	删除图形中未使用的项目，如块定义和图层	
PYRAMID	创建三维实体棱锥体	
QCCLOSE	关闭"快速计算器"计算器	
QDIM	从选定对象快速创建一系列标注	
QLATTACH（Express Tool）	将引线附着到多行文字、公差或块参照对象	
QLATTACHSET（Express Tool）	将引线全局附着到多行文字、公差或块参照对象	
QLDETACHSET（Express Tool）	从多行文字、公差或块参照对象拆离引线	
QLEADER	创建引线和引线注释	
QNEW	创建新图形文件	
QQUIT（Express Tool）	关闭所有打开的图形，然后退出	
QSAVE	使用指定的默认文件格式保存当前图形	
QSELECT	根据过滤条件创建选择集	
QTEXT	控制文字和属性对象的显示和打印	可透明使用
QUICKCALC	打开"快速计算器"计算器	
QUICKCUI	以收拢状态显示自定义用户界面编辑器	
QUICKPROPERTIES	为选定的对象显示快捷特性数据	
QUIT	退出程序	〈Alt+F4〉键
QVDRAWINGCLOSE	关闭打开的图形及其布局的预览图像	
QVDRAWING	使用预览图像显示打开的图形和图形中的布局	
QVLAYOUTCLOSE	关闭当前图形中模型空间和布局的预览图像	
QVLAYOUT	显示当前图形中模型空间和布局的预览图像	
RAY	通过指定两个点来绘制单向无限长直线	
RECAP	如果已安装 Autodesk ReCap，则启动它	

（续）

命　令	作　用	说　明
RECOVERALL	修复损坏的图形文件以及所有附着的外部参照	
RECOVER	修复损坏的图形文件,然后重新打开	
RECTANG	绘制矩形	
REDEFINE	恢复被 UNDEFINE 替代的 AutoCAD 内部命令	
REDIR(Express Tool)	重定义外部参照、图像、形状、样式和 rtext 中硬编码的路径	
REDIRMODE(Express Tool)	通过指定包含哪些对象类型,设置 REDIR Express Tool 的选项	
REDO	恢复上一个用【UNDO】或【U】命令放弃的效果	〈Ctrl+Y〉键
REDRAWALL	刷新所有视口中的显示	
REDRAW	刷新当前视口中的显示	
REFCLOSE	保存或放弃在位编辑参照(外部参照或块定义)时所做的更改	
REFEDIT	直接在当前图形中编辑外部参照或块定义	
REFSET	在位编辑参照(外部参照或块定义)时从工作集添加或删除对象	
REGEN3	在图形中重新生成视图,以修复三维实体和曲面显示中的异常问题	
REGENALL	重生成整个图形并刷新所有视口	
REGENAUTO	控制图形的自动重生成	可透明使用
REGEN	在当前视口内重新生成图形	
REGION	将封闭区域的对象转换为二维面域对象	
REINIT	重新初始化数字化仪、数字化仪的输入/输出端口和程序参数文件	
RENAME	更改指定给项目(如图层和标注样式)的名称	
RENDERCROP	渲染视口内指定的矩形区域(称为修剪窗口)	
RENDERENVIRONMENTCLOSE	关闭【渲染环境和曝光】选项板	
RENDERENVIRONMENT	控制与渲染环境相关的设置	
RENDEREXPOSURECLOSE	关闭【渲染环境和曝光】选项板	
RENDEREXPOSURE	控制与渲染环境相关的设置	
RENDERONLINE	在 Autodesk A360 中使用联机资源来创建三维实体或曲面模型的图像	
RENDERPRESETSCLOSE	关闭【渲染预设管理器】选项板	
RENDERPRESETS	指定渲染预设和可重复使用的渲染参数,以便渲染图像	
RENDERWINDOWCLOSE	关闭【渲染】窗口	
RENDERWINDOW	显示【渲染】窗口而不启动渲染操作	
RENDERWIN	显示【渲染】窗口而不启动渲染操作	
RENDER	创建三维实体或曲面模型的真实照片级图像或真实着色图像	
REPURLS(Express Tool)	在附着到所有选定对象的超链接中使用的 URL 中,查找和替换指定的文本字符串	
RESETBLOCK	将一个或多个动态块参照重置为块定义的默认值	
RESUME	继续执行被中断的脚本文件	可透明使用
REVCLOUD	创建或修改"修订云线"	

（续）

命　　令	作　　用	说　　明
REVERSE	反转选定直线、多段线、样条曲线和螺旋的顶点，对于具有包含文字的线型或具有不同起点宽度和端点宽度的宽多段线，此操作非常有用	
REVERT（Express Tool）	关闭并重新打开当前图形	
REVOLVE	将二维图形旋转成实体或曲面	
REVSURF	通过绕轴旋转轮廓来创建网格	
RIBBONCLOSE	隐藏功能区	
RIBBON	显示功能区	
ROTATE3D	绕三维轴移动对象	
ROTATE	将对象绕基点旋转指定的角度	
RPREFCLOSE	关闭【渲染设置管理器】选项板	
RPREF	显示用于配置渲染设置的【渲染预设管理器】选项板	
RSCRIPT	重复执行脚本文件	
RTEDIT（Express Tool）	编辑现有的远程文字（rtext）对象	
RTEXT（Express Tool）	创建远程文本（rtext）对象	
RTUCS（Express Tool）	使用定点设备动态旋转 UCS	
RULESURF	创建用于表示两条直线或曲线之间的曲面的网格	
SAVEALL（Express Tool）	保存所有打开的图形	〈Ctrl+S〉键
SAVEAS	用新文件名保存当前图形的副本	
SAVEIMG	将渲染图像保存到文件中	
SAVETOCLOUD	使用新的文件名，将当前图形副本保存到您的本地 Autodesk A360 同步文件夹中	
SAVE	使用不同的文件名保存当前图形，而不更改当前文件	
SCALELISTEDIT	控制可用于布局视口、页面布局和打印的缩放比例的列表	
SCALETEXT	增大或缩小选定文字对象而不更改其位置	
SCALE	将对象按指定的比例因子相对于基点进行尺寸缩放	
SCRIPTCALL	从脚本文件执行一系列命令和嵌套脚本	
SCRIPT	从脚本文件执行一系列命令	可透明使用
SECTIONPLANEJOG	将折弯线段添加至截面对象	
SECTIONPLANESETTINGS	设置选定截面平面的显示选项	
SECTIONPLANETOBLOCK	将选定截面平面保存为二维或三维块	
SECTIONPLANE	以通过三维对象和点云创建剪切平面的方式创建截面对象	
SECTIONSPINNERS	显示对话框，以便为截面平面功能区上下文选项卡中的【截面对象偏移】和【切片厚度】控件设置增量值	
SECTION	使用平面与三维实体、曲面或网格的交点创建二维面域对象	
SECURITYOPTIONS	控制在 AutoCAD 中运行可执行文件的安全性限制	
SEEK	打开 Web 浏览器并显示 Autodesk Seek 主页	
SELECTSIMILAR	查找当前图形中与选定对象特性匹配的所有对象，然后将它们添加到选择集中	

（续）

命　　令	作　　用	说　　明
SELECT	将选定对象置于"上一个"选择集中	
SETBYLAYER	将选定对象的特性替代更改为"ByLayer"	
SETIDROPHANDLER	为当前 Autodesk 应用程序指定 i-drop 内容的默认类型	
SETVAR	列出或更改系统变量的值	
SHADEMODE	控制三维对象的显示	
SHAPE	从使用 LOAD 加载的形文件（SHX 文件）中插入图形	
SHARE	与其他用户共享当前图形的 AutoCAD WS 联机副本	
SHEETSETHIDE	关闭图样集管理器	
SHEETSET	打开图样集管理器	
SHELL	访问操作系统命令	
SHOWPALETTES	恢复隐藏的选项板的显示	
SHOWRENDERGALLERY	显示在 Autodesk A360 中渲染和存储的图像	
SHOWURLS（Express Tool）	显示包含在图形中的所有附着的 URL,并允许对它们进行编辑	
SHP2BLK（Express Tool）	使用等效的块转换选定形状对象的所有实例	
SIGVALIDATE	显示有关附着到图形文件的数字签名的信息	
SKETCH	创建一系列徒手绘制的线段	
SLICE	通过剖切或分割现有对象,创建新的三维实体和曲面	
SNAP	限制光标按指定的间距移动	可透明使用
SOLDRAW	在用【SOLVIEW】命令创建的布局视口中生成轮廓和截面	
SOLIDEDIT	编辑三维实体对象的面和边	
SOLID	创建实体填充的三角形和四边形	
SOLPROF	创建三维实体的二维轮廓图,以显示在布局视口中	
SOLVIEW	自动为三维实体创建正交视图、图层和布局视口	
SPACETRANS	计算布局中等效的模型空间和图纸空间距离	
SPELL	检查图形中的拼写	可透明使用
SPHERE	创建三维实体球体	
SPLINEDIT	修改样条曲线的参数或将样条拟合多段线转换为样条曲线	
SPLINE	创建经过或靠近一组拟合点或由控制框的顶点定义的平滑曲线	
SPOTLIGHT	创建可发射定向圆锥形光柱的聚光灯	
SSX（Express Tool）	基于选定的对象创建选择集	
STANDARDS	管理标准文件与图形之间的关联性	
STATUS	显示图形的统计信息、模式和范围	可透明使用
STLOUT	以可以用于立体平板印刷设备的格式存储三维实体和无间隙网格	
STRETCH	拉伸与选择窗口或多边形交叉的对象	
STYLESMANAGER	显示打印样式管理器,从中可以修改打印样式表	
STYLE	创建、修改或指定文字样式	可透明使用

（续）

命　令	作　用	说　明
SUBTRACT	通过从另一个对象减去一个重叠面域或三维实体来创建新对象	
SUNPROPERTIESCLOSE	关闭【日光特性】选项板	
SUNPROPERTIES	显示【日光特性】选项板	
SUPERHATCH（Express Tool）	使用选定的图像、块、外部参照或区域覆盖对象对区域进行图案填充	
SURFBLEND	在两个现有曲面之间创建连续的过渡曲面	
SURFEXTEND	按指定的距离拉长曲面	
SURFEXTRACTCURVE	在曲面和三维实体上创建曲线	
SURFFILLET	在两个其他曲面之间创建圆角曲面	
SURFNETWORK	在 U 方向和 V 方向（包括曲面和实体边子对象）的几条曲线之间的空间中创建曲面	
SURFOFFSET	创建与原始曲面相距指定距离的平行曲面	
SURFPATCH	通过在形成闭环的曲面边上拟合一个封口来创建新曲面	
SURFSCULPT	修剪和合并完全封闭体积的一组曲面或网格以创建三维实体	
SURFTRIM	修剪与其他曲面或其他类型的几何图形相交的曲面部分	
SURFUNTRIM	替换由【SURFTRIM】命令删除的曲面区域	
SWEEP	将二维图形扫掠成实体或曲线	
SYSVARMONITOR	监视系统变量的列表，并在列表中任何一个系统变量发生更改时发送通知	
SYSVDLG（Express Tool）	允许用户查看、编辑、保存和恢复系统变量设置	
SYSWINDOWS	应用程序窗口与外部应用程序共享时，排列窗口和图标	
TABLEDIT	编辑表格单元中的文字	
TABLEEXPORT	以 CSV 文件格式从表格对象中输出数据	
TABLESTYLE	创建、修改或指定表格样式	
TABLET	校准、配置、打开和关闭已连接的数字化仪	
TABLE	创建空的表格对象	
TABSURF	从沿直线路径扫掠的直线或曲线创建网格	
TARGETPOINT	创建目标点光源	
TASKBAR	控制多个打开的图形在 Windows 任务栏上是单独显示还是被编组	
TCASE（Express Tool）	更改选定文字、多行文字、属性和标注文字的大小写	
TCIRCLE（Express Tool）	围绕每个选定的文字或多行文字对象创建圆、长孔形或矩形	
TCOUNT（Express Tool）	将连续编号作为前缀、后缀或替换文字添加到文字和多行文字对象	
TEXTALIGN	垂直、水平或倾斜对齐多个文字对象	
TEXTEDIT	编辑选定的多行文字或单行文字对象，或标注对象上的文字	
TEXTFIT（Express Tool）	基于新的起点和终点，展开或收拢文字对象的宽度	
TEXTMASK（Express Tool）	在选定文字或多行文字对象的后面创建空白区域	

（续）

命 令	作 用	说 明
TEXTSCR	打开一个文本窗口,该窗口将显示当前任务的提示和命令行条目的历史记录	可透明使用
TEXTTOFRONT	将文字、引线和标注置于图形中的其他所有对象之前	
TEXTUNMASK（Express Tool）	从通过【TEXTMASK】命令进行遮罩的选定文字或多行文字中删除遮罩	
TEXT	创建单行文字对象	
TFRAMES（Express Tool）	切换所有区域覆盖和图像对象的边框显示	
THICKEN	以指定的厚度将曲面转换为三维实体	
TIFOUT	将选定的对象以 TIFF 文件格式保存到文件中	
TIME	显示图形的日期和时间统计信息	可透明使用
TINSERT	将块插入到表格单元中	
TJUST（Express Tool）	更改文字对象的对正点而不移动文字。使用文字、多行文字和属性定义对象	
TOLERANCE	创建包含在特征控制框中的形位公差	
TOOLBAR	显示、隐藏和自定义工具栏	
TOOLPALETTESCLOSE	关闭【工具选项板】窗口	
TOOLPALETTES	打开【工具选项板】窗口	
TORIENT（Express Tool）	旋转文字、多行文字、属性定义和具有属性的块,以提高可读性	
TORUS	创建圆环形的三维实体	
TPNAVIGATE	显示指定的工具选项板或选项板组	
TRANSPARENCY	控制图像的背景像素是否透明	
TRAYSETTINGS	控制图标和通知在状态栏托盘中的显示	
TREESTAT	显示有关图形当前空间索引的信息	可透明使用
TREX（Express Tool）	结合【TRIM】和【EXTEND】命令	
TRIM	修剪对象以与其他对象的边相接	
TSCALE（Express Tool）	缩放文字、多行文字、属性和属性定义	
TXT2MTXT	将单行或多行文字对象转换或者合并为一个或多个多行文字对象	
TXTEXP（Express Tool）	将文字或多行文字对象分解为多段线对象	
UCSICON	控制 UCS 图标的可见性、位置、外观和可选性	
UCSMAN	管理 UCS 定义	
UCS	设置当前用户坐标系（UCS）的原点和方向	
ULAYERS	控制 DWF、DWFx、PDF 或 DGN 参考底图中图层的显示	
UNDEFINE	允许应用程序定义的命令替代内部命令	
UNDO	撤销命令的效果	〈Ctrl+Z〉键
UNGROUP	解除组中对象的关联	
UNION	将两个或多个三维实体、曲面或二维面域合并为一个复合三维实体、曲面或面域	
UNISOLATEOBJECTS	显示之前通过【ISOLATEOBJECTS】或【HIDEOBJECTS】命令隐藏的对象	

（续）

命　令	作　用	说　明
UNITS	设置绘图单位	可透明使用
UPDATEFIELD	更新选定对象中的字段	
UPDATETHUMBSNOW	手动更新命名视图、图形和布局的缩略图预览	
U	撤销最近一次操作	
VBAIDE	显示 Visual Basic 编辑器	〈Alt+F11〉键
VBALOAD	将全局 VBA 工程加载到当前工作任务中	
VBAMAN	使用对话框管理 VBA 工程操作	
VBARUN	运行 VBA 宏	〈Alt+F8〉键
VBASTMT	在 AutoCAD 命令提示下执行 VBA 语句	
VBAUNLOAD	卸载全局 VBA 工程	
VIEWBASE	从模型空间或 Autodesk Inventor 模型创建基础视图	可透明使用
VIEWCOMPONENT	从模型文档工程视图中选择部件进行编辑	
VIEWDETAILSTYLE	创建和修改局部视图样式	
VIEWDETAIL	创建模型文档工程视图部分的局部视图	
VIEWEDIT	编辑现有的模型文档工程视图	
VIEWGO	恢复命名视图	
VIEWPLAY	播放与命名视图关联的动画	
VIEWPLOTDETAILS	显示有关完成的打印和发布作业的信息	
VIEWPROJ	从现有的模型文档工程视图创建一个或多个投影视图	
VIEWRES	设置当前视口中对象的分辨率	
VIEWSECTIONSTYLE	创建和修改截面视图样式	
VIEWSECTION	创建已在 AutoCAD 或 Autodesk Inventor 中创建的三维模型的截图视图	
VIEWSETPROJ	从 Inventor 模型中指定包含模型文档工程视图的活动项目文件	
VIEWSKETCHCLOSE	退出符号草图模式	
VIEWSTD	为模型文档工程视图定义默认设置	
VIEWSYMBOLSKETCH	打开一个编辑环境，以便将剖切线或详图边界约束到工程视图几何图形上	
VIEWUPDATE	更新由于源模型已更改而变为过期的工程视图	
VIEW	保存和恢复命名模型空间视图、布局视图和预设视图	
VISUALSTYLESCLOSE	关闭视觉样式管理器	
VISUALSTYLES	创建和修改视觉样式,并将视觉样式应用于视口	
VLISP	显示 Visual LISP 交互式开发环境	
VPCLIP	剪裁布局视口对象并调整视口边框的形状	
VPLAYER	设置视口中图层的可见性	
VPMAX	展开当前布局视口以进行编辑	
VPMIN	恢复当前布局视口	

（续）

命　令	作　用	说　明
VPOINT	使用罗盘设置视点	
VPORTS	在模型空间或布局（图纸空间）中创建多个视口	
VPSCALE（Express Tool）	在布局中，显示当前视口或选定的布局视口的比例	
VPSYNC（Express Tool）	将一个或多个相邻的布局视口中的视图与主布局视口对齐	
VSCURRENT	设置当前视口的视觉样式	
VSLIDE	在当前视口中显示图像幻灯片文件	
VSSAVE	使用新名称保存当前视觉样式	
VTOPTIONS	将视图中的更改显示为平滑过渡	
WALKFLYSETTINGS	控制漫游和飞行导航设置	
WBLOCK	将选定对象保存到指定的图形文件或将块转换为指定的图形文件	
WEBLIGHT	创建光源灯光强度分布的精确三维表示	
WEBLOAD	从 URL 加载 JavaScript 文件，然后执行包含在该文件中的 JavaScript 代码	
WEDGE	创建三维实体楔体	
WHOHAS	显示打开的图形文件的所有权信息	
WIPEOUT	创建区域覆盖对象，并控制是否将区域覆盖框架显示在图形中	
WMFIN	输入 Windows 图元文件	
WMFOPTS	设置 WMFIN 选项	
WMFOUT	将对象保存为 Windows 图元文件	
WORKFLOW	（仅限于 AutoCAD 套件）指定用于准备图形以输入到 Autodesk Showcase 或 Autodesk 3ds Max 的套件工作流	
WORKSPACE	创建、修改和保存工作空间，并将其设定为当前工作空间	
WSSAVE	保存工作空间	
WSSETTINGS	设置工作空间选项	
XATTACH	将选定的 DWG 文件附着为外部参照	
XBIND	将外部参照中命名对象的一个或多个定义绑定到当前图形	
XCLIP	根据指定边界修剪选定外部参照或块参照的显示	
XDATA（Express Tool）	将扩展对象数据（xdata）附着到选定对象	
XDLIST（Express Tool）	列出附着到对象的扩展数据	
XEDGES	从三维实体、曲面、网格、面域或子对象的边创建线框几何图形	
XLINE	通过指定构造线上的一个点或两个点来绘制双向无限长直线	
XLIST（Express Tool）	列出块或外部参照中嵌套对象的类型、块名称、图层名称、颜色和线型	
XOPEN	在新窗口中打开选定的图形参照（外部参照）	
XPLODE	将复合对象分解为其部件对象，而且生成的对象具有指定的特性	
XREF	启动【EXTERNALREFERENCES】命令	
ZOOM	增大或减小当前视口中视图的比例	

附录 B　AutoCAD 系统变量一览表

变量名	类型	作　用	说明
3DCONVERSIONMODE	整数	用于将材质和光源定义转换为当前产品版本	
3DDWFPREC	整数	控制三维 DWF 或三维 DWFx 发布的精度	
3DOSMODE	整数	设置执行三维对象捕捉	
3DSELECTIONMODE	整数	控制使用三维视觉样式时视觉上和实际上重叠的对象的选择优先级	
ACADLSPASDOC	整数	控制是将 acad.lsp 文件加载到每个图形中，还是仅加载到任务中打开的第一个图形中	
ACADPREFIX	字符串	列出【文件】选项卡的【选项】对话框中指定的"支持文件搜索"路径	只读
ACADVER	字符串	返回产品的版本号	只读
ACTPATH	字符串	指定可从其中加载用于回放的动作宏的其他路径	
ACTRECORDERSTATE	整数	指定动作录制器的当前状态	
ACTRECPATH	字符串	指定用于存储新动作宏的路径	
ACTUI	位码	控制录制和回放宏时【动作录制器】面板的行为	
ADCSTATE	整数	指示【设计中心】窗口处于打开还是关闭状态	
AFLAGS	整数	设置属性选项	
ANGBASE	实数	将相对于当前 UCS 的基准角设定为 0(零)	
ANGDIR	整数	设置正角度的方向	
ANNOALLVISIBLE	整数	隐藏或显示不支持当前注释比例的注释性对象	
ANNOAUTOSCALE	整数	更改注释比例时，将更新注释性对象以支持注释比例	
ANNOMONITOR	整数	打开或关闭注释监视器。当注释监视器处于启用状态时，将通过放置标记来标记所有非关联注释	
ANNOTATIVEDWG	整数	指定图形插入到其他图形中时，是否相当于 annotative 块	
APBOX	整数	打开或关闭自动捕捉靶框的显示	
APERTURE	整数	控制对象目标框的大小	
APPAUTOLOAD	位码	控制何时加载插件应用程序	
APPLYGLOBALOPACITIES	整数	将透明度设置应用到所有选项板	
APSTATE	整数	指示块编辑器中的【块编写选项板】窗口处于打开还是关闭状态	
AREA	实数	存储由【AREA】命令计算出的上一个面积	只读
ARRAYASSOCIATIVITY	整数	设置要成为关联或非关联的新阵列的默认行为	
ARRAYEDITSTATE	整数	指示图形是否处于阵列编辑状态，该状态在编辑关联阵列的源对象时激活	
ARRAYTYPE	整数	指定默认的阵列类型	
ATTDIA	整数	控制【INSERT】命令是否使用对话框来输入属性值	
ATTIPE	整数	控制修改多行属性时随在位编辑器一起显示的文字格式工具栏	
ATTMODE	整数	控制属性的显示	
ATTMULTI	整数	控制是否可创建多行文字属性	

（续）

变量名	类型	作　　用	说明
ATTREQ	整数	在插入块过程中控制【INSERT】命令是否使用默认属性设置	
AUDITCTL	整数	控制【AUDIT】命令是否创建核查报告（ADT）文件	
AUNITS	整数	设定角度单位	
AUPREC	整数	设定角度单位和坐标的显示精度	
AUTODWFPUBLISH	位码	控制保存或关闭图形（DWG）文件时是否自动创建 DWF（Web 图形格式）文件	
AUTOMATICPUB	整数	控制保存或关闭图形（DWG）文件时是否自动创建电子文件（DWF/PDF）	
AUTOSNAP	整数	控制自动捕捉标记、工具提示和磁吸的显示	
BACKGROUNDPLOT	整数	控制为打印和发布打开还是关闭后台打印	
BACKZ	实数	以图形单位存储当前视口"后向剪裁平面"到目标平面的偏移值	只读
BACTIONBARMODE	整数	指示块编辑器中是否显示动作栏或传统动作对象	
BACTIONCOLOR	字符串	设置块编辑器中动作的文字颜色	
BCONSTATUSMODE	整数	打开或关闭约束显示状态，基于约束级别控制对象着色	
BDEPENDENCYHIGHLIGHT	整数	控制在块编辑器中选定参数、动作或夹点时是否亮显相应依赖对象	
BGRIPOBJCOLOR	字符串	设置块编辑器中夹点的颜色	
BGRIPOBJSIZE	整数	设置块编辑器中相对于屏幕显示的自定义夹点的显示尺寸	
BINDTYPE	整数	控制对外部参照执行绑定操作或在位编辑操作后，如何将名称指定给该外部参照中的"命名对象"	
BLOCKEDITLOCK	整数	禁止打开块编辑器以及编辑动态块定义	
BLOCKEDITOR	整数	指示块编辑器是否处于打开状态	
BLOCKTESTWINDOW	整数	指示某个测试块窗口是否为当前窗口	
BPARAMETERCOLOR	字符串	设置块编辑器中参数的颜色	
BPARAMETERFONT	字符串	设置块编辑器中的参数和动作所用的字体	
BPARAMETERSIZE	整数	设置块编辑器中相对于屏幕显示的参数文字和部件的显示尺寸	
BPTEXTHORIZONTAL	整数	强制使块编辑器中为动作参数和约束参数显示的文字以水平方式显示	
BTMARKDISPLAY	整数	控制是否为动态块参照显示数值集标记	
BVMODE	整数	控制当前可见性状态下不可见的对象在块编辑器中的显示方式	
CACHEMAXFILES	整数	设置为产品保存的图形缓存文件的最大数量	
CACHEMAXTOTALSIZE	整数	设置为产品保存的所有图形缓存文件的总大小的最大值	
CALCINPUT	整数	控制是否计算文字中以及窗口和对话框的数字输入框中的数学表达式和全局常量	
CAMERADISPLAY	整数	打开或关闭相机对象的显示	
CAMERAHEIGHT	实数	为新相机对象指定默认高度	
CANNOSCALEVALUE	实数	显示当前注释比例的值	
CANNOSCALE	字符串	为当前空间设置当前注释比例的名称	
CAPTURETHUMBNAILS	整数	指定是否及何时为回放工具捕捉缩略图	

（续）

变量名	类型	作　　用	说明
CBARTRANSPARENCY	整数	控制约束栏的透明度	
CCONSTRAINTFORM	整数	控制是将注释性约束还是将动态约束应用于对象	
CDATE	实数	以编码的小数格式存储当前的日期和时间	只读
CECOLOR	字符串	设置新对象的颜色	
CELTSCALE	整数	设置当前对象的线型比例缩放因子	
CELTYPE	字符串	设置新对象的线型	
CELWEIGHT	整数	设置新对象的线宽	
CENTERCROSSGAP	字符串	确定中心标记与其中心线之前的间隙	
CENTERCROSSSIZE	字符串	确定关联中心标记的尺寸	
CENTEREXE	实数	控制中心线延伸的长度	
CENTERLAYER	字符串	为新中心标记或中心线指定默认图层	
CENTERLTSCALE	实数	设置中心标记和中心线所使用的线型比例	
CENTERLTYPEFILE	字符串	指定用于创建中心标记和中心线的已加载的线型库文件	
CENTERLTYPE	字符串	指定中心标记和中心线所使用的线型	
CENTERMARKEXE	参数	确定中心线是否会自动从新的中心标记延伸	
CENTERMT	整数	控制通过夹点拉伸多行水平居中的文字的方式	
CETRANSPARENCY	字符串	设定新对象的透明度级别	
CGEOCS	字符串	存储指定给图形文件的 GIS 坐标系的名称	
CHAMFERA	实数	当 CHAMMODE 设定为 0 时设置第一个倒角距离	
CHAMFERB	实数	当 CHAMMODE 设定为 0 时设置第二个倒角距离	
CHAMFERC	实数	当 CHAMMODE 设定为 1 时设置倒角长度	
CHAMFERD	实数	当 CHAMMODE 设定为 1 时设置倒角角度	
CHAMMODE	整数	设置 CHAMFER 的输入方法	
CIRCLERAD	实数	设置默认的圆半径	
CLAYER	字符串	设置当前图层	
CLAYOUT	字符串	设置当前布局	
CLEANSCREENSTATE	整数	指示全屏显示状态是处于打开还是处于关闭状态	
CLIPROMPTLINES	整数	当浮动命令窗口设置为仅显示提示时，设置将显示的临时提示行的数量	
CLIPROMPTUPDATE	整数	控制命令行是否显示在执行 AutoLISP 或脚本文件时生成的消息和提示	
CLISTATE	整数	指示命令行处于打开还是关闭状态	
CMATERIAL	字符串	设置新对象的材质	
CMDACTIVE	整数	指示处于激活状态的是普通命令、透明命令、脚本还是对话框	只读
CMDDIA	整数	控制执行【DIMEDIT】和【QLEADER】命令时在位文字编辑器的显示，以及基于 AutoCAD 的产品中的某些对话框的显示	
CMDECHO	整数	控制在【AutoLISP】命令函数运行时是否"回显"提示和输入	
CMDINPUTHISTORYMAX	整数	设定存储在命令提示中的先前输入值的最大数量	

（续）

变量名	类型	作　用	说明
CMDNAMES	字符串	显示活动命令和透明命令的名称	只读
CMFADECOLOR	整数	控制所有附着的协调模型上混合的黑色量	
CMFADEOPACITY	整数	通过透明度控制所有附着的协调模型的暗显程度	
CMLEADERSTYLE	字符串	设置当前多重引线样式的名称	
CMLJUST	整数	指定多行对正	
CMLSCALE	实数	控制多行的全局宽度	
CMLSTYLE	字符串	设置用于控制多行外观的多行样式	
CMOSNAP	整数	决定是否为附着至图形的协调模型中的几何图形激活对象捕捉	
COLORTHEME	整数	将功能区、选项板和若干其他界面元素的颜色主题设置为深色或浅色	
COMMANDPREVIEW	整数	控制是否显示命令的可能结果的预览	
COMPASS	整数	控制三维指南针在当前视口中打开还是关闭	
COMPLEXLTPREVIEW	整数	控制是否在交互式操作期间显示复杂线型的预览	
CONSTRAINTBARDISPLAY	位码	为随后应用的几何约束控制约束栏的显示并为选定的对象控制隐藏约束的显示	
CONSTRAINTBARMODE	位码	控制约束栏上几何约束的显示	
CONSTRAINTINFER	整数	控制在绘制和编辑几何图形时是否推断几何约束	
CONSTRAINTNAMEFORMAT	整数	控制标注约束的文字格式	
CONSTRAINTSOLVEMODE	整数	控制应用或编辑约束时的约束行为	
COORDS	整数	控制状态栏上的光标位置是连续进行更新还是仅在特定时间更新。它也控制坐标的显示格式	
COPYMODE	整数	控制是否自动重复【COPY】命令	
CPLOTSTYLE	字符串	控制新对象的当前打印样式	
CPROFILE	字符串	显示当前配置的名称	只读
CROSSINGAREACOLOR	整数	控制窗交选择时选择区域的颜色	
CTABLESTYLE	字符串	设置当前表格样式的名称	
CTAB	字符串	确定绘图区域显示【模型】选项卡还是指定的【布局】选项卡	
CULLINGOBJSELECTION	整数	控制是否可以亮显或选择视图中隐藏的三维对象	
CULLINGOBJ	整数	控制是否可以亮显或选择视图中隐藏的三维子对象	
CURSORBADGE	整数	确定某些光标标记是否显示在绘图区域中	
CURSORSIZE	整数	按屏幕大小的百分比确定十字光标的大小	
CURSORTYPE	参数	确定定点设备显示的光标	
CVIEWDETAILSTYLE	字符串	设置当前局部视图样式的名称。当前局部视图样式控制所创建的所有新模型文档局部视图、详图边界和引线的外观	
CVIEWSECTIONSTYLE	字符串	设置当前截面视图样式的名称。当前截面视图样式控制所创建的所有新模型文档截面视图和剖切线的外观	
CVPORT	整数	显示当前视口的标识码	
DATALINKNOTIFY	整数	控制关于已更新数据链接或缺少数据链接的通知	
DATE	实数	以"UT1"日期格式存储当前的日期和时间	只读

（续）

变量名	类型	作　　用	说明
DBCSTATE	整数	指示数据库连接管理器处于打开还是关闭状态	
DBLCLKEDIT	整数	控制绘图区域中的双击编辑操作	
DBMOD	整数	指示图形的修改状态	只读
DCTCUST	字符串	显示当前的自定义拼写词典的路径和文件名	
DCTMAIN	字符串	显示当前主拼写词典的三字母关键字	
DEFAULTGIZMO	整数	选择子对象过程中将三维移动小控件、三维旋转小控件或三维缩放小控件设定为默认小控件	
DEFAULTLIGHTINGTYPE	整数	指定默认光源的类型（原有类型或新的类型）	
DEFAULTLIGHTING	整数	打开或关闭代替其他光源的默认光源	
DEFLPLSTYLE	字符串	指定在打开 AutoCAD 2000 之前的版本中创建的图形时，图形中所有图层的默认打印样式；或指定在不使用图形模板从头创建新图形时，图层 0 的默认打印样式	
DEFPLSTYLE	字符串	指定在打开 AutoCAD 2000 之前的版本中创建的图形或不使用图形模板从头创建新图形时，图形中新对象的默认打印样式	
DELOBJ	整数	控制保留还是删除用于创建其他对象的几何图形	
DEMANDLOAD	整数	指定是否以及何时按需加载某些应用程序	
DESIGNFEEDSTATE	整数	指示【设计提要】选项板处于打开状态还是关闭状态	
DGNFRAME	整数	确定 DGN 参考底图边框在当前图形中是否可见或是否打印	
DGNIMPORTMAX	整数	设置输入 DGN 文件时转换的元素的最大数目	
DGNIMPORTMODE	整数	控制【DGNIMPORT】命令的默认行为	
DGNMAPPINGPATH	字符串	指定用于存储 DGN 映射设置的 dgnsetups.ini 文件的位置	
DGNOSNAP	整数	决定是否为附着在图形中的 DGN 参考底图中的几何图形激活对象捕捉	
DIASTAT	整数	存储最近使用的对话框的退出方式	只读
DIGITIZER	整数	标识连接到系统的数字化仪	
DIMADEC	整数	控制角度标注中显示的精度小数位数	
DIMALTD	整数	控制换算单位中的小数位数	
DIMALTF	实数	控制换算单位的乘数	
DIMALTRND	实数	舍入换算标注单位	
DIMALTTD	整数	设置换算标注单位中的公差值的小数位数	
DIMALTTZ	整数	控制对公差值的消零处理	
DIMALTU	整数	为所有标注子样式（角度标注除外）的换算单位设定单位格式	
DIMALTZ	整数	控制对换算单位标注值的消零处理	
DIMALT	开关	控制标注中换算单位的显示	
DIMANNO	整数	指示当前标注样式是否为注释性样式	
DIMAPOST	字符串	指定用于所有标注类型（角度标注除外）的换算标注测量值的文字前缀或后缀（或两者都指定）	
DIMARCSYM	整数	控制弧长标注中圆弧符号的显示	
DIMASSOC	整数	控制标注对象的关联性以及是否分解标注	

（续）

变量名	类型	作　　用	说明
DIMASZ	实数	控制尺寸线和引线箭头的大小。并控制基线的大小	
DIMATFIT	整数	尺寸界线内的空间不足以同时放下标注文字和箭头时,此系统变量将确定这两者的排列方式	
DIMAUNIT	整数	为角度标注设定单位格式	
DIMAZIN	整数	针对角度标注进行消零处理	
DIMBLK1	字符串	为尺寸线的第一个端点设置箭头(当 DIMSAH 处于打开状态时)	
DIMBLK2	字符串	为尺寸线的第二个端点设置箭头(当 DIMSAH 处于打开状态时)	
DIMBLK	字符串	设置尺寸线末端显示的箭头块	
DIMCEN	实数	通过【DIMCENTER】、【DIMDIAMETER】和【DIMRADIUS】命令控制圆或圆弧圆心标记以及中心线的绘制	
DIMCLRD	整数	为尺寸线、箭头和标注引线指定颜色	
DIMCLRE	整数	为尺寸界线、圆心标记和中心线指定颜色	
DIMCLRT	整数	为标注文字指定颜色	
DIMCONSTRAINTICON	位码	控制标注约束的锁定图标的显示	
DIMCONTINUEMODE	整数	确定连续标注或基线标注的标注样式和图层是否继承正在连续使用的标注	
DIMDEC	整数	设置标注主单位中显示的小数位数	
DIMDLE	实数	当使用小斜线代替箭头进行标注时,设置尺寸线超出尺寸界线的距离	
DIMDLI	实数	控制基线标注中尺寸线的间距	
DIMDSEP	字符串	指定创建单位格式为小数的标注时要使用的单字符小数分隔符	
DIMEXE	实数	指定尺寸界线超出尺寸线的距离	
DIMEXO	实数	指定尺寸界线偏离原点的距离	
DIMFRAC	整数	设置分数格式(当 DIMLUNIT 设定为 4[建筑]或 5[分数]时)	
DIMFXLON	参数	控制是否将尺寸界线设定为固定长度	
DIMFXL	实数	设置起始于尺寸线,直至标注原点的尺寸界线总长度	
DIMGAP	实数	设置当打断尺寸线以符合标注文字时,标注文字周围的距离	
DIMJOGANG	实数	决定折弯半径标注中,尺寸线的横向线段的角度	
DIMJUST	整数	控制标注文字的水平位置	
DIMLAYER	字符串	为新的标注指定默认图层	
DIMLDRBLK	字符串	指定引线箭头的类型	
DIMLFAC	实数	为线性标注测量值设置比例因子	
DIMLIM	开关	生成标注界线作为默认文字	
DIMLTEX1	字符串	设置第一条尺寸界线的线型	
DIMLTEX2	字符串	设置第二条尺寸界线的线型	
DIMLTYPE	字符串	设置尺寸线的线型	
DIMLUNIT	整数	为所有标注类型(角度标注除外)设置单位	
DIMLWD	ENUM	为尺寸线指定线宽	

（续）

变量名	类型	作　用	说明
DIMLWE	ENUM	为尺寸界线指定线宽	
DIMPICKBOX	整数	在【DIM】命令中设置对象选择目标高度（以像素为单位）	
DIMPOST	字符串	为标注测量值指定文字前缀或后缀（或两者）	
DIMRND	实数	将所有标注距离舍入为指定值	
DIMSAH	开关	控制尺寸线箭头块的显示	
DIMSCALE	实数	设置应用于标注变量（用于指定尺寸、距离或偏移量）的全局比例因子	
DIMSD1	开关	控制是否隐去第一条尺寸线和箭头	
DIMSD2	开关	控制是否隐去第二条尺寸线和箭头	
DIMSE1	开关	控制是否隐去第一条尺寸界线	
DIMSE2	开关	控制是否隐去第二条尺寸界线	
DIMSOXD	开关	如果尺寸界线内没有足够的空间，则隐去箭头	
DIMSTYLE	字符串	显示图形中的标注使用的单位类型（英制/标准或 iso-25/公制）	只读
DIMTAD	整数	控制文字相对于尺寸线的垂直位置	
DIMTDEC	整数	设置标注主单位的公差值中显示的小数位数	
DIMTFAC	实数	与通过 DIMTXT 系统变量设置一样，指定分数和公差值的文字高度相对于标注文字高度的比例因子	
DIMTFILLCLR	整数	为标注中的文字背景设置颜色	
DIMTFILL	整数	控制标注文字的背景	
DIMTIH	开关	控制所有标注类型（坐标标注除外）的标注文字在尺寸界线内的位置	
DIMTIX	开关	在尺寸界线之间绘制文字	
DIMTMOVE	整数	设置标注文字的移动规则	
DIMTM	实数	为标注文字设置最小（即最低）公差限制（当 DIMTOL 或 DIMLIM 设定为开时）	
DIMTOFL	开关	控制是否在尺寸界线之间绘制尺寸线（即使标注文字被放置在尺寸界线之外）	
DIMTOH	开关	控制标注文字在尺寸界线外的位置	
DIMTOLJ	整数	设置公差值相对于表面标注文字的垂直对正方式	
DIMTOL	开关	将公差附在标注文字中	
DIMTP	实数	为标注文字设置最大（即最高）公差限制（当 DIMTOL 或 DIMLIM 设定为开时）	
DIMTSZ	实数	指定线性标注、半径标注以及直径标注中绘制的代替箭头的小斜线的尺寸	
DIMTVP	实数	控制标注文字在尺寸线上方或下方的垂直位置	
DIMTXSTY	字符串	指定标注的文字样式	
DIMTXTDIRECTION	整数	指定标注文字的阅读方向	
DIMTXTRULER	参数	在编辑标注文字时，控制标尺的显示	
DIMTXT	实数	指定标注文字的高度（除非当前文字样式具有固定的高度）	
DIMTZIN	整数	控制对公差值的消零处理	

（续）

变量名	类型	作　　用	说明
DIMUPT	开关	控制用户定位文字的选项	
DIMZIN	整数	控制针对主单位值的消零处理	
DISPSILH	整数	控制三维实体对象和曲面对象轮廓边在线框或二维线框视觉样式中的显示	
DISTANCE	实数	存储【DIST】命令计算出的距离	只读
DIVMESHBOXHEIGHT	整数	为网格长方体沿 Z 轴的高度设置细分数目	
DIVMESHBOXLENGTH	整数	为网格长方体沿 X 轴的长度设置细分数目	
DIVMESHBOXWIDTH	整数	为网格长方体沿 Y 轴的宽度设置细分数目	
DIVMESHCONEAXIS	整数	设置绕网格圆锥体底面周长的细分数目	
DIVMESHCONEBASE	整数	设置网格圆锥体底面周长与圆心之间的细分数目	
DIVMESHCONEHEIGHT	整数	设置网格圆锥体底面与顶点之间的细分数目	
DIVMESHCYLAXIS	整数	设置绕网格圆柱体底面周长的细分数目	
DIVMESHCYLBASE	整数	设置从网格圆柱体底面圆心到其周长的半径细分数目	
DIVMESHCYLHEIGHT	整数	设置网格圆柱体的底面与顶面之间的细分数目	
DIVMESHPYRBASE	整数	设置网格棱锥体底面圆心与其周长之间的半径细分数目	
DIVMESHPYRHEIGHT	整数	设置网格棱锥体的底面与顶面之间的细分数目	
DIVMESHPYRLENGTH	整数	设置沿网格棱锥体底面每个标注的细分数目	
DIVMESHSPHEREAXIS	整数	设置绕网格球体轴端点的半径细分数目	
DIVMESHSPHEREHEIGHT	整数	设置网格球体两个轴端点之间的细分数目	
DIVMESHTORUSPATH	整数	设置由网格圆环体轮廓扫掠的路径的细分数目	
DIVMESHTORUSSECTION	整数	设置扫掠网格圆环体路径的轮廓中的细分数目	
DIVMESHWEDGEBASE	整数	设置网格楔体的周长中点与三角形标注之间的细分数目	
DIVMESHWEDGEHEIGHT	整数	为网格楔体沿 Z 轴的高度设置细分数目	
DIVMESHWEDGELENGTH	整数	设置网格楔体沿 X 轴的长度细分数目	
DIVMESHWEDGESLOPE	整数	设置从楔体顶点到底面的边之间斜度的细分数目	
DIVMESHWEDGEWIDTH	整数	设置网格楔体沿 Y 轴的宽度细分数目	
DONUTID	实数	设置圆环的默认内径	
DONUTOD	实数	设置圆环的默认外径	
DRAGMODE	整数	控制进行拖动的对象的显示方式	
DRAGP1	整数	当使用硬件加速时,控制在系统从鼠标开始检查新输入样例之前,当用户拖动二维视口中的对象时,系统将绘制多少矢量	
DRAGP2	整数	当使用软件加速时,控制在系统从鼠标开始检查新输入样例之前,当用户拖动二维视口中的对象时,系统将绘制多少矢量	
DRAGVS	字符串	设置在创建三维实体、网格图元以及拉伸实体、曲面和网格时显示的视觉样式	
DRAWORDERCTL	整数	控制创建或编辑重叠对象时这些对象的默认显示行为	
DRSTATE	整数	指示【图形修复管理器】窗口处于打开还是关闭状态	
DTEXTED	整数	指定编辑单行文字时显示的用户界面	

（续）

变量名	类型	作　　用	说明
DWFFRAME	整数	决定 DWF 或 DWFx 参考底图边框在当前图形中是否可见或是否打印	
DWFOSNAP	整数	决定是否为附加到图形的 DWF 或 DWFx 参考底图中的几何图形激活对象捕捉	
DWGCHECK	整数	打开图形时检查图形中是否存在潜在问题	
DWGCODEPAGE	字符串	与 SYSCODEPAGE 系统变量存储相同的值（由于兼容性原因）	只读
DWGNAME	字符串	存储当前图形的名称	只读
DWGPREFIX	字符串	存储当前图形的驱动器和文件夹路径	只读
DWGTITLED	整数	指示当前图形是否已命名	只读
DXEVAL	整数	控制数据提取处理表何时与数据源相比较,如果数据不是当前数据,则显示更新通知	
DYNCONSTRAINTMODE	整数	选定受约束的对象时显示隐藏的标注约束	
DYNDIGRIP	位码	控制在夹点拉伸编辑期间显示哪些动态标注	
DYNDIVIS	整数	控制在夹点拉伸编辑期间显示的动态标注数量	
DYNINFOTIPS	整数	控制在使用夹点进行编辑时是否显示使用〈Shift〉键和〈Ctrl〉键的提示	
DYNMODE	整数	打开或关闭动态输入功能	
DYNPICOORDS	开关	控制指针输入是使用相对坐标格式,还是使用绝对坐标格式	
DYNPIFORMAT	开关	控制指针输入是使用极轴坐标格式,还是使用笛卡儿坐标格式	
DYNPIVIS	整数	控制何时显示指针输入	
DYNPROMPT	整数	控制"动态输入"工具提示中提示的显示	
DYNTOOLTIPS	开关	控制受工具提示外观设置影响的工具提示	
EDGEMODE	整数	控制【TRIM】和【EXTEND】命令确定边界的边和剪切边的方式	
ELEVATION	实数	存储新对象相对于当前 UCS 的当前标高	
ENTERPRISEMENU	字符串	存储企业自定义文件名（如果已定义）,其中包括文件名的路径	
ERHIGHLIGHT	整数	控制在【外部参照】选项板或图形窗口中选择参照的对应内容时,是亮显参照名还是参照对象	
ERRNO	整数	AutoLISP 函数调用导致 AutoCAD 检测到错误时,显示相应的错误代码的编号	
ERSTATE	整数	指示【外部参照】选项板处于打开还是关闭状态	
EXPERT	整数	控制是否显示某些特定提示	
EXPLMODE	整数	控制【EXPLODE】命令是否支持按非统一比例缩放（NUS）的块	
EXPORTEPLOTFORMAT	整数	设置默认的电子文件输出类型:PDF、DWF 或 DWFx	
EXPORTMODELSPACE	整数	指定要将图形中的哪些内容从模型空间中输出为 DWF、DWFx 或 PDF 文件	
EXPORTPAGESETUP	整数	指定是否按照当前页面设置输出为 DWF、DWFx 或 PDF 文件	
EXPORTPAPERSPACE	整数	指定要将图形中的哪些内容从图纸空间中输出为 DWF、DWFx 或 PDF 文件	
EXPVALUE	实数	指定渲染期间要应用的曝光值	
EXPWHITEBALANCE	整数	指定渲染期间要应用的开尔文颜色温度（白平衡）	

（续）

变量名	类型	作　　用	说明
EXTMAX	三维点	存储图形范围右上角点的值	只读
EXTMIN	三维点	存储图形范围左下角点的值	只读
EXTNAMES	整数	为存储于定义表中的命名对象名称（例如线型和图层）设置参数	
FACETERDEVNORMAL	实数	设置曲面法线与相邻网格面之间的最大角度	
FACETERDEVSURFACE	实数	设置经转换的网格对象与实体或曲面的原始形状的相近程度	
FACETERGRIDRATIO	实数	为转换为网格的实体和曲面而创建的网格细分设置最大宽高比	
FACETERMAXEDGELENGTH	实数	为通过从实体和曲面转换创建的网格对象设置边的最大长度	
FACETERMAXGRID	整数	设置内部参数，它会在使用【MESHSMOOTH】命令将对象转换为网格对象时，影响 U 和 V 栅格线的最大数量	
FACETERMESHTYPE	整数	设置要创建的网格类型	
FACETERMINUGRID	整数	设置内部参数，它会在使用【MESHSMOOTH】命令将对象转换为网格对象时，影响 U 栅格线的最小数量	
FACETERMINVGRID	整数	设置内部参数，它会在使用【MESHSMOOTH】命令将对象转换为网格对象时，影响 V 栅格线的最小数量	
FACETERPRIMITIVEMODE	整数	指定转换为网格的对象的平滑度设置是来自【网格镶嵌选项】对话框还是来自【网格图元选项】对话框	
FACETERSMOOTHLEV	整数	设置转换为网格的对象的默认平滑度	
FACETRATIO	整数	控制圆柱和圆锥实体镶嵌面的宽高比	
FACETRES	实数	调整着色和渲染对象、渲染阴影以及删除了隐藏线的对象的平滑度	
FBXIMPORTLOG	整数	控制在将 FBX 文件从 3ds Max 输入 AutoCAD 时，是否创建日志文件	
FIELDDISPLAY	整数	控制字段显示时是否带有灰色背景	
FIELDEVAL	整数	控制字段的更新方式	
FILEDIA	整数	不显示文件导航对话框	
FILETABPREVIEW	整数	控制将光标悬停在图形文件选项卡上方时的预览类型	
FILETABSTATE	整数	指示位于绘图区域顶部的文件选项卡的显示状态	
FILETABTHUMBHOVER	整数	指定当您将光标悬停在文件选项卡缩略图上时，是否在图形窗口中加载相应的模型或布局	
FILLETRAD3D	实数	存储三维对象的当前圆角半径	
FILLETRAD	实数	存储二维对象的当前圆角半径	
FILLMODE	整数	指定是否填充图案填充、二维实体以及宽多段线	
FONTALT	字符串	指定找不到指定的字体文件时要使用的替换字体	
FONTMAP	字符串	指定要用于替换字体的字体映射文件	
FRAMESELECTION	整数	控制是否可以选择图像、参考底图、剪裁外部参照或区域覆盖的隐藏边框	
FRAME	整数	控制所有图像、贴图图像、参考底图、剪裁外部参照和区域覆盖对象的边框的显示	
FRONTZ	实数	以图形单位存储当前视口"前向剪裁平面"到目标平面的偏移	只读
FULLOPEN	整数	指示当前图形是否局部打开	只读
FULLPLOTPATH	整数	控制是否将图形文件的完整路径发送到后台打印	

（续）

变量名	类型	作　用	说明
GALLERYVIEW	整数	控制功能区下拉库中的预览类型	
GEOLATLONGFORMAT	整数	控制【地理位置】对话框和状态栏中纬度值和经度值的格式	
GEOLOCATEMODE	参数	指示位置追踪是处于打开状态还是关闭状态	
GEOMAPMODE	整数	控制用于当前视口中的联机地图的样式	
GEOMARKERVISIBILITY	整数	控制地理标记的可见性	
GEOMARKPOSITIONSIZE	整数	指定在创建位置标记时,用于点对象和多行文字对象的比例因子	
GFANG	实数	指定渐变填充的角度	
GFCLR1	字符串	指定单色渐变填充的颜色或双色渐变填充的第一种颜色	
GFCLR2	字符串	指定双色渐变填充的第二种颜色	
GFCLRLUM	实数	控制单色渐变填充中的明级别或暗级别	
GFCLRSTATE	整数	指定渐变填充是使用单色还是双色	
GFNAME	整数	指定渐变填充的图案	
GFSHIFT	整数	指定渐变填充中的图案是居中还是向上和向左移动	
GLOBALOPACITY	整数	控制所有选项板的透明度级别	
GRIDDISPLAY	位码	控制栅格的显示行为和显示界限	
GRIDMAJOR	整数	控制主栅格线与次栅格线相比较的频率	
GRIDMODE	整数	指定栅格处于打开状态还是关闭状态	
GRIDSTYLE	整数	控制是将栅格显示为点还是线	
GRIDUNIT	二维点	指定当前视口的栅格间距（X 和 Y 方向）	
GRIPBLOCK	整数	控制块中夹点的显示	
GRIPCOLOR	整数	控制未选定夹点的颜色	
GRIPCONTOUR	整数	控制夹点轮廓的颜色	
GRIPDYNCOLOR	整数	控制动态块的自定义夹点的颜色	
GRIPHOT	整数	控制选定夹点的颜色	
GRIPHOVER	整数	控制光标暂停在未选定夹点上时该夹点的填充颜色	
GRIPMULTIFUNCTIONAL	位码	指定多功能夹点选项的访问方法	
GRIPOBJLIMIT	整数	选择集包括的对象多于指定数量时,不显示夹点	
GRIPSIZE	整数	设置夹点框的尺寸（以设备独立像素为单位）	
GRIPSUBOBJMODE	位码	控制在选定子对象时是否自动使夹点成为活动夹点	
GRIPS	整数	控制夹点在选定对象上的显示	
GRIPTIPS	整数	控制当光标悬停在支持夹点提示的动态块和自定义对象的夹点上时,夹点提示的显示	
GROUPDISPLAYMODE	整数	控制在编组选择打开时编组上的夹点的显示	
GTAUTO	整数	控制在具有三维视觉样式的视口中启动命令之前选择对象时,是否自动显示三维小控件	
GTDEFAULT	整数	控制在具有三维视觉样式的视口中启动【MOVE】、【ROTATE】或【SCALE】命令时,是自动启动三维移动操作、三维旋转操作还是三维缩放操作	

（续）

变量名	类型	作　　用	说明
GTLOCATION	整数	控制在具有三维视觉样式的视口中启动命令之前选择对象时，三维移动小控件、三维旋转小控件或三维缩放小控件的初始位置	
HALOGAP	整数	指定一个对象被另一个对象遮挡时显示的间隙	
HANDLES	整数	报告应用程序是否可以访问对象控点	只读
HELPPREFIX	字符串	设定帮助系统的文件路径	
HIDEPRECISION	整数	控制消隐和着色的精度	
HIDETEXT	开关	指定执行【HIDE】命令时是否处理由【TEXT】或【MTEXT】命令创建的文字对象	
HIGHLIGHTSMOOTHING	整数	控制对象亮显的反走样效果	
HIGHLIGHT	整数	控制对象的亮显；不影响使用夹点选定的对象	
HPANG	实数	设定新填充图案的角度	
HPANNOTATIVE	整数	控制新填充图案是否为注释性	
HPASSOC	整数	控制图案填充和填充是否为注释性	
HPBACKGROUNDCOLOR	字符串	控制填充图案的背景色	
HPBOUNDRETAIN	整数	控制是否为新图案填充和填充创建边界对象	
HPBOUND	整数	控制由【HATCH】和【BOUNDARY】命令创建的对象类型	
HPCOLOR	字符串	设定新图案填充的默认颜色	
HPDLGMODE	整数	控制【图案填充和渐变色】对话框以及【图案填充编辑】对话框的显示	
HPDOUBLE	整数	指定用于用户定义图案的双向填充图案	
HPDRAWORDER	整数	控制图案填充和填充的绘图次序	
HPGAPTOL	实数	将几乎封闭一个区域的一组对象视为闭合的图案填充边界	
HPINHERIT	整数	控制在【HATCH】和【HATCHEDIT】命令中使用【继承特性】选项时是否继承图案填充原点	
HPISLANDDETECTIONMODE	整数	控制是否检测内部闭合边界（称为孤岛）	
HPISLANDDETECTION	整数	控制处理图案填充边界中的孤岛的方式	
HPLAYER	整数	指定新图案填充和填充的默认图层	
HPLINETYPE	参数	控制非连续性线型在填充图案中的显示方式	
HPMAXAREAS	整数	设置单个图案填充对象可以拥有的、仍然可以在缩放操作过程中自动切换实体和图案填充的封闭区域的最大数量	
HPMAXLINES	整数	设置在图案填充操作中生成的图案填充线的最大数目	
HPNAME	字符串	设定默认填充图案名称	
HPOBJWARNING	整数	设定可以选择的图案填充边界对象的数量（超过此数量将显示警告消息）	
HPORIGINMODE	整数	控制默认图案填充原点的确定方式	
HPORIGIN	二维点	相对于当前用户坐标系为新填充图案设定图案填充原点	
HPPICKMODE	整数	指定用于识别图案填充区域的默认方法是单击封闭位置还是选择边界对象	
HPQUICKPREVIEW	整数	控制在指定填充区域时是否显示填充图案的预览	
HPQUICKPREVTIMEOUT	整数	设置预览在自动取消之前生成填充图案预览的最长时间	

（续）

变量名	类型	作　　用	说明
HPSCALE	实数	设定填充图案比例因子	
HPSEPARATE	整数	控制在几个闭合边界上进行操作时,是创建单个图案填充对象,还是创建独立的图案填充对象	
HPSPACE	实数	设定用户定义图案的填充图案行距	
HPTRANSPARENCY	字符串	设定新图案填充的默认透明度	
HQGEOM	整数	生成高质量曲线和线宽,并改进二维线框显示的反走样性能	
HYPERLINKBASE	字符串	指定图形中用于所有相对超链接的路径	
IBLENVIRONMENT	整数	启用基于图像的照明并指定当前图像贴图	
IMAGEFRAME	整数	控制是否显示和打印图像和贴图图像边框	
IMAGEHLT	整数	控制是亮显整个光栅图像还是仅亮显光栅图像边框	
IMPLIEDFACE	整数	控制隐含面的检测	
INDEXCTL	整数	控制是否创建图层和空间索引并将其保存到图形文件中	
INETLOCATION	字符串	存储【BROWSER】命令和【浏览 Web】对话框所使用的 Internet 网址	
INPUTHISTORYMODE	位码	控制用户输入历史记录的内容和位置	
INPUTSEARCHDELAY	整数	设置显示命令行建议列表之前要延迟的毫秒数	
INSBASE	三维点	存储【BASE】命令设置的插入基点,用当前空间的 UCS 坐标表示	
INSNAME	字符串	为【INSERT】命令设置默认块名	
INSUNITSDEFSOURCE	整数	当 INSUNITS 设定为 0 时,设置源内容单位值	
INSUNITSDEFTARGET	整数	当 INSUNITS 设定为 0 时,设置目标图形单位值	
INSUNITS	整数	指定插入或附着到图形时,块、图像或外部参照进行自动缩放所使用的图形单位值	
INTELLIGENTUPDATE	整数	控制图形的刷新率	
INTERSECTIONCOLOR	整数	为干涉对象设置颜色	
INTERFEREOBJVS	字符串	为干涉对象设置视觉样式	
INTERFEREVPVS	字符串	指定检查干涉时视口的视觉样式	
INTERSECTIONCOLOR	整数	控制视觉样式设定为“二维线框”时三维曲面交线处的多段线的颜色	
INTERSECTIONDISPLAY	开关	用于控制当视觉样式设置为“二维线框”以及执行【HIDE】命令时三维实体和曲面相交处的显示	
ISAVEBAK	整数	提高增量保存的速度,特别是对于大型图形	
ISAVEPERCENT	整数	决定图形文件中所允许的耗费空间总量	
ISOLINES	整数	指定显示在三维实体的曲面上的等高线数量	
LARGEOBJECTSUPPORT	整数	控制打开和保存图形时大型对象的大小限制	
LASTANGLE	实数	存储相对于当前 UCS 的 XY 平面输入的最后一个圆弧、直线或多段线的端点切向的角度	只读
LASTPOINT	三维点	存储指定的最后一点,用当前空间的 UCS 坐标表示	
LASTPROMPT	字符串	存储回显到命令提示的上一个字符串	只读
LATITUDE	实数	指定地理标记的纬度	

（续）

变量名	类型	作　用	说明
LAYERDLGMODE	整数	控制打开传统还是当前图层特性管理器	
LAYEREVALCTL	整数	控制图层特性管理器中针对新图层计算的【未协调的新图层】过滤器列表	
LAYEREVAL	整数	指定将新图层添加至图形或附着的外部参照时是否计算新图层的图层列表	
LAYERFILTERALERT	整数	删除多余的图层过滤器，可提高性能	
LAYERMANAGERSTATE	整数	指示图层特性管理器处于打开状态还是关闭状态	
LAYERNOTIFY	位码	指定如果找到未协调的新图层，何时显示警告	
LAYLOCKFADECTL	整数	控制锁定图层上对象的淡入程度	
LAYOUTCREATEVIEWPORT	整数	控制是否在添加到图形的每个新布局中自动创建视口	
LAYOUTREGENCTL	整数	指定【模型】选项卡和【布局】选项卡中的显示列表的更新方式	
LAYOUTTAB	整数	切换【模型】和【布局】选项卡的可见性	
LEGACYCODESEARCH	整数	控制搜索可执行文件是否包括启动程序所在的文件夹	
LEGACYCTRLPICK	整数	指定用于循环选择和子对象选择的〈Ctrl〉键的行为	
LENSLENGTH	实数	存储透视视图中使用的焦距（以毫米为单位）	只读
LIGHTGLYPHDISPLAY	整数	打开和关闭光线轮廓的显示	
LIGHTINGUNITS	整数	指定图形的光源单位	
LIGHTLISTSTATE	整数	指示【模型中的光源】选项板处于打开还是关闭状态	
LIGHTSINBLOCKS	整数	控制渲染时是否使用块中包含的光源	
LIMCHECK	整数	控制是否可以在栅格界限外创建对象	
LIMMAX	二维点	存储当前空间的右上方栅格界限，用世界坐标系坐标表示	
LIMMIN	二维点	存储当前空间的左下角的栅格界限，用世界坐标系坐标表示	
LINEFADINGLEVEL	整数	启用硬件加速后，控制线淡入效果的强度	
LINEFADING	整数	控制当硬件加速处于启用状态且已超出线密度限制时，是否淡入线显示	
LINESMOOTHING	整数	控制是否将反走样应用于二维线框视觉样式中的二维对象	
LOCALE	字符串	显示用于指示当前区域的代码	只读
LOCALROOTPREFIX	字符串	存储根文件夹的完整路径，该文件夹中安装了本地可自定义文件	
LOCKUI	位码	锁定工具栏、面板及可固定窗口（例如【设计中心】和【特性】选项板）的位置和大小	
LOFTANG1	实数	设置在放样操作中通过第一个横截面的拔模斜度	
LOFTANG2	实数	设置在放样操作中通过最后一个横截面的拔模斜度	
LOFTMAG1	实数	设置在放样操作中通过第一个横截面的拔模斜度的幅值	
LOFTMAG2	实数	设置在放样操作中通过最后一个横截面的拔模斜度的幅值	
LOFTNORMALS	整数	控制放样对象通过横截面处的法线	
LOFTPARAM	位码	控制放样实体和曲面的形状	
LOGFILEMODE	整数	指定是否将命令历史记录的内容写入日志文件	
LOGFILENAME	字符串	指定当前图形的命令历史记录日志文件的路径和名称	只读

（续）

变量名	类型	作　用	说明
LOGFILEPATH	字符串	指定任务中所有图形的命令历史记录日志文件的路径	
LOGINNAME	字符串	显示当前用户的登录名，并随 DWG 文件和相关文件的文件特性统计信息一起保存	只读
LONGITUDE	实数	指定地理标记的经度	
LTGAPSELECTION	整数	控制是否可以在使用非连续性线型定义的对象上选择或捕捉到间隙	
LTSCALE	实数	设定全局线型比例因子	
LUNITS	整数	设置用于创建对象的线性单位格式	
LUPREC	整数	设定线性单位和坐标的显示精度	
LWDEFAULT	整数	设置默认线宽值	
LWDISPLAY	开关	控制是否显示对象的线宽	
LWUNITS	整数	控制线宽单位是以英寸显示还是以毫米显示	
MATBROWSERSTATE	整数	指示材质浏览器是处于打开还是关闭状态	
MATEDITORSTATE	整数	指示材质编辑器是处于打开状态还是关闭状态	
MAXACTVP	整数	设置布局中可同时激活的视口的最大数目	
MAXSORT	整数	设置项目的最大数目，例如，在对话框、下拉列表和选项板中按字母顺序进行排序的文件名、图层名和块名称	
MAXTOUCHES	整数	标识所连接数字化仪支持的触点数	
MBUTTONPAN	整数	控制定点设备上的第三个按钮或滚轮的行为	
MEASUREINIT	整数	控制从头创建的图形是使用英制还是使用公制默认设置	
MEASUREMENT	整数	控制当前图形是使用英制还是公制填充图案和线型文件	
MENUBAR	整数	控制菜单栏的显示	
MENUECHO	整数	设置菜单回显和提示控制位	
MENUNAME	字符串	存储自定义文件名，包括文件名的路径	只读
MESHTYPE	整数	控制通过【REVSURF】、【TABSURF】、【RULESURF】和【EDGESURF】命令创建的网格的类型	
MILLISECS	整数	存储自系统启动后已经过的毫秒数	
MIRRHATCH	整数	控制 MIRROR 镜像填充图案的方式	
MIRRTEXT	整数	控制 MIRROR 镜像文字的方式	
MLEADERSCALE	实数	设置应用到多重引线对象的全局比例因子	
MODEMACRO	字符串	在状态行中显示文字字符串，例如，当前图形的名称、时间/日期戳记或特殊模式	
MSLTSCALE	整数	按注释比例缩放【模型】选项卡上显示的线型	
MSMSTATE	整数	指示标记集管理器处于打开状态还是关闭状态	
MSOLESCALE	实数	控制具有粘贴到模型空间中的文字的 OLE 对象的大小	
MTEXTAUTOSTACK	参数	控制【MTEXT】命令的自动堆叠	
MTEXTCOLUMN	整数	为多行文字对象设置默认分栏设置	
MTEXTDETECTSPACE	整数	控制是否在【MTEXT】命令中将键盘上的〈Space〉键用于创建列表项	

（续）

变量名	类型	作　　用	说明
MTEXTED	字符串	设置用于编辑多行文字对象的应用程序	
MTEXTFIXED	整数	在指定的文字编辑器中设置多行文字的显示大小和方向	
MTEXTTOOLBAR	整数	控制【文字格式】工具栏的显示	
MTJIGSTRING	字符串	设置启动【MTEXT】命令时显示在光标位置的样例文字内容	
MYDOCUMENTSPREFIX	字符串	存储用户当前登录的【我的文档】文件夹的完整路径	
NAVBARDISPLAY	整数	控制导航栏在所有视口中的显示	
NAVSWHEELMODE	整数	指定 SteeringWheel 的当前模式	
NAVSWHEELOPACITYBIG	整数	控制大型 SteeringWheels 的不透明度	
NAVSWHEELOPACITYMINI	整数	控制小型 SteeringWheels 的不透明度	
NAVSWHEELSIZEBIG	整数	指定大型 SteeringWheels 的大小	
NAVSWHEELSIZEMINI	整数	指定小型 SteeringWheels 的大小	
NAVVCUBEDISPLAY	整数	控制 ViewCube 工具在当前视觉样式和当前视口中的显示	
NAVVCUBELOCATION	整数	标识显示 ViewCube 工具在视口中的角点	
NAVVCUBEOPACITY	整数	控制 ViewCube 工具处于未激活状态时的不透明度	
NAVVCUBEORIENT	整数	控制 ViewCube 工具是反映当前 UCS 还是反映 WCS	
NAVVCUBESIZE	整数	指定 ViewCube 工具的大小	
NOMUTT	整数	不显示通常情况下显示的消息（即不进行消息反馈）	
NORTHDIRECTION	实数	指定 WCS 的 Y 轴和栅格北向之间的角度	
OBJECTISOLATIONMODE	整数	控制隐藏的对象在绘图任务之间是否保持隐藏状态	
OBSCUREDCOLOR	整数	指定遮挡线的颜色	
OBSCUREDLTYPE	整数	指定遮挡线的线型	
OFFSETDIST	实数	设置默认的偏移距离	
OFFSETGAPTYPE	整数	控制偏移多段线时处理线段之间的连接方式	
OLEFRAME	整数	控制是否显示和打印图形中所有 OLE 对象的边框	
OLEHIDE	整数	控制 OLE 对象的显示和打印	
OLEQUALITY	整数	为所有 OLE 对象设置默认打印质量	
OLESTARTUP	整数	控制打印时是否加载嵌入 OLE 对象的源应用程序	
ONLINESYNCTIME	整数	控制当前自定义设置与 Autodesk A360 进行同步的时间间隔	
OPENPARTIAL	整数	控制是否可以在图形文件完全打开之前对其进行操作	
OPMSTATE	整数	指示【特性】选项板处于打开、关闭还是隐藏状态	
ORBITAUTOTARGET	整数	控制为【3DORBIT】命令获取目标点的方式	
ORTHOMODE	整数	限定光标在垂直方向移动	
OSMODE	整数	设置执行对象捕捉	
OSNAPCOORD	整数	控制在命令行输入的坐标是否替代运行的对象捕捉	
OSNAPNODELEGACY	整数	控制"节点"对象捕捉是否可用于捕捉多行文字对象	
OSNAPOVERRIDE	整数	防止替代默认对象捕捉设置	

（续）

变量名	类型	作　用	说明
OSNAPZ	整数	控制对象捕捉是否自动投影到与当前 UCS 中位于当前标高的 XY 平面平行的平面上	
OSOPTIONS	位码	控制是否在图案填充对象、使用动态 UCS 时具有负 Z 值的几何图形或者尺寸界线上禁用对象捕捉	
PALETTEOPAQUE	整数	控制是否可以使选项板透明	
PAPERUPDATE	整数	控制当尝试使用不同于绘图仪配置文件默认指定的图纸尺寸打印布局时，警告对话框的显示	
PARAMETERCOPYMODE	整数	控制在图形、模型空间和布局以及块定义之间复制约束对象时，处理约束和参照的用户参数的方式	
PARAMETERSSTATUS	整数	指示"参数管理器"是处于显示状态还是隐藏状态	
PCMSTATE	整数	指示点云管理器处于打开状态还是关闭状态	
PDFFRAME	整数	确定 PDF 参考底图边框是否可见	
PDFIMPORTFILTER	位码	控制哪些数据类型要从 PDF 文件中输入并转换为 AutoCAD 对象	
PDFIMPORTIMAGEPATH	字符串	指定在输入 PDF 文件后用于提取和保存参照图像文件的文件夹	
PDFIMPORTLAYERS	整数	控制将哪些图层指定给输入自 PDF 文件的对象	
PDFIMPORTMODE	位码	控制从 PDF 文件输入对象时的默认处理	
PDFOSNAP	整数	决定是否为附着在图形中的 PDF 参考底图中的几何图形激活对象捕捉	
PDFSHXBESTFONT	整数	在将输入的 PDF 几何图形转换为文字时，控制【PDFSHXTEXT】命令使用最佳匹配字体，或使用超过识别阈值的第一个选定字体	
PDFSHXLAYER	整数	控制在将 SHX 几何图形转换为文字对象时，指定给新创建的文字对象的图层	
PDFSHXTHRESHOLD	实数	设置所选几何图形在转换为文字对象之前必须匹配某个字体的百分比	
PDFSHX	整数	控制是否在将图形输出为 PDF 文件时，将使用 SHX 字体的文字对象存储在 PDF 文件中作为注释	
PDMODE	整数	控制点对象的显示方式	
PDSIZE	实数	设置点对象的显示大小	
PEDITACCEPT	整数	自动将选定对象转换为多段线，而在使用 PEDIT 时不显示提示	
PELLIPSE	整数	控制通过【ELLIPSE】命令创建的椭圆类型	
PERIMETER	实数	存储由【AREA】和【LIST】命令计算的上一个周长值	只读
PERSPECTIVECLIP	实数	决定视点剪裁的位置	
PERSPECTIVE	整数	指定当前视口是否显示透视视图	
PFACEVMAX	整数	设置多面网格中面顶点的最大数量	只读
PICKADD	整数	控制后续选择项是替换当前选择集还是添加到其中	
PICKAUTO	整数	控制用于对象选择的自动窗口选择	
PICKBOX	整数	设置对象选择目标的高度（以设备独立像素为单位）	
PICKDRAG	整数	控制绘制选择窗口的方法	
PICKFIRST	整数	控制是否可以在启动命令之前选择对象	
PICKSTYLE	整数	控制组选择和关联图案填充选择的使用	
PLATFORM	字符串	指示正在使用的操作系统	只读

（续）

变量名	类型	作　用	说明
PLINECONVERTMODE	整数	指定将样条曲线转换为多段线时使用的拟合方法	
PLINEGCENMAX	整数	设置多段线可以拥有的最大线段数量，以便应用程序计算几何中心	
PLINEGEN	整数	控制绘制时，绕二维多段线的顶点生成线型图案的方式	
PLINEREVERSEWIDTHS	整数	控制反转多段线的方向时多段线的外观	
PLINETYPE	整数	指定是否使用优化的二维多段线	
PLINEWID	实数	存储默认的多段线宽度	
PLOTOFFSET	整数	控制打印偏移是相对于可打印区域还是相对于图纸边	
PLOTROTMODE	整数	控制打印方向	
PLOTTRANSPARENCYOVERRIDE	整数	控制是否打印对象透明度	
PLQUIET	整数	控制可选的打印相关对话框和非致命脚本错误的显示	
POINTCLOUD2DVSDISPLAY	整数	在使用二维边框视觉样式查看点云时，切换边界框和文字消息的显示	
POINTCLOUDAUTOUPDATE	整数	仅适用于传统（2015 之前版本）点云对象。控制在操作、平移、缩放或动态观察后是否自动重新生成点云	
POINTCLOUDBOUNDARY	整数	控制是否显示点云边界框	
POINTCLOUDCACHESIZE	整数	指定为显示点云而保留的内存量	
POINTCLOUDCLIPFRAME	整数	控制传统点云上的剪裁边界是否显示在屏幕上或出现在打印输出的文件中	
POINTCLOUDDENSITY	整数	仅适用于传统（2015 之前版本）点云对象。控制工程视图中为所有传统点云显示的点的百分比	
POINTCLOUDLIGHTING	整数	控制点云的光源效果的显示方式	
POINTCLOUDLIGHTSOURCE	整数	当光源处于打开状态时，确定点云的光源	
POINTCLOUDLOCK	整数	控制是否可以操纵、移动、裁剪或旋转附着的点云	
POINTCLOUDLOD	整数	为点云设置显示的细节级别	
POINTCLOUDPOINTMAXLEGACY	整数	仅适用于传统（2015 之前版本）点云。设置可以为所有附着到图形的传统点云显示的最大点数	
POINTCLOUDPOINTMAX	整数	设置可以为所有附着到图形的点云显示的最大点数。不会影响传统（2015 之前版本）点云	
POINTCLOUDPOINTSIZE	整数	控制新点云对象的点的大小	
POINTCLOUDRTDENSITY	整数	通过在缩放、平移或动态观察期间减少显示的点数，可以提高性能	
POINTCLOUDSHADING	整数	指定点云中的点的亮度是漫射还是镜面反射	
POINTCLOUDVISRETAIN	整数	控制传统图形（在 AutoCAD 2014 中创建）是否保留单个扫描（RCS 文件）的打开或关闭状态和由附着的点云项目文件（RCP 文件）参照的面域	
POLARADDANG	实数	存储极轴追踪和极轴捕捉的附加角度	
POLARANG	实数	设置极轴角增量	
POLARDIST	实数	当【SNAPTYPE】设定为 1（PolarSnap）时，设置捕捉增量	
POLARMODE	整数	控制极轴追踪和对象捕捉追踪的设置	
POLYSIDES	整数	为【POLYGON】命令设置默认边数	
POPUPS	整数	指示当前配置的显示驱动程序状态	只读

（续）

变量名	类型	作　　用	说明
PREVIEWEFFECT	整数	指定用于对象预选择的视觉效果	
PREVIEWCREATIONTRANS-PARENCY	整数	控制在使用 SURFBLEND、SURFPATCH、SURFFILLET、FIL-LETEDGE、CHAMFEREDGE 和 LOFT 时生成的预览透明度	
PREVIEWFILTER	位码	从选择预览中排除指定的对象类型	
PREVIEWTYPE	整数	控制要用于图形缩略图预览的视图	
PRODUCT	字符串	显示产品名称	只读
PROGRAM	字符串	显示程序名称	只读
PROJECTNAME	字符串	为当前图形指定工程名称	
PROJMODE	整数	设置当前投影模式以进行修剪或延伸	
PROPERTYPREVIEW	整数	控制在将光标悬停在控制特性的下拉列表和库上时，是否可以预览对当前选定对象的更改	
PROPOBJLIMIT	整数	限制可以使用【特性】和【快捷特性】选项板一次更改的对象数	
PROPPREVTIMEOUT	整数	设置可用于生成特性预览的最大时间量	
PROXYGRAPHICS	整数	指定是否将代理对象的图像保存在图形中	
PROXYNOTICE	整数	创建代理时显示通知	
PROXYSHOW	整数	控制代理对象在图形中的显示	
PSLTSCALE	整数	控制在图纸空间视口中显示的对象的线型比例缩放	
PSOLHEIGHT	实数	控制通过【POLYSOLID】命令创建的扫掠实体对象的默认高度	
PSOLWIDTH	实数	控制使用【POLYSOLID】命令创建的扫掠实体对象的默认宽度	
PSTYLEMODE	整数	指示当前图形处于颜色相关打印样式模式还是命名打印样式模式	只读
PSTYLEPOLICY	整数	控制打开在 AutoCAD 2000 之前的版本中创建的图形或不使用图形模板从头创建新图形时，使用的打印样式模式（颜色相关打印样式模式或命名打印样式模式）	
PSVPSCALE	实数	为所有新创建的视口设置视图比例因子	
PUBLISHALLSHEETS	整数	指定在【发布】对话框中是加载激活文档的内容还是加载所有打开文档的内容	
PUBLISHCOLLATE	整数	控制打印图样集、多页打印文件或后台打印文件时是否可以被其他打印作业中断	
PUBLISHHATCH	整数	控制在 Autodesk Impression 中打开发布为 DWF 或 DWFx 格式的填充图案时，是否将其视为单个对象	
PUCSBASE	字符串	存储定义正交 UCS 设置（仅用于图纸空间）的原点和方向的 UCS 名称	
QCSTATE	整数	指示"快速计算器"计算器处于打开状态还是关闭状态	
QPLOCATION	整数	设置【快捷特性】选项板的位置	
QPMODE	整数	控制在选定对象时是否显示【快捷特性】选项板	
QTEXTMODE	整数	控制文字的显示方式	
QVDRAWINGPIN	整数	控制图形预览图像的默认显示状态	
QVLAYOUTPIN	整数	控制图形中模型空间和布局的预览图像的默认显示状态	
RASTERDPI	整数	控制从有标注输出设备更改为无标注输出设备（或反之）时的图纸尺寸和打印缩放比例	

（续）

变量名	类型	作　　用	说明
RASTERPERCENT	整数	设置可用于打印光栅图像的可用虚拟内存的最大百分比	
RASTERPREVIEW	整数	控制是否将缩略图预览图像随图形一起创建和保存	
RASTERTHRESHOLD	整数	以兆字节指定打印时光栅图像的阈值	
RE-INIT	位码	重新初始化数字化仪、数字化仪端口和 acad.pgp 文件	
REBUILD2DCV	整数	设定重新生成样条曲线时的控制点数量	
REBUILD2DDEGREE	整数	设定重新生成样条曲线时的全局阶数	
REBUILD2DOPTION	整数	控制重新生成样条曲线时是否删除原始曲线	
REBUILDDEGREEU	整数	设定重新生成 NURBS 曲面时 U 方向上的阶数	
REBUILDDEGREEV	整数	设定重新生成 NURBS 曲面时 V 方向上的阶数	
REBUILDOPTIONS	整数	控制重新生成 NURBS 曲面时的删除和修剪选项	
REBUILDU	整数	设定重新生成 NURBS 曲面时 U 方向上的栅格线数量	
REBUILDV	整数	设定重新生成 NURBS 曲面时 V 方向上的栅格线数量	
RECOVERAUTO	位码	控制在打开损坏的图形文件之前或之后恢复通知的显示	
RECOVERYMODE	整数	控制系统出现故障后是否记录图形修复信息	
REFEDITNAME	字符串	显示正在编辑的参照名称	只读
REFPATHTYPE	整数	控制当参照文件第一次附着到宿主图形文件时，是使用完整路径、相对路径还是无路径	
REGENMODE	整数	控制图形的自动重生成	
REMEMBERFOLDERS	整数	控制显示在【标准文件选择】对话框中的默认路径	
RENDERENVSTATE	整数	指示【环境和曝光】选项板处于打开状态还是关闭状态	
RENDERLEVEL	整数	指定渲染引擎为创建渲染图像而执行的层级数或迭代数	
RENDERLIGHTCALC	整数	控制光源和材质的渲染精度	
RENDERPREFSSTATE	整数	指示【渲染预设管理器】选项板是处于打开状态还是关闭状态	
RENDERTIME	整数	指定渲染引擎用于反复细化渲染图像的分钟数	
RENDERUSERLIGHTS	整数	控制是否在渲染过程中替代视口光源的设置	
REPORTERROR	整数	控制程序异常关闭时是否可以向 Autodesk 发送错误报告	
REVCLOUDCREATEMODE	整数	指定用于创建修订云线的默认输入	
REVCLOUDGRIPS	整数	控制修订云线上显示的夹点数	
RIBBONBGLOAD	整数	控制功能区选项卡是否在处理器空闲时间由后台进程加载到内存中	
RIBBONCONTEXTSELLIM	整数	限制可以使用功能区特性控件或上下文选项卡一次更改的对象数	
RIBBONDOCKEDHEIGHT	整数	确定是将水平固定的功能区设定为当前选项卡的高度还是预先定义的高度	
RIBBONICONRESIZE	整数	控制是否将功能区上的图标大小调整为标准大小	
RIBBONSELECTMODE	整数	决定调用功能区上下文选项卡并完成命令后预先选择集是否仍处于选中状态	
RIBBONSTATE	整数	指示功能区选项板处于打开状态还是关闭状态	
ROAMABLEROOTPREFIX	字符串	存储根文件夹的完整路径，该文件夹中安装了可漫游的可自定义文件	

（续）

变量名	类型	作　用	说明
ROLLOVEROPACITY	整数	控制光标移动到选项板上时选项板的透明度	
ROLLOVERTIPS	整数	控制当光标悬停在对象上时光标悬停工具提示的显示	
RTDISPLAY	整数	控制执行实时【ZOOM】或【PAN】命令时光栅图像和 OLE 对象的显示	
RenderTarget	整数	控制渲染引擎要使用的渲染持续时间类型	
SAFEMODE	整数	指示是否可在当前 AutoCAD 任务中加载和执行可执行代码	
SAVEFIDELITY	位码	在 AutoCAD 2007 及更早版本中控制注释性对象的视觉逼真度	
SAVEFILEPATH	字符串	指定当前任务中所有自动保存文件的文件夹路径	
SAVEFILE	字符串	存储当前自动保存的文件名	只读
SAVENAME	字符串	显示最近保存的图形的文件名和文件夹路径	只读
SAVETIME	整数	以分钟为单位设置自动保存时间间隔	
SCREENMODE	整数	指示显示的状态	只读
SCREENSIZE	二维点	以像素为单位存储当前视口大小(X 和 Y)	只读
SECTIONOFFSETINC	整数	设定单击控件时截面对象到截面平面的偏移距离	
SECTIONTHICKNESSINC	整数	设置截面切片厚度控件增加或减少的点数	
SECURELOAD	整数	控制 AutoCAD 是否基于条件（即它们是否在受信任的文件夹中）来加载可执行文件	
SELECTIONANNODISPLAY	整数	控制选定注释性对象后，备用比例图示是否暂时以暗显状态显示	
SELECTIONAREAOPACITY	整数	控制进行窗口选择和窗交选择时选区域的透明度	
SELECTIONAREA	整数	控制选择区域的显示效果	
SELECTIONCYCLING	整数	控制与重叠对象和选择循环关联的显示选项	
SELECTIONEFFECTCOLOR	字符串	设置对象选择上的光晕亮显效果的颜色	
SELECTIONEFFECT	整数	指定对象处于选中状态时所使用的视觉效果	
SELECTIONOFFSCREEN	整数	控制屏幕外对象的选择	
SELECTIONPREVIEWLIMIT	整数	限制在窗口或窗交选择期间可以显示预览亮显的对象数	
SELECTIONPREVIEW	位码	控制选择预览的显示	
SELECTSIMILARMODE	位码	控制对于将使用 SELECTSIMILAR 选择的同类型对象，必须匹配哪些特性	
SETBYLAYERMODE	整数	控制为【SETBYLAYER】命令选择哪些特性	
SHADEDGE	整数	控制边的着色	
SHADEDIF	整数	设置漫反射光与环境光的比率	
SHADOWPLANELOCATION	实数	控制用于显示阴影的不可见地平面的位置	
SHORTCUTMENUDURATION	整数	指定必须按下定点设备的右键多长时间才会在绘图区域中显示快捷菜单	
SHORTCUTMENU	整数	控制默认、编辑和命令模式的快捷菜单在绘图区域是否可用	
SHOWHIST	整数	控制图形中实体的"显示历史记录"特性	
SHOWLAYERUSAGE	整数	在图层特性管理器中显示图标以指示图层是否处于使用状态	
SHOWMOTIONPIN	整数	控制缩略图图像的默认状态	

（续）

变量名	类型	作　　用	说明
SHOWNEWSTATE	整数	指示更新中亮显的新功能是否处于活动状态	
SHOWPAGESETUPFORNEW-LAYOUTS	整数	指定在创建新布局时是否显示页面设置管理器	
SHOWPALETTESTATE	整数	指示是否通过【HIDEPALETTES】命令隐藏选项板或通过【SHOW-PALETTES】命令恢复选项板	
SHPNAME	字符串	设置默认的图形名称（必须遵守符号命名约定）	
SIGWARN	整数	控制打开附着数字签名的文件时是否发出警告	
SKETCHINC	实数	设置用于【SKETCH】命令的记录增量	
SKPOLY	整数	确定【SKETCH】命令生成的是直线、多段线还是样条曲线	
SKTOLERANCE	整数	确定样条曲线布满手画线草图的紧密程度	
SKYSTATUS	整数	决定渲染时是否计算天空照明	
SMOOTHMESHCONVERT	整数	控制对转换为三维实体或曲面的网格对象是进行平滑处理还是进行镶嵌，以及是否合并它们的面	
SMOOTHMESHGRID	整数	设置底层网格镶嵌面栅格显示在三维网格对象中时的最大平滑度	
SMOOTHMESHMAXFACE	整数	设置网格对象允许使用的最大面数	
SMOOTHMESHMAXLEV	整数	设置网格对象的最大平滑度	
SNAPANG	实数	相对于当前 UCS 设置当前视口的捕捉和栅格旋转角度	
SNAPBASE	二维点	相对于当前 UCS 设置当前视口的捕捉和栅格原点	
SNAPGRIDLEGACY	整数	控制光标是否仅在操作时捕捉到栅格	
SNAPISOPAIR	整数	控制当前视口的等轴测平面	
SNAPMODE	整数	在当前视口中打开和关闭捕捉模式	
SNAPSTYL	整数	将栅格和栅格捕捉设置为当前视口的矩形或等轴测	
SNAPTYPE	整数	为当前视口设置捕捉类型（矩形或环形）	
SNAPUNIT	二维点	设置当前视口的捕捉间距	
SOLIDCHECK	整数	为当前任务打开和关闭三维实体校验	
SOLIDHIST	整数	控制新复合实体是否保留其原始零部件的历史记录	
SORTENTS	整数	控制对象排序，以支持若干操作的绘图次序	
SORTORDER	整数	指定是使用自然排序顺序还是 ASCII 值来排序图层列表	
SPACESWITCH	整数	控制是否可以通过在布局视口内双击来访问模型空间	
SPLDEGREE	整数	存储最近使用的样条曲线阶数设置，并设定在指定控制点时【SPLINE】命令的默认阶数设置	
SPLFRAME	整数	控制螺旋和平滑处理的网格对象的显示	
SPLINESEGS	整数	设置要为每条样曲线条拟合多段线（此多段线通过【PEDIT】命令的【样条曲线】选项生成）生成的线段数目	
SPLINETYPE	整数	设置由【PEDIT】命令的【样条曲线】选项生成的曲线类型	
SPLKNOTS	整数	当指定拟合点时，存储【SPLINE】命令的默认节点选项	
SPLMETHOD	整数	存储用于【SPLINE】命令的默认方法是拟合点还是控制点	
SPLPERIODIC	整数	控制是否生成具有周期性特性的闭合样条曲线和 NURBS 曲面，以保持在闭合点或接合口处的最平滑的连续性	

（续）

变量名	类型	作　　用	说明
SSFOUND	字符串	如果搜索图样集成功,则显示图样集路径和文件名	
SSLOCATE	整数	控制打开图形时是否找到并打开与该图形相关联的图样集	
SSMAUTOOPEN	整数	控制打开与图样相关联的图形时图样集管理器的显示行为	
SSMPOLLTIME	整数	控制图样集中状态数据的自动刷新时间间隔	
SSMSHEETSTATUS	整数	控制图样集中状态数据的刷新方式	
SSMSTATE	整数	指示【图纸集管理器】窗口处于打开状态还是关闭状态	
STANDARDSVIOLATION	整数	指定创建或修改非标准对象时,是否通知用户当前图形中存在标准冲突	
STARTINFOLDER	字符串	存储从中启动产品的驱动器和文件夹路径	
STARTMODE	整数	控制【开始】选项卡的显示	
STARTUP	整数	控制在应用程序启动时或打开新图形时显示的内容	
STATUSBAR	整数	控制状态栏的显示	
STEPSIZE	实数	指定漫游或飞行模式中每一步的大小（以图形单位表示）	
STEPSPERSEC	实数	指定漫游或飞行模式中每秒执行的步数	
SUBOBJSELECTIONMODE	整数	过滤在将光标悬停于面、边、顶点或实体历史记录子对象上时是否亮显它们	
SUNPROPERTIESSTATE	整数	指示【阳光特性】窗口处于打开状态还是关闭状态	
SUNSTATUS	整数	打开和关闭当前视口中阳光的光源效果	
SUPPRESSALERTS	整数	控制关于在早期版本的产品中打开和保存新图形时可能会丢失数据的警告	
SURFACEASSOCIATIVI-TYDRAG	整数	设置关联曲面的拖动预览行为	
SURFACEASSOCIATIVITY	整数	控制曲面是否保留与从中创建了曲面的对象的关系	
SURFACEAUTOTRIM	整数	设定在将几何图形投影到曲面上时是否自动修剪曲面	
SURFACEMODELINGMODE	整数	控制是将曲面创建为程序曲面还是 NURBS 曲面	
SURFTAB1	整数	为【RULESURF】和【TABSURF】命令设置要生成的表格数目	
SURFTAB2	整数	为【REVSURF】和【EDGESURF】命令设置在 N 方向的网格密度	
SURFTYPE	整数	控制【PEDIT】命令的【平滑】选项要执行的曲面拟合类型	
SURFU	整数	为【PEDIT】命令的【平滑】选项设置在 M 方向的曲面密度以及曲面对象上的 U 素线密度	
SURFV	整数	为【PEDIT】命令的【平滑】选项设置在 N 方向的曲面密度以及曲面对象上的 V 素线密度	
SYSCODEPAGE	字符串	指示由操作系统决定的系统代码页	只读
SYSMON	整数	控制是否监视定义的系统变量列表	
TABLEINDICATOR	整数	控制当打开在位文字编辑器以编辑表格单元时,行编号和列字母的显示	
TABLETOOLBAR	整数	控制表格工具栏的显示	
TABMODE	整数	控制数字化仪输入设备的使用	
TARGET	三维点	存储目标点的 UCS 坐标以用于当前视口中的透视投影	只读
TBCUSTOMIZE	开关	控制是否可以自定义工具选项板组	

（续）

变量名	类型	作　　用	说明
TBSHOWSHORTCUTS	字符串	指定使用〈Ctrl〉键和〈Alt〉键的快捷键组合是否显示在工具栏的工具提示上	
TDCREATE	实数	存储创建图形时的本地时间和日期	只读
TDINDWG	实数	存储总的编辑时间，即在两次保存当前图形之间花费的总时间	只读
TDUCREATE	实数	存储创建图形时的通用时间和日期	只读
TDUPDATE	实数	存储上次更新/保存时的本地时间和日期	只读
TDUSRTIMER	实数	存储用户花费时间计时器	只读
TDUUPDATE	实数	存储上次更新或保存时的世界标准时间和日期	只读
TEMPOVERRIDES	整数	打开或关闭用于辅助绘图的临时替代键	
TEMPPREFIX	字符串	存储为临时文件指定的文件夹名称，附带路径分隔符	只读
TEXTALIGNMODE	整数	存储对齐文字的对齐选项	
TEXTALIGNSPACING	整数	存储对齐文字的间距选项	
TEXTALLCAPS	参数	将通过【TEXT】或【MTEXT】命令创建的所有新文字转换为大写	
TEXTAUTOCORRECTCAPS	整数	更正因意外启用〈Caps Lock〉键而导致的常见文本错误	
TEXTEDITMODE	整数	控制是否自动重复【TEXTEDIT】命令	
TEXTED	整数	指定创建和编辑单行文字时显示的用户界面	
TEXTEVAL	整数	控制如何判定用【TEXT】使用 AutoLISP）或 −TEXT 输入的文字字符串	
TEXTFILL	整数	控制是否填充 TrueType 字体以用于打印	
TEXTJUSTIFY	字符串	显示【TEXT】命令在创建单行文字时使用的默认对正方式	
TEXTOUTPUTFILEFORMAT	整数	提供日志文件的【Unicode】选项	
TEXTQLTY	整数	设置打印和渲染时 TrueType 文字的分辨率	
TEXTSIZE	实数	设置创建新文字对象时默认的文字高度	
TEXTSTYLE	字符串	设置当前文字样式的名称	
THICKNESS	实数	在创建二维几何对象时，设置默认的三维厚度特性	
THUMBSAVE	整数	控制是否将缩略图预览图像保存在图形中	
THUMBSIZE	整数	为所有缩略图预览图像指定显示分辨率（以像素为单位）	
TILEMODE	整数	控制是否可以访问图纸空间	
TIMEZONE	枚举	设置图形中阳光的时区	
TOOLTIPMERGE	开关	将草图工具提示合并为单个工具提示	
TOOLTIPSIZE	整数	设定绘图工具提示和动态输入文字的显示大小	
TOOLTIPS	整数	控制工具提示在功能区、工具栏及其他用户界面元素中的显示	
TOOLTIPTRANSPARENCY	整数	设置绘图工具提示的透明度	
TOUCHMODE	整数	对于那些使用支持触摸的屏幕或界面的用户，可以控制功能区上【触摸】面板的显示	
TPSTATE	整数	指示【工具选项板】窗口处于打开状态还是关闭状态	
TRACKPATH	整数	控制极轴追踪和对象捕捉追踪对齐路径的显示	
TRANSPARENCYDISPLAY	整数	控制指定给单个对象或 ByLayer 的透明度特性是可见还是被禁用	

（续）

变量名	类型	作　用	说明
TRAYICONS	整数	控制是否在状态栏上显示状态托盘	
TRAYNOTIFY	整数	控制是否在状态栏托盘中显示服务通知	
TRAYTIMEOUT	整数	控制服务通知的显示时间长度（以秒为单位）	
TREEDEPTH	整数	指定最大深度，即树状结构的空间索引可以分出分支的次数	
TREEMAX	整数	通过限制空间索引（八分树）中的节点数目，从而限制重生成图形时占用的内存	
TRIMMODE	整数	控制是否为倒角和圆角修剪选定边	
TRUSTEDDOMAINS	字符串	指定域名或 URL，以便 AutoCAD 可从其运行 JavaScript 代码	
TRUSTEDPATHS	字符串	指定哪些文件夹具有加载并执行包含代码的文件的权限	
TSPACEFAC	实数	控制多行文字的行间距（按文字高度的因子测量）	
TSPACETYPE	整数	控制多行文字中使用的行间距类型	
TSTACKALIGN	整数	控制堆叠文字的垂直对齐	
TSTACKSIZE	整数	控制堆叠文字分数高度相对于选定文字的当前高度的百分比	
UCS2DDISPLAYSETTING	整数	在二维线框视觉样式设置为当前时显示 UCS 图标	
UCS3DPARADISPLAYSETTING	整数	在透视视图处于禁用状态且三维视觉样式设置为当前时显示 UCS 图标	
UCS3DPERPDISPLAYSETTING	整数	在透视视图处于启用状态且三维视觉样式设置为当前时显示 UCS 图标	
UCSAXISANG	整数	使用【UCS】命令的【X】、【Y】或【Z】选项绕其一个轴旋转时，存储默认角度	
UCSBASE	字符串	存储定义正交 UCS 设置的原点和方向的 UCS 名称	
UCSDETECT	整数	控制创建涉及三维平整面的对象时是否激活动态 UCS 获取	
UCSFOLLOW	整数	从一个 UCS 转换为另一个 UCS 时生成平面视图	
UCSICON	整数	控制 UCS 图标可见性和位置	
UCSNAME	字符串	存储在当前空间中用于当前视口的当前用户坐标系的名称	只读
UCSORG	三维点	存储在当前空间中用于当前视口的当前用户坐标系的原点	只读
UCSORTHO	整数	决定 UCS 的 XY 平面是否在正交视图恢复时自动与当前视图的平面恢复对齐	
UCSSELECTMODE	整数	控制是否可以使用夹点选择和操纵 UCS 图标	
UCSVIEW	整数	决定当前 UCS 是否随命名视图一起保存	
UCSVP	整数	确定在其他视口中的 UCS 是从属于还是独立于当前视口的 UCS	
UCSXDIR	三维点	为当前空间中当前视口存储当前 UCS 的 X 方向	只读
UCSYDIR	三维点	为当前空间中当前视口存储当前 UCS 的 Y 方向	只读
UNDOCTL	整数	显示在【UNDO】命令中使用的选项	只读
UNDOMARKS	整数	显示放置在 UNDO 控制流中的标记数	只读
UNITMODE	整数	控制单位的显示格式	
UOSNAP	整数	确定对象捕捉是否可用于 DWF、DWFx、PDF 和 DGN 参考底图中的几何图形	
UPDATETHUMBNAIL	位码	控制视图和布局的缩略图预览的更新	

（续）

变量名	类型	作　　用	说明
USERI1~5	整数	提供整数值的存储和检索功能	
USERR1~5	实数	提供实数的存储和检索功能	
USERS1~5	字符串	提供文字字符串数据的存储和检索功能	
VIEWCTR	三维点	存储当前视口中视图的中心	只读
VIEWDIR	三维点	存储当前视口中的观察方向（用 UCS 坐标表示）	只读
VIEWMODE	整数	存储当前视口的视图设置	只读
VIEWSIZE	实数	存储当前视口中显示的视图的高度（按图形单位测量）	只读
VIEWSKETCHMODE	整数	指示系统是否在符号草图模式中	
VIEWTWIST	实数	存储相对于 WCS 测量的当前视口的视图旋转角度	只读
VIEWUPDATEAUTO	整数	控制在更改源模型时模型文档工程视图是否会自动更新	
VISRETAIN	整数	控制外部参照相关图层的特性	
VPCONTROL	整数	控制是否显示位于每个视口左上角的视口工具、视图和视觉样式的菜单	
VPLAYEROVERRIDESMODE	整数	控制是否显示和打印布局视口的图层特性替代	
VPLAYEROVERRIDES	整数	指示对于当前图层视口是否存在任何具有视口（VP）特性替代的图层	
VPMAXIMIZEDSTATE	整数	指示是否将视口最大化	
VPROTATEASSOC	整数	控制旋转视口时视口内的视图是否随视口一起旋转	
VSACURVATUREHIGH	实数	设定在曲率分析（ANALYSISCURVATURE）过程中使曲面显示为绿色的值	
VSACURVATURELOW	实数	设定在曲率分析（ANALYSISCURVATURE）过程中使曲面显示为蓝色的值	
VSACURVATURETYPE	整数	控制使用【ANALYSISCURVATURE】命令时进行哪种类型的曲率分析	
VSADRAFTANGLEHIGH	实数	设定在拔模分析（ANALYSISDRAFT）过程中使模型显示为绿色的值	
VSADRAFTANGLELOW	实数	设定在拔模分析（ANALYSISDRAFT）过程中使模型显示为蓝色的值	
VSAZEBRACOLOR1	字符串	设定在斑纹分析（ANALYSISZEBRA）过程中所显示的斑纹条纹的第一种颜色	
VSAZEBRACOLOR2	字符串	设定在斑纹分析（ANALYSISZEBRA）过程中所显示的斑纹条纹的第二种（对比）颜色	
VSAZEBRADIRECTION	整数	控制在斑纹分析（ANALYSISBRA）过程中斑纹条纹是水平显示、竖直显示还是以某一角度显示	
VSAZEBRASIZE	整数	控制在斑纹分析（ANALYSISZEBRA）过程中所显示的斑纹条纹的宽度	
VSAZEBRATYPE	整数	设定在使用斑纹分析（ANALYSISZEBRA）时斑纹显示的类型	
VSBACKGROUNDS	整数	控制是否以应用于当前视口的视觉样式显示背景	
VSEDGECOLOR	字符串	设置当前视口视觉样式中边的颜色	
VSEDGEJITTER	整数	使对象上的边看起来具有多个线性笔画，就像它们是用铅笔绘制的	
VSEDGELEX	整数	使三维对象上的边延伸到交点之外，以达到手绘效果	

（续）

变量名	类型	作　用	说明
VSEDGEOVERHANG	整数	使三维对象上的边延伸到交点之外,以达到手绘效果	
VSEDGESMOOTH	整数	指定折缝边的显示角度	
VSEDGES	整数	控制显示在视口中的边的类型	
VSFACECOLORMODE	整数	控制如何计算面的颜色	
VSFACEHIGHLIGHT	整数	控制当前视口中不具有材质的面上镜面亮显的显示	
VSFACEOPACITY	整数	为三维对象打开和关闭透明度预设级别	
VSFACESTYLE	整数	控制如何在当前视口中显示面	
VSHALOGAP	整数	设置应用于当前视口的视觉样式中的光晕间隔	
VSHIDEPRECISION	整数	控制应用于当前视口的视觉样式中的隐藏和着色精度	
VSINTERSECTIONCOLOR	整数	设置独立三维实体、曲面和网格的相交边颜色以实现某种视觉样式	
VSINTERSECTIONEDGES	参数	控制独立三维实体、曲面和网格相交边显示以实现某种视觉样式	
VSINTERSECTIONLTYPE	整数	设置独立三维实体、曲面和网格的交点线型以实现某种视觉样式	
VSISOONTOP	整数	显示应用于当前视口的视觉样式中着色对象顶部的素线	
VSLIGHTINGQUALITY	整数	设置当前视口中的光源质量	
VSMATERIALMODE	整数	控制当前视口中材质的显示	
VSMAX	三维点	存储当前视口虚拟屏幕的右上角	只读
VSMIN	三维点	存储当前视口虚拟屏幕的左下角	只读
VSMONOCOLOR	字符串	为应用于当前视口的视觉样式中面的单色和染色显示设置颜色	
VSOBSCUREDCOLOR	字符串	指定应用于当前视口的视觉样式中遮挡(隐藏)线的颜色	
VSOBSCUREDEDGES	整数	控制是否显示遮挡(隐藏)边	
VSOBSCUREDLTYPE	整数	指定应用于当前视口的视觉样式中遮挡(隐藏)线的线型	
VSOCCLUDEDCOLOR	字符串	指定应用于当前视口的视觉样式中被阻挡(隐藏)线的颜色	
VSOCCLUDEDEDGES	整数	控制是否显示被阻挡(隐藏)边	
VSOCCLUDEDLTYPE	整数	指定应用于当前视口的视觉样式中被阻挡(隐藏)线的线型	
VSSHADOWS	整数	控制视觉样式是否显示阴影	
VSSILHEDGES	整数	控制应用于当前视口的视觉样式中实体对象轮廓边的显示	
VSSILHWIDTH	整数	以像素为单位指定当前视口中轮廓边的宽度	
VSSTATE	整数	指示【视觉样式】窗口处于打开状态还是关闭状态	
VTDURATION	整数	以毫秒为单位设置平滑视图转场的时长	
VTENABLE	整数	控制何时使用平滑视图转场	
VTFPS	实数	以帧/每秒为单位设置平滑视图转场的最小速度	
WHIPARC	整数	覆盖圆和圆弧显示的平滑度	
WHIPTHREAD	整数	控制是否使用额外的处理器来提高操作速度(例如用于重画或重生成图形的 ZOOM)	
WINDOWAREACOLOR	整数	控制窗口选择时透明选择区域的颜色	
WIPEOUTFRAME	整数	控制区域覆盖对象的框架的显示	

（续）

变量名	类型	作　　用	说明
WMFBKGND	开关	控制以 Windows 图元文件（WMF）格式插入对象时背景的显示	
WMFFOREGND	开关	控制以 Windows 图元文件（WMF）格式插入对象时前景色的指定	
WORKINGFOLDER	字符串	存储开发人员可能关心的、操作系统工作文件夹的驱动器和文件夹路径以供处理	
WORKSPACELABEL	整数	控制是否在状态栏中显示当前工作空间的名称	
WORLDUCS	整数	指示 UCS 是否应与 WCS 重合	只读
WORLDVIEW	整数	确定响应【DVIEW】和【VPOINT】命令的输入是相对于 WCS（默认）还是相对于当前 UCS	
WRITESTAT	整数	指示图形文件是只读的还是可修改的	只读
WSAUTOSAVE	整数	切换到另一个工作空间时，将保存对工作空间所做的更改	
WSCURRENT	字符串	在命令提示下显示当前工作空间名称并将指定的工作空间设置为当前	
XCLIPFRAME	整数	决定外部参照剪裁边界在当前图形中是否可见或进行打印	
XDWGFADECTL	整数	控制所有 DWG 外部参照对象的淡入度	
XEDIT	整数	控制当前图形被其他图形参照时是否可以在位编辑	
XFADECTL	整数	控制要在位编辑的参照中的淡入程度。此设置仅影响不在参照中编辑的对象	
XLOADCTL	整数	打开或关闭外部参照的按需加载功能，并控制是打开参照的图形还是打开副本	
XLOADPATH	字符串	创建用于存储按需加载的外部参照文件临时副本的路径	
XREFCTL	整数	控制是否创建外部参照日志（XLG）文件	
XREFNOTIFY	整数	控制关于已更新外部参照或缺少外部参照的通知	
XREFOVERRIDE	整数	控制参照图层上对象特性的显示	
XREFREGAPPCTL	整数	控制已注册应用程序（RegApp）记录（存储在正加载的外部参照中）是否复制到宿主图形	
XREFTYPE	整数	控制附着或覆盖外部参照时的默认参照类型	
ZOOMFACTOR	整数	控制向前或向后滑动鼠标滚轮时比例的变化程度	
ZOOMWHEEL	整数	滚动鼠标中间的滑轮时，切换透明缩放操作的方向	

参 考 文 献

1. 王亮申，戚宁，马勇骉，等. 计算机绘图——AutoCAD 2006 ［M］. 北京：北京交通大学出版社，2005.

2. 薛焱，王新平. 中文版 AutoCAD 2008 基础教程 ［M］. 北京：清华大学出版社，2007.

3. 黄和平. 中文版 AutoCAD 2008 实用教程 ［M］. 北京：清华大学出版社，2007.

4. 崔洪斌，肖新华. AutoCAD 2008 中文版实用教程 ［M］. 北京：人民邮电出版社，2007.

5. 王亮申，李刚，戚宁，等. 计算机绘图——AutoCAD 2008 ［M］. 北京：北京交通大学出版社，2007.

6. 崔晓利，杨海如，贾立红. 中文版 AutoCAD 工程制图（2010 版）［M］. 北京：清华大学出版社，2009.

7. 崔洪斌，肖新华. AutoCAD 2010 中文版实用教程 ［M］. 北京：人民邮电出版社，2009.

8. 王亮申，马勇骉，戚宁，等. 计算机绘图——AutoCAD 2010 ［M］. 北京：北京交通大学出版社，2010.

9. 管殿柱. 计算机绘图（AutoCAD 版）［M］. 北京：机械工业出版社，2008.

10. 王亮申，戚宁，李刚，等. 计算机绘图——AutoCAD 2014 ［M］. 北京：机械工业出版社，2014.

11. 麓山文化. 中文版 AutoCAD 2016 从入门到精通 ［M］. 北京：机械工业出版社，2016.

12. 何培伟，张希可，高飞. AutoCAD 2017 中文版基础教程 ［M］. 北京：中国青年出版社，2016.